黄河
第三次调水调沙试验

水利部黄河水利委员会 编

黄河水利出版社

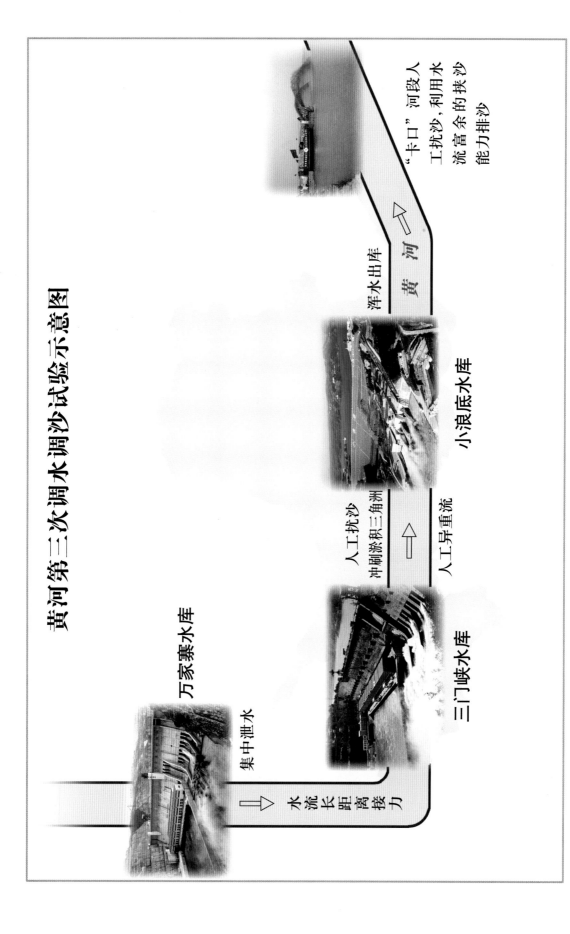

黄河第三次调水调沙试验示意图

万家寨水库

集中泄水

水流长距离接力

三门峡水库

人工异重流

人工扰沙
冲刷淤积三角洲

小浪底水库

人工异重流

浑水出库

黄河

"卡口"河段人工扰沙,利用水流富余的挟沙能力排沙

水利部索丽生副部
长在调水调沙指挥中
心（黄宝林 摄）

黄河水利委员会
李国英主任宣布第
三次调水调沙试验
开始（黄宝林 摄）

调水调沙试验预案分析（黄宝林 摄）

调水调沙试验新闻发布会会场（黄宝林 摄）

黄河水利委员会
薛松贵总工程师接
受中央电视台记者
专访（黄宝林 摄）

黄河水利委员会廖义伟
副主任主持调水调沙新闻
发布会（黄宝林 摄）

小浪底水库开闸
放水（黄宝林 摄）

小浪底水库大坝（王彤琪 摄）

小浪底水库异重流排沙（黄宝林 摄）

中央电视台记者在
调水调沙指挥中心采
访水利部索丽生副部
长（黄宝林 摄）

中央电视台现场直
播黄河第三次调水调
沙试验（黄宝林 摄）

中央电视台记者在调水调沙
指挥中心采访黄河水利委员会
李国英主任（黄宝林 摄）

黄河第三次调水调沙试验通信网络中心（黄宝林 摄）

在"卡口"河段实施人
工扰动泥沙(黄宝林 摄)

人工扰动泥沙试验（黄宝林 摄）

现场查看河势（李胜阳 摄）

调水调沙洪水向下游顺利推进（李胜阳 摄）

《黄河第三次调水调沙试验》编辑委员会

主任委员　李国英
副主任委员　廖义伟
委　　员　徐　乘　苏茂林　郭国顺　李春安　薛松贵
　　　　　朱庆平　李文家　翟家瑞　吴宾格　张金良
　　　　　王震宇　毕东升

《黄河第三次调水调沙试验》编写人员

前　言

2004 年 6 月 19 日 9 时～7 月 13 日 8 时，水利部黄河水利委员会(简称黄委，下同)进行了黄河第三次调水调沙试验，历时 24 天。扣除 6 月 29 日 0 时至 7 月 3 日 21 时小流量下泄的 5 天，实际历时约 19 天。在万家寨水利枢纽至黄河入海口近 2 000 km 的试验战线上，黄委各有关单位和部门以及万家寨、小浪底等水利枢纽管理单位协调一致、联动运行，有 2 万余名黄河职工投入了试验。黄河第三次调水调沙试验主要依靠水库蓄水，充分而巧妙地利用自然的力量，通过精确调度万家寨、三门峡、小浪底等水利枢纽工程，在小浪底库区塑造人工异重流，辅以人工扰动措施，调整其淤积部位和形态；同时，加大小浪底水库排沙量，利用进入下游河道水流富余的挟沙能力，在黄河下游"二级悬河"及主槽淤积最为严重的河段实施河床泥沙扰动，扩大主槽过流能力。为进一步积累调水调沙运用经验，对黄河第三次调水调沙试验进行认真总结和分析是十分必要的。为此，黄委组织委属有关单位对黄河第三次调水调沙试验进行了技术总结和分析。

本书分为试验目的和指导思想，试验背景，预案，试验指标，试验过程，水沙过程，人工异重流分析，小浪底水库冲淤，下游河道冲淤，河势、工情、险情、漫滩分析，泥沙扰动效果分析，认识与启示等 12 章，详细分析和记录了试验全过程。希望能对今后的黄河调水调沙工作起到较大的借鉴和参考作用。

编　者
2007 年 9 月

目　录

第一章 试验目的和指导思想

(一)本次调水调沙试验的目的

根据黄河河道的现状,黄河防洪的近期目标是尽快恢复黄河下游河道过流能力,力争平滩流量在相对较短的时期内达到 4 000～5 000 m^3/s。本次调水调沙试验的主要目的是:

(1)实现黄河下游主河槽全线冲刷,进一步恢复下游河道主槽的过流能力。

(2)调整黄河下游两处"卡口"段的河槽形态,增大过洪能力。

(3)调整小浪底库区的淤积部位和形态。

(4)进一步探索研究黄河水库、河道水沙运动规律。

(二)本次调水调沙试验的任务

(1)进入汛期后使小浪底等水库基本泄至汛限水位。通过水库群的水沙联合调度和人工泥沙扰动,使下游河道发生连续冲刷,以尽快恢复河槽尤其是徐码头和雷口两处约 30 km"卡口"河段的过流能力,改善不利的防洪局面。

(2)探索水库泥沙多年调节的调度模式(2004 年主要是借助自然力量的人工异重流排沙和人工扰动排沙),调整小浪底水库泥沙淤积部位和形态并恢复部分库容。

(3)开展系统的原型观测和分析研究,进一步丰富和发展调水调沙技术。

(三)指导思想

库区以异重流排沙为主,下游河道以低含沙水流沿程冲刷为主,并在库区和下游辅以人工扰动排沙。

调水调沙试验实施的前一阶段,若中游不来洪水,小浪底水库主要是清水下泄,相应地开展人工扰动排沙试验。待库水位降低至三角洲顶点高程以下的适当时机,适时利用万家寨、三门峡水库的蓄水,加大流量下泄,进行万家寨、三门峡、小浪底水库三库的联合调度,形成人工异重流,使小浪底水库排沙出库,形成下游河道沿程冲刷,实现更大空间尺度的水沙"对接"。相应地,三门峡水库下泄较大流量前一定时间,小浪底库区开展人工扰动排沙试验,在水库异重流排沙出库后,根据拟定的控制指标,下游河道开展人工扰动排沙试验。

若调水调沙试验期间中游发生一定量级的洪水,则根据洪水情况先敞泄三门峡水库,使小浪底水库形成自然条件下的异重流排沙,充分利用异重流的输移规律,排泄小浪底水库的入库泥沙,减缓库容淤损。同时在下游适时进行泥沙扰动,使下游河槽发生长距离冲刷,输沙入海,逐步改变下游平滩流量小、"二级悬河"形势严峻的不利局面。调水调沙试验结束后,各水库水位回到汛限水位。

第二章 本次调水调沙试验的背景

第一节 试验的边界条件

一、三水库的汛限水位及相应蓄水量

万家寨水库汛限水位为 966 m,相应蓄水量为 4.30 亿 m³。三门峡水库汛限水位为 305 m,相应蓄水量为 0.66 亿 m³。小浪底水库汛限水位为 225 m,相应蓄水量为 24.69 亿 m³。

二、各大水库蓄水情况

截止到 2004 年 6 月 3 日 8 时,黄河干支流八大水库共蓄水 216.22 亿 m³,较 2003 年同期多蓄水 89.82 亿 m³,其中万家寨、三门峡、小浪底三库共多蓄 40.51 亿 m³,见表 2-1。

表 2-1 主要水库蓄水量与 2003 年同期对比

水库名称	2004 年 6 月 3 日		2003 年 6 月 3 日		蓄水变量 (亿 m³)
	水位(m)	蓄水量(亿 m³)	水位(m)	蓄水量(亿 m³)	
龙羊峡	2 554.13	103.00	2 531.62	56.20	46.80
刘家峡	1 722.79	25.80	1 720.99	25.10	0.70
万家寨	976.88	6.45	974.56	6.31	0.14
三门峡	317.77	4.84	316.35	2.97	1.87
小浪底	254.01	66.50	225.54	28.00	38.50
陆浑	309.81	3.33	310.44	3.51	−0.18
故县	516.91	3.73	513.91	3.38	0.35
东平湖	41.16	2.57	39.96	0.93	1.64
合计		216.22		126.40	89.82

万家寨、三门峡、小浪底三库汛限水位以上共计蓄水 48.14 亿 m³,其中小浪底水库汛限水位以上蓄水 41.81 亿 m³,见表 2-2。

表 2-2 干流主要水库蓄水量

水库名称	2004 年 6 月 3 日		汛限水位及蓄水量		汛限水位以上蓄水量 (亿 m³)
	水位(m)	蓄水量(亿 m³)	水位(m)	蓄水量(亿 m³)	
万家寨	976.88	6.45	966	4.30	2.15
三门峡	317.77	4.84	305	0.66	4.18
小浪底	254.01	66.50	225	24.69	41.81
合计		77.79		29.65	48.14

三、小浪底水库的淤积现状

(一)库区泥沙淤积演变状况

1. 水库库容分布情况

至 2004 年 5 月 20 日,小浪底库区水位为 255.86 m,蓄水量为 70 亿 m³。225 m 以上蓄水量为 45.31 亿 m³,其中干流为 24.41 亿 m³,支流为 20.9 亿 m³。

2. 库区淤积演变分析

1999 年 10 月～2003 年 11 月,小浪底库区共淤积泥沙 14.15 亿 m³,其中干流淤积 12.96 亿 m³,占总淤积量的 92%,支流淤积 1.19 亿 m³,占总淤积量的 8%。

3. 淤积量的沿程分布

1)干流淤积分布

2003 年 5 月以前,干流淤积主要分布在距坝 60 km 以下,其中距坝 30～60 km 的范围内,断面间淤积量基本在 500 万 m³ 左右,变化幅度不大。距坝 30 km 以内断面间的冲淤量有大有小,主要受库区运用水位、水库运用方式和水库异重流等因素的影响,变化幅度较大。

2003 年汛期库区淤积主要发生在距坝 50～100 km 之间的河段,淤积量在 2 000 万 m³ 左右。30～50 km 之间淤积分布较以前变化不大。在距坝 15 km 以内则发生冲刷。2003 年汛后～2004 年 2 月,三门峡水库下泄清水,在平均流量小于 700 m³/s 的条件下,距坝 85～110 km 的河段内主槽发生了冲刷,最低河底高程冲刷幅度最大为 10 m(HH49 断面)。为了解小浪底坝前淤积情况,确定泥沙扰动的位置,2004 年 4 月上旬对大坝—HH10 断面安排了一次加测,从最新断面加测成果可以看出,在距坝 14 km 以内(HH10 断面以下),淤积量约 4 830 万 m³。

2003 年 5 月以前,距坝 50 km 以下最低河底高程呈逐年抬高的变化趋势,2003 年 5 月～2004 年 2 月变化不大,河道纵比降约为 7‰。

2)支流淤积分布

2003 年支流淤积总量为 2 000 万 m³,占库区淤积总量的 6%。沟口断面淤积比较严重的支流有板涧河、涧河和沇西河。2003 年汛期 3 条支流的沟口均有较大幅度的抬高,其中板涧河 1 断面抬高 12.63 m。主要原因是干流河底高程抬高后,上游来沙倒灌入支流。

(二)库区淤积物粒径沿程分布

根据小浪底水库 2003 年第二次(10 月中旬～11 月上旬)水下淤积物测验资料,D_{50} 沿程变化的基本规律为距坝越近,断面平均 D_{50} 值越小。HH10 断面—坝前 D_{50} 在 0.006～0.008 mm 之间(激光仪法,下同);HH44 断面以上 D_{50} 在 0.030 mm 以上,回水末端附近 HH52 断面 D_{50} 为 0.080 mm,HH54 断面 D_{50} 为 0.122 mm。

(三)坝前漏斗区淤积量

采用 2004 年 4 月加测的 HH1—HH4 断面的资料,估算坝前 4.6 km 区域 2003 年 11 月～2004 年 4 月间的淤积量约为 0.136 亿 m³。

四、下游河道边界条件

(一)2004 年汛前下游河道主槽平滩流量

采用 2003 年汛后大断面计算黄河下游各断面平滩以下面积,运用多种方法对下游河道各断面的平滩流量进行了分析。经综合分析计算论证,2004 年汛前黄河下游各河段平滩流量,花园口以上为 4 000 m³/s 左右,花园口—夹河滩为 3 500 m³/s 左右,夹河滩—高村为 3 000 m³/s 左右,高村—艾山为 2 500 m³/s 左右,艾山以下大部分为 3 000 m³/s 左右。其中彭楼—陶城铺河段大部分断面平滩流量小于 2 600 m³/s,该河段的徐码头和雷口断面平滩流量分别只有 2 260 m³/s 和 2 390 m³/s,是两个明显的"卡口"河段。

(二)"二级悬河"现状

利用 2002 年 10 月下游大断面资料测量成果,并结合地形资料和卫星遥感资料,重点统计了京广铁路桥以下各淤积大断面平滩水位(滩唇高程,下同)、河槽平均河底高程、临河滩面平均高程和堤河平均高程等断面特征值,同时参考主槽河底高程和堤河平均高程的关系,对下游各河段"二级悬河"的情况进行了初步分析。从各河段悬河指标来看,彭楼—陶城铺约 110 km 长的河段是"二级悬河"形势最严重的河段。其中,彭楼—杨集约 45 km 长的河段平滩水位与临河滩面悬差及滩地横比降均较大。杨集—孙口约 27 km 长的河段左岸平滩水位与临河滩面悬差最大,孙口—陶城铺约 36 km 长的河段左岸滩地横比降最大。

第二节　本次试验的提出

2003 年秋汛期间,黄委综合考虑防洪减灾以及洪水资源化等因素,有计划地调蓄了洪水。至 2004 年 3 月底,小浪底库水位为 261.97 m,相应蓄水量为 82.5 亿 m³。按照年度用水计划,在满足用水需求后,预计 6 月底小浪底库水位仍将达到 250 m,相应蓄水量为 59.3 亿 m³,超汛限水位蓄水 34.6 亿 m³。客观上具备了调水调沙试验所要求的水量条件。另一方面,摆在我们面前的现实问题是:

(1)2003 年秋汛中,小浪底水库水位较高,小浪底库区距坝 70~93 km 库段淤积三角洲超出设计淤积平衡纵剖面 3 850 万 m³。

(2)虽然 2002 年、2003 年两次调水调沙试验整体提高了下游河道主槽过流能力,但仍存在徐码头、雷口附近 30 km 长的两处"卡口"河段。这两处"卡口"河段主槽过流能力的增强会使黄河下游平滩流量整体上得到提高。

(3)2003 年秋汛洪峰流量不算大,并且我们利用了小浪底、三门峡、陆浑、故县水库进行了四库联合水沙调控,有效地为下游滩区减少了洪水灾害损失,但仍有局部河段洪水漫滩,表明河道主槽过流能力仍然较低。

(4)黄河的水沙和河道冲淤变化十分复杂,小浪底水库的长期运行仍存在许多技术难题,需要我们去探索解决。

因此,迫切需要通过小浪底水库调水调沙试验、人工扰动泥沙等措施,增大黄河下游河道平滩流量。从黄河下游的防洪要求出发,在兼顾改善"二级悬河"的同时,首先要考虑如何增大高村—艾山河段,特别是孙口上下河段的主槽过流能力,减小顺堤行洪的概率,防止堤防冲决、溃决的发生。

第三节　试验时机

按照《中华人民共和国防洪法》的要求和黄河防汛的有关规定,各大水库库水位在汛期到来之前必须降至汛限水位以下。这意味着连同三门峡、万家寨等水库汛限水位以上将有 40 亿 m^3 以上的水进入下游。小浪底库水位 7 月 10 日前后应尽快下降到 225 m,若按照控制花园口断面流量 2 700 m^3/s 下泄,潼关、黑石关、武陟平均流量分别按 630 m^3/s、61 m^3/s、5 m^3/s 考虑(6 月上旬~7 月上旬多年平均流量),则调水调沙试验需要 25 天左右,考虑黄河下游两岸滩区麦收等实际情况,调水调沙试验在 6 月 19 日正式开始。

第三章　黄河第三次调水调沙试验预案

第一节　6月1日～7月20日潼关及伊洛沁河来水预测

由于黄河上游龙羊峡和刘家峡等大型水库相继投入运用及黄河上中游地区工农业用水的不断增加,80年代以来5～7月潼关等干流站径流量与多年平均相比明显偏小,本次采用最近20年(1984～2003年)的逐旬资料进行分析。

考虑到2003年汛期黄河来水偏丰,前期基流相对较大。因此,预测潼关以上及伊洛沁河来水与1984～2003年平均情况持平,见表3-1。

表3-1　潼关、黑石关、武陟站平均来水量过程预测

时段		潼关		黑石关		武陟		合计	
		流量 (m^3/s)	水量 (亿 m^3)	流量 (m^3/s)	水量 (亿 m^3)	流量 (m^3/s)	水量 (亿 m^3)	流量 (m^3/s)	水量 (亿 m^3)
1月1日～6月1日实测		708.7	92.456 6	37.8	4.933 2	2.42	0.316 1	748.9	97.705 9
6月	上旬	489	4.225 0	60.8	0.525 3	4.57	0.039 5	554.4	4.789 8
	中旬	633	5.469 1	43.7	0.377 6	3.84	0.033 2	680.5	5.879 9
	下旬	612	5.287 7	67.1	0.579 7	3.75	0.032 4	682.9	5.899 8
7月	上旬	783	6.765 1	71.5	0.617 8	7.80	0.067 4	862.3	7.450 3
	中旬	1 068	9.224 1	103.0	0.889 9	26.10	0.225 4	1 197	10.339 4

如果对潼关以上及伊洛沁河来水预测采用最近10年(1994～2003年)的平均情况,则其与20年均值系列差别不大。

第二节　黄河下游河南、山东两省引水计划及需耗水量

根据河南、山东两省引水计划,6月上旬～7月上旬共引水25.7亿 m^3,平均引水流量约744 m^3/s,各旬平均引水流量见表3-2。

黄河下游河道的水量损失主要包括河道蒸发、渗漏量以及滩区用水等,参考以前研究成果,综合考虑损失流量120 m^3/s左右(其中小浪底—花园口、花园口—夹河滩、夹河滩—高村、高村—孙口各河段按照20 m^3/s考虑,孙口—艾山、艾山—泺口、泺口—利津以

及利津以下各河段按照 10 m³/s 考虑)。

表 3-2　6 月上旬～7 月上旬引水计划

河段	6 月上旬 (m³/s)	6 月中旬 (m³/s)	6 月下旬 (m³/s)	7 月上旬 (m³/s)	合计引水量 (亿 m³)
小浪底—花园口	18.4	64.0	55.3	37.4	1.51
花园口—夹河滩	46.0	73.0	73.2	53.4	2.12
夹河滩—高村	88.4	90.7	108.8	70.4	3.10
高村—孙口	92.0	111.0	111.0	117.0	3.72
孙口—艾山	80.0	90.0	90.0	80.0	2.94
艾山—泺口	200.0	200.0	200.0	194.0	6.86
泺口—利津	146.0	138.0	157.0	130.0	4.93
利津以下	15.0	15.0	15.0	15.0	0.52
合计	685.8	781.7	810.3	697.2	25.70

第三节　不同调水调沙试验方案结果比较

一、万家寨—三门峡不同流量的传播时间

万家寨距三门峡大坝约 820 km。根据 2004 年 3 月水情和历史同期资料统计分析,流量在 1 000 m³/s、1 500 m³/s、2 000 m³/s 时,传播时间分别约为 6 天、5 天和 4 天。根据以上分析计算,万家寨、三门峡两水库汛限水位以上有 6.87 亿 m³ 水量可用来进行调水调沙试验。考虑到两水库大流量下泄时,小浪底水库水位应比较低,万家寨 7 月初开始按控制流量 2 000 m³/s 下泄,直至降到汛限水位 966 m 为止,其泄水按 4 天左右到达三门峡坝前。三门峡水库 7 月初开始以 2 000 m³/s 流量控制下泄,直至降到 298 m 水位为止。三门峡水库泄水应注意和万家寨水库泄水的衔接。

二、四种调水调沙试验方案的结果比较

方案一:调水调沙试验 6 月 19 日正式开始,小浪底水库连续下泄较大流量,小浪底库水位 235 m 时,三门峡水库开始以 2 000 m³/s 的流量加大放水。

方案二:调水调沙试验 6 月 19 日正式开始,小浪底水库连续下泄较大流量,小浪底库水位 240 m 时,三门峡水库开始以 2 000 m³/s 的流量加大放水。

方案三:调水调沙试验 6 月 19 日正式开始,调水调沙试验期间小浪底水库控泄小流量 2 天,小浪底库水位 235 m 时,三门峡水库开始以 2 000 m³/s 的流量加大放水。

方案四:调水调沙试验 6 月 19 日正式开始,调水调沙试验期间小浪底水库控泄小流量 2 天,小浪底库水位 240 m 时,三门峡水库开始以 2 000 m³/s 的流量加大放水。

通过对比分析,四种方案因约束条件不同而有所差别。综合考虑各方面的情况,建议采用方案三的成果。即6月19日正式开始调水调沙试验,允许三门峡水库短时间突破汛限水位,7月9日库水位降至298 m。小浪底水库6月3~5日以控制花园口1 000 m³/s流量下泄,6月6~10日以控制花园口1 150 m³/s流量下泄,6月11~15日以控制花园口1 200 m³/s流量下泄,6月16(小浪底库水位250.6 m)~18日以控制花园口2 300 m³/s流量下泄;6月19日(小浪底库水位248.3 m)后以控制花园口流量2 700 m³/s下泄。为避免较大流量长时间顶冲局部河道工程,7月1~2日两天小浪底水库按控制花园口1 150 m³/s流量下泄。三门峡水库在7月3日开始以2 000 m³/s流量(此时小浪底库水位为235 m左右)下泄,7月9日库水位可降到298 m。万家寨水库6月30日开始按2 000 m³/s流量下泄,7月1日可以降到汛限水位966 m。此方案在7月14日小浪底库水位可降至225 m,相应蓄水量约25亿m³。具体比较见表3-3。

表3-3 四种调水调沙试验方案的结果比较(6月19日正式开始)

方案编号	需小浪底控泄小流量时段	三门峡下泄2 000 m³/s时小浪底库水位	水库加大预泄的时间			水库降到汛限水位的时间		
			万家寨	三门峡	小浪底	万家寨	三门峡	小浪底
方案一	无	235 m	6月28日	7月1日	6月16日	6月29日	7月7日	7月12日
方案二	无	240 m	6月24日	6月27日	6月16日	6月25日	7月3日	7月12日
方案三	7月1~2日	235 m	6月30日	7月3日	6月16日	7月1日	7月9日	7月14日
方案四	6月27~28日	240 m	6月26日	6月29日	6月16日	6月27日	7月5日	7月14日

注:6月16~18日花园口有3天流量为2 300 m³/s的预泄期,而后加大到2 700 m³/s。小浪底水库按花园口1 150 m³/s控泄小流量。万家寨水库汛限水位966 m,相应蓄水4.3亿m³。三门峡水库按最低水位298 m运用,相应蓄水0.12亿m³。小浪底水库汛限水位225 m,相应蓄水约25亿m³。

在本次调水调沙试验过程中(大约在6月末或7月初),小浪底水库需要控制下泄小流量2天。从2003年黄河下游的第一次洪水的情况来看,花园口分别在2003年9月3日20时(流量2 780 m³/s)和9月8日8时(流量2 720 m³/s)出现两次洪水过程,峰现时间相差4.5天(108 h),两次洪水过程期间,花园口站2 300 m³/s流量以下的持续时间为64 h。水流沿程演进的结果,夹河滩、高村、孙口、艾山四站2 300 m³/s流量以下的持续时间分别为60 h、48 h、44 h、28 h。考虑到2004年调水调沙试验过程中,控制花园口流量从2 700 m³/s转为1 150 m³/s左右并持续2天,之后再恢复到2 700 m³/s,其变化对黄河下游各站的流量过程会有不同程度的影响,以2 300 m³/s流量以下的持续时间为例,参照2003年洪水情况进行估算,如果按照小浪底站48 h计算,花园口站估计持续29 h左右,夹河滩站应当持续不超过27 h,高村站最长不超过22 h,而孙口站约20 h,艾山站约10 h,以下各站或基本不出现小于2 300 m³/s的流量过程或过程很短。

调水调沙试验过程中,小浪底水库按控制花园口小流量2天下泄,主要是从以下两方面进行考虑的:

(1)可以使平滩流量相对较小的高村—陶城铺河段出现一段流量小于最小平滩流量

2 300 m³/s 的过程,使调水调沙试验过程中流量产生一定的变幅(考虑引水后艾山以上大部分河段流量可能小于 2 300 m³/s),促使个别长时间受中水顶冲的河道整治工程或滩岸前河势发生一定调整,为工程抢险、抢护创造一定条件。

(2)若小浪底控泄小流量时间进一步缩短,则艾山以上各站出现 2 300 m³/s 流量以下的时间也将进一步缩短,达到上述目的就较为困难;若小浪底水库控泄小流量时间再长,则小浪底库水位下降到汛限水位的时间将向后推迟更多。

综合考虑,小浪底水库控制花园口小流量历时以 2 天左右较为合适。

三、中游 6 月份洪水情况的统计分析

根据黄河潼关站实测资料, 6 月份洪水按以下标准划分。

一般洪水均以涨落的拐点作为划分点,对于涨落相对平缓的洪水则以 1 000 m³/s 作为分界值。

跨月洪水的处理:一场洪水跨越两个月,一般将该场洪水划归洪水天数较多的月份;若洪水过程天数在两个月的分布相当,则把该场洪水按月份分成两场洪水。

洪水峰型的划分:只有一个洪峰的称为单峰洪水,有两个洪峰的称为双峰洪水,有 3 个或 3 个以上洪峰的则称为多峰洪水。单峰、双峰和多峰的划分是相对的,例如一场洪水有一大一小两个峰,则视其相对大小划分为单峰或双峰,相差较大的按单峰考虑,若两峰相近则按双峰考虑。双峰和多峰的划分与此类似。

黄河潼关水文站 1960～2003 年 44 年间 6 月份洪水为 24 场,按洪峰量级分级统计见表 3-4。

表 3-4　1960～2003 年 6 月份洪水按洪峰量级分级统计

洪峰量级 (m³/s)	场次	占总场次百分数(%)	总历时 (天)	平均历时 (天)	总水量 (亿 m³)	占 6 月份总水量百分数 (%)	总沙量 (亿 t)	占 6 月份总沙量百分数 (%)	每年洪水发生的概率 (%)	该量级及以上洪水发生概率 (%)
1 000～1 500	14	58.3	84	6	80.5	11.7	1.782 5	13.5	31.8	54.6
1 500～2 000	6	25.0	43	7	50.1	7.3	1.140 5	8.7	13.6	22.8
2 000～2 500	0	0	0	0	0	0	0	0	0	9.1
2 500～3 000	2	8.3	41	21	67.1	9.8	0.912 3	6.9	4.6	9.1
3 000～3 500	1	4.2	5	5	8.3	1.2	1.078 0	8.2	2.3	4.6
3 500～4 000	1	4.2	18	18	28.5	4.1	2.212 8	16.8	2.3	2.3
4 000 以上	0	0	0	0	0	0	0	0	0	0
合计	24	100	191	8	234.5	8.9	7.126 1	12.1	54.6	

由表 3-4 可以看出:

(1)每年 6 月份发生洪峰 2 000 m³/s 以上的洪水的可能性不大,概率为 9.1%。发生大于 1 500 m³/s 的洪水的概率为 22.8% 发生。小于 2 000 m³/s 的洪水的概率则接近 46%。而发生 2 000～2 500 m³/s 和 4 000 m³/s 以上的洪水的概率为 0。

（2）从洪水的平均历时来看，2 000 m³/s 以下洪水历时也较短，平均为 7 天左右。6 月份小流量洪水发生的概率相对增大，中量级（2 000～3 000 m³/s）洪水发生的概率较小。

（3）从来沙情况看，3 000 m³/s 以下洪水含沙量较低，平均含沙量为 19.4 kg/m³。3 000 m³/s 以上洪水含沙量较高，平均含沙量为 89.5 kg/m³。6 月份的洪水含沙量较 5 月份为高，特别是 3 000 m³/s 以上的洪水。

第四节　调水调沙试验指标论证

一、小浪底水库异重流潜入条件

异重流是否发生，与入库流量和含沙量的大小及之间的搭配、泥沙级配、潜入点的断面特征等因素有关。为配合调水调沙试验，重点分析发生异重流的水沙条件。小浪底水库 2001～2003 年历次异重流期间的入库流量和含沙量见表 3-5。发生异重流期间，入库水沙变化幅度较大，日均流量变化范围为 181～3 040 m³/s，日均含沙量变化范围为 4.3～449 kg/m³。从入库泥沙的级配来看，异重流测验期间，入库细泥沙（$d < 0.025$ mm）的沙重百分数介于 24.4%～92.2% 之间。点绘近几年异重流测验期间的日均流量和日均含沙量关系见图 3-1（图中点群边标注数据为细泥沙的沙重百分数）。图中显示，一般情况下，流量大于 800 m³/s 时，含沙量约为 10 kg/m³ 即可发生异重流。若流量小于 800 m³/s，则要求有一定的含沙量，且流量越小，要求水流含沙量越高，或者有足够大的细颗粒泥沙含量，即入库细泥沙的总量较大。总体来说，入库细泥沙的沙重百分数越高，相应可能形成异重流的流量及含沙量值可小一些。如 2002 年 7 月 13 日，入库细泥沙的沙重百分数高达 90%，入库流量仅为 209 m³/s，含沙量只有 20.6 kg/m³ 时，即形成异重流。

表 3-5　2001～2003 年历次异重流期间入库水沙特性

异重流发生时段 （年-月-日）	日均流量 （m³/s）	日均含沙量 （kg/m³）	细泥沙的沙重 百分数 （%）	细泥沙含沙量 （kg/m³）
2001-08-20～09-05	289～2 200	11.2～449	34.2～86.7	8.6～153.7
2002-06-23～07-15	181～2 670	9～419	24.4～92.2	7.8～147.3
2003-08-01～08-08	482～1 960	26～338	32.0～88.6	22.4～135.0
2003-08-25～09-16	1 170～3 040	4.3～327	26.3～81.4	3.5～114.6

综合上述分析，认为小浪底水库发生异重流的临界水沙条件为入库流量一般应不小于 300 m³/s。当流量大于 800 m³/s 时，相应水流含沙量约为 10 kg/m³；当流量约为 300 m³/s 时，要求水流含沙量约为 50 kg/m³；当流量介于 300～800 m³/s 之间时，水流含沙量可随流量的增加而减少，两者之间的关系可表达为 $S \geqslant 74 - 0.08Q$。对上述临界条件，还要求悬沙中细泥沙的沙重百分数一般不小于 70%。若水流细泥沙的沙重百分数进一步增大，则流量及含沙量可相应减小。

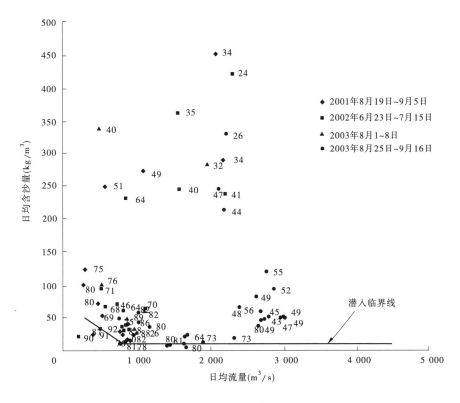

图 3-1　异重流测验期间入库水沙条件

二、异重流潜入点位置

(一)影响因素

库区清水与进入库区的浑水之间的容重差异是产生异重流的根本原因。从实际的观测资料可以看出,挟沙水流进入水库的壅水段之后,由于沿程水深的不断增加,其流速及含沙量分布从正常状态逐渐变化,水流最大流速由接近水面向库底转移,当水流流速减小到一定值时,浑水开始下潜并且沿库底向前运行。

范家骅等在水槽内进行潜入条件的试验,得到异重流潜入条件关系为

$$\frac{v_0}{\sqrt{\dfrac{\Delta\gamma}{\gamma_m}gh_0}} = 0.78 \qquad (3\text{-}1)$$

式中　h_0——异重流潜入点处水深;

　　　v_0——异重流潜入点处平均流速;

　　　γ_m——浑水容重,$\gamma_m = 1\,000 + 0.622S$;

　　　$\Delta\gamma$——清浑水容重差,$\Delta\gamma = \gamma_m - \gamma$;

　　　S——含沙量,kg/m^3。

异重流潜入点位置与流量、含沙量大小,河床边界条件及库水位等因素有关。从式(3-1)可以看出:流量增大时,潜入点下移;含沙量增大时,潜入点上移;库水位升高时,

潜入点相应上移。

黄科院水槽试验和实体模型试验过程中,清楚地观察到异重流潜入点变化的基本规律,含沙量的变化对潜入点的位置影响较小,流量对潜入点的位置影响较大,而库水位(即水库回水位置)为主要影响因素。

(二)2004年调水调沙试验期间异重流潜入点位置分析

实测资料表明,异重流潜入点位置一般位于水库回水末端,且随着入库流量和含沙量的变化上下移动。

2004年2月小浪底库区淤积纵剖面及各级库水位的回水范围见图3-2。若试验开始时,库水位为250 m左右,结束时库水位应降至汛限225 m,由图3-2可知,两级库水位所对应的回水末端距坝分别为77.5 km及60.5 km,区间库底纵比降较为均匀。试验期间异重流潜入点位置应在距坝60~77 km之间。不同库水位时回水长度及回水范围内库底比降见表3-6。

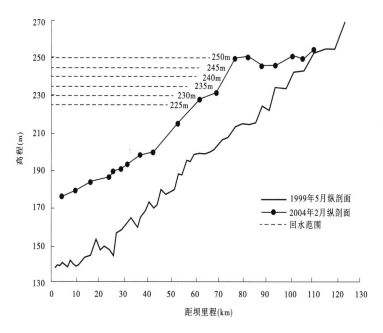

图3-2　小浪底库区淤积纵剖面(深泓点)

表3-6　各级库水位下回水长度及回水范围内库底比降

库水位(m)	225	230	235	240	250
回水长度(km)	60.50	67.00	71.00	73.25	77.50
回水范围内库底比降(‰)	8.95	8.66	8.89	9.33	10.05

三、小浪底水库异重流持续运动条件

水库产生异重流后,若要持续运行到坝前,必须满足一定的条件,即异重流持续运动条件。从物理意义上来说,这一条件即是进库洪水形成异重流时洪水供给异重流的足以克服异重流沿程阻力和局部阻力的能量,否则异重流将在中途消失。

理论和大量实测资料均表明,影响异重流持续运行的因素包括水沙条件及边界条件:

(1)大流量持续时间。若入库大流量持续时间短,则异重流持续时间也短。一旦上游的洪水流量减小,不能为异重流运行提供足够的能量,则异重流就会很快停止,进而消失。

(2)进库流量及含沙量的大小。在一般情况下,进库流量及含沙量大,异重流的强度也较大,异重流有较大的初速度及运行速度。

(3)地形条件。若库区地形复杂,如平面上的扩展、弯道、支流等,使异重流能量不断损失,则有可能使异重流运动减缓,甚至不能继续向前运动或消失。

(4)库底比降。异重流运行速度同库底比降有较大的关系,库底比降大,则异重流运行速度大,反之则异重流运行速度小。

(一)异重流到达坝前的时间估算

异重流到达坝前的时间是异重流排沙很重要的一个参数。异重流传播时间的大小主要受来水洪峰、含沙量、水库回水长度、库底比降等多种因素的影响,异重流前锋的运动属于不稳定流运动,因此到达坝前的时间严格地说应通过不稳定流来计算,但作为近似考虑,对于异重流运行时间,韩其为认为

$$T_2 = C \frac{L}{(qS_iJ)^{\frac{4}{3}}} \tag{3-2}$$

式中　T_2——异重流由潜入点运行到坝址的时间;

　　　L——异重流潜入点距坝里程(约等于回水长度),km;

　　　q——单宽流量,m³/(s·m);

　　　S_i——潜入断面含沙量,kg/m³;

　　　J——库底比降,(‰);

　　　C——系数。

采用沿程各观测断面实测流速代替洪峰在各河段的传播速度,对异重流从潜入点运行到坝址的时间进行推算,结果见表3-7。

表3-7　小浪底水库异重流运行时间

年份	洪水时段 (月-日)	异重流开始阶段 平均入库流量(m³/s)	异重流开始阶段平均 入库含沙量(kg/m³)	异重流运行 距离(km)	T_2(h)
2001	08-19～09-05	1 655	283	50.3	15.6
2002	06-20～07-15	2 125	155	77.5	20.0
2003	08-01～08-09	1 221	293	60.0	17.8
2003	08-25～09-16	1 705	226	68.0	18.6

采用上述分析成果对 C 值进行率定,其结果见图3-3。

T_2 是异重流由潜入点运行到坝址的时间。如以进库站为起点,则异重流到达坝前的时间尚应加上三门峡站到潜入点之间的明流段的洪水传播时间 T_1。

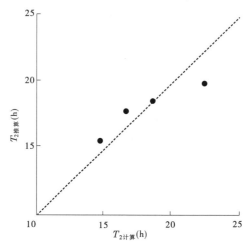

图 3-3　实测资料验证结果

(二)异重流持续运动的水沙条件

基于 2001～2003 年小浪底库区异重流资料,点绘小浪底水库入库流量及含沙量的关系见图 3-4(图中点群边标注数据为 $d < 0.025$ mm 泥沙的含量),由该图分析异重流产生并持续运行至坝前的临界条件。从点群分布状况可大致划分为 3 个区域:

A 区为满足异重流持续运动条件的区域。其临界条件(即左下侧外包线)在满足洪水历时且入库细泥沙的沙重百分数约为 50% 的条件下,还应具备足够大的流量及含沙量,即满足下列条件之一:①入库流量大于 2 000 m³/s 且含沙量大于 40 kg/m³;②入库流量大于 500 m³/s 且含沙量大于 220 kg/m³;③流量为 500～2 000 m³/s 时,所相应的含沙量应满足 $S \geqslant 280 - 0.12Q$。

B 区涵盖了异重流可持续运行到坝前与不能运行到坝前两种情况。其中异重流可运行到坝前的资料往往具备以下三种条件之一:①处于洪水退水期,此时异重流行进过程中需要克服的阻力要小于异重流前锋所克服的阻力(因异重流前锋在运动时,必须排开前方的清水,异重流头部前进的力量要比维持继之而来的潜流的力量大);②虽然入库含沙量较低,但在水库进口与水库回水末端之间的库段产生冲刷,使异重流潜入点断面含沙量增大;③入库细泥沙的沙重百分数均在 75% 以上。

C 区基本为入库流量小于 500 m³/s 或含沙量小于 40 kg/m³ 的资料,异重流往往不能运行到坝前。

此外,入库细泥沙的沙重百分数越小,相应的异重流持续运行到坝前所需要的流量及含沙量越大。水流含沙量、流量及细泥沙的沙重百分数之间的函数关系基本可用式(3-3)描述。

$$S = 980e^{-0.025d_i} - 0.12Q \tag{3-3}$$

式中　　S——水流含沙量,kg/m³;

　　　　d_i——细泥沙的沙重百分数;

e——自然对数的底；

Q——流量，m^3/s。

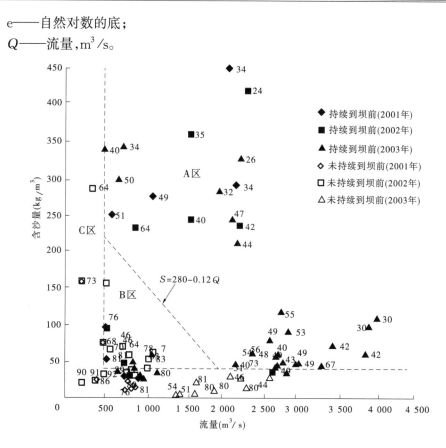

图 3-4　异重流持续运动条件分析

四、小浪底水库异重流排沙能力

(一)实测资料分析计算

　　小浪底水库自运用以来,洪水期库区泥沙主要以异重流形式输移。2000 年异重流运行到了坝前,但坝前淤积面高程低于 150 m,浑水面离水库最低泄流高程 175 m 相差太远,虽然开启了排沙洞,大部分泥沙也不能被排泄出库。2001～2003 年洪水期,小浪底水库又多次发生异重流,由于水库调度目标不同,异重流运行至坝前后,大部分被拦在水库中,形成浑水水库。如果及时打开排沙洞,浑水水库中悬浮的泥沙一般情况下均可被排出库外,故通过估算浑水水库中悬沙量的变化过程,进而可估算出异重流的排沙能力(包括浑水水库排沙量),见表 3-8。

　　从表 3-8 中可以看出,异重流可能达到的排沙比随着入库细泥沙含量增大而增大,历次洪水异重流可能排沙比均在 30 % 左右。如果异重流运行到坝前后及时打开排沙洞,即没有浑水水库的影响,异重流实际输送到坝前的泥沙还会有所增加。

(二)异重流出库含沙量及级配分析计算方法

　　韩其为认为,异重流输沙常处于超饱和状态,即处于淤积状态的不平衡输沙。异重流的不平衡输沙规律在本质上与明流是一致的,因此可用明渠流不平衡含沙量沿程变化计

表 3-8　小浪底水库异重流排沙能力估算

项　目	洪水时段(年-月-日)			
	2001-08-19～ 09-05	2002-06-23～ 07-04	2002-07-05～ 07-09	2003-08-01～ 09-05
入库水量(亿 m³)	13.61	10.98	6.46	36.78
入库沙量(亿 t)	2.00	1.06	1.71	3.77
平均入库流量(m³/s)	875	1 058	1 496	931
平均入库含沙量(kg/m³)	147.0	96.5	264.7	102.5
库水位(m)	202.4～217.1	233.4～236.2	232.8～235.0	221.2～244.5
d＜0.025 mm 泥沙含量(%)	42.7	54.1	34.0	46.4
出库沙量(亿 t)	0.13	0.01	0.19	0.04
浑水水库沙量(亿 t)	0.41	0.34	0.24	0.99
异重流排沙能力(亿 t)	0.54	0.35	0.43	1.03
异重流可能排沙比(%)	27.1	32.8	24.8	27.5

算。含沙量及级配沿程变化计算公式如下

$$S_j = S_i \sum_{l=1}^{n} P_{4.l.i} e^{\left(-\frac{\alpha \omega_l}{q}\right)} \tag{3-4}$$

$$P_{4.l} = P_{4.l.i}(1-\lambda)^{\left[\left(\frac{\omega_l}{\omega_m}\right)^v - 1\right]} \tag{3-5}$$

式中　　S_i——潜入断面分组含沙量；

　　　　S_j——出口断面各流量级的含沙量；

　　　　q——单宽流量；

　　　　$P_{4.l.i}$——潜入断面级配百分数；

　　　　α——饱和系数；

　　　　l——粒径组号；

　　　　ω_l——第 l 组粒径沉速；

　　　　$P_{4.l}$——出口断面级配百分数；

　　　　ω_m——有效沉速；

　　　　λ——淤积百分数；

　　　　其他符号含义同前。

　　利用三门峡水库、官厅水库、红山水库等异重流资料分别计算了异重流出库含沙量及级配,结果与实测资料基本符合(见图 3-5 及表 3-9)。

　　基于 2001～2003 年小浪底水库异重流排沙资料对式(3-4)进行了率定,结果对比见图 3-6。

　　由此认为,可以利用式(3-4)计算小浪底水库不同来水来沙条件下异重流的出库含沙量。

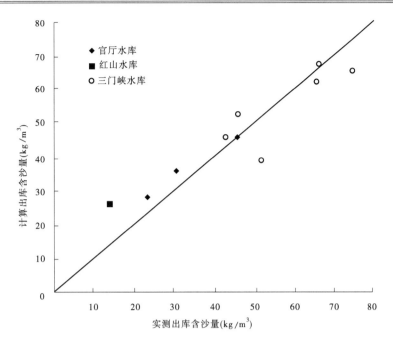

图 3-5 异重流出库含沙量计算与实测结果对比

表 3-9 出库异重流级配计算与实测结果对比

水库名称	测验日期（年-月-日）	资料类别	各组粒径(mm)重量百分数(%)					
			0.25~0.10	0.10~0.05	0.05~0.025	0.025~0.01	0.01~0.005	<0.005
红山	1965-07-14	实测	0	7.0	4.5	11.5	25.0	52.0
		计算	0	0	1.9	11.9	19.2	67.0
三门峡	1962-07-28	实测	0	2.9	10.0	22.4	14.7	50.0
		计算	0	0.2	3.4	20.4	22.7	53.3
	1964-08-16	实测	0	1.3	6.6	25.8	22.1	44.2
		计算	0	0.5	3.7	20.9	23.7	51.2
	1964-08-16~17	实测	0	7.0	14.8	27.4	36.2	14.6
		计算	0	0.3	6.1	30.9	43.4	19.3
官厅	1954-06-30	实测	0.3	2.0	5.0	16.5	17.9	58.3
		计算	0.1	0.8	6.4	16.0	17.9	58.9
	1955-07-11	实测	0.3	1.3	5.9	11.3	17.6	63.6
		计算	0	0.9	7.7	21.1	18.4	51.8
	1955-07-12	实测	1.4	4.4	9.7	19.8	18.9	45.8
		计算	0	0.3	2.9	12.7	17.4	66.8

五、下游河道的调控流量

(一)调控流量的选取原则

黄河第三次调水调沙试验控制花园口流量应能同时满足以下原则：

(1)控制下游河道水流基本不漫滩,避免淹没损失。

(2)使得下游河道特别是主河槽能较明显地发生冲刷,以达到逐步恢复下游河槽过流

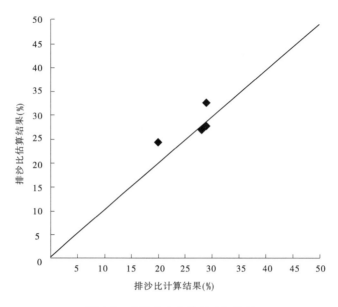

图 3-6　小浪底水库资料验证结果

能力的目的。

（3）在以往冲刷的基础上，尽量使得下游河槽沿程冲刷均匀发展。

（4）在不显著影响下游河道冲刷效果和不增加漫滩损失的前提下，尽量满足下游引水。

当以上原则不能全部满足时，本着近期利益与长远效益相结合的原则，应统筹考虑，权衡利弊，合理确定调控流量。

（二）调控流量的选择

从下游河道淹没范围、下游河道冲刷和恢复河槽过流能力、下游用水和主槽过流能力、水库排沙、库区天然或人工异重流形成、及时排沙、改善库区淤积形态等方面综合考虑，黄河第三次调水调沙试验调控流量以控制花园口流量 2 700 m³/s 左右为宜。

第五节　水库调度方案

一、总体思路

（1）库区以异重流排沙为主，下游河道以低含沙水流沿程冲刷为主，分别辅以人工扰动排沙。

（2）调水调沙试验实施的前一阶段，若中游不来洪水，小浪底水库清水下泄，待库水位降低至三角洲顶点高程以下的适当时机，适时利用万家寨、三门峡水库的蓄水，加大流量下泄，形成人工异重，使小浪底水库排沙出库、下游河道沿程冲刷。

（3）若调水调沙试验期间中游发生一定量级的洪水，先敞泄三门峡水库，形成天然条件下的异重流排沙。

（4）在调水调沙试验泄放较大流量之前，为了使下游河道自花园口流量 800 m³/s 至 2 700 m³/s 之间有一个过渡过程，以使河道在水位、冲淤及河势调整等方面对相对大流量有一个适应过程,参照 2003 年调水调沙试验的情况,先以控制花园口站 2 300 m³/s 的流量预泄 3 天,并在小浪底库区坝前漏斗冲刷过程中,控制小浪底、黑石关、武陟三站(简称小黑武,下同)之和的平均含沙量不超过 25 kg/m³,以保证在水流不出槽的情况下,仍能发生一定数量的冲刷,为正式调水调沙试验创造有利条件。预泄过程中下游河道停止引水。

二、水库调度方案

调水调沙试验开始,黄河中游万家寨水库按进出库平衡计算,汛限水位 966 m 以上蓄水量为 2.15 亿 m³,三门峡水库按蓄水位 318 m 考虑,汛限水位以上蓄水量为 4.72 亿 m³,两库合计,可调水量达 6.87 亿 m³。根据黄委水文局中长期来水预报,6 月上、中、下旬和 7 月上、中旬潼关流量分别为 489 m³/s、633 m³/s、612 m³/s、783 m³/s、1 068 m³/s,与多年平均流量相近。6 月下旬以后,即使不考虑洪水发生,当小浪底水库水位降低至淤积三角洲顶点高程 250 m 以下的 235 m 时,利用三门峡水库及万家寨水库蓄水及相应的基流对库区冲刷而使水体中具有一定的含沙量,形成并维持人工异重流,历时在 6 天左右,仍可排出一部分库区淤积泥沙。

按上述水库调度的总体思路和水情预报结果,考虑黄河中游潼关以上发生中小洪水的可能性,提出黄河第三次调水调沙试验水库调度方案如下。

(一)潼关以上不发生洪水

潼关断面 1919~2002 年多年平均流量为 1 142 m³/s,本次预案研究中将日平均流量大于 1 500 m³/s 的情况作为洪水考虑。根据前述实测资料的分析结果,潼关断面 6 月份不发生洪水的情况占 77.3%。对此种最可能发生的情况,水库按以下方案调度。当预报 2 天并预估后 5 天潼关日平均流量小于或等于 1 500 m³/s(即潼关断面 7 日水量不大于 9.1 亿 m³)时:

(1)若小浪底水库库水位在 235 m 以上,三门峡水库维持库水位不变,按入库流量下泄;小浪底水库按控制花园口流量 2 700 m³/s 下泄,坝前漏斗冲刷过程中,控制出库含沙量不超过 25 kg/m³。由于此时出库水流相对较清,下游河道按扰动排沙方案实施扰动排沙。

(2)在小浪底水库库水位达 235 m 时,小浪底水库首先按控制花园口流量 1 150 m³/s 下泄 2 天,库区淤积三角洲面已高出水库蓄水位约 15 m,此时若加大入库流量,回水末端以上可以产生较为明显的沿程冲刷和溯源冲刷,并且挟沙水流进入回水区后可以形成持续时间相对较长的异重流,按本次分析研究成果,从水库排沙和改善库区淤积形态等方面考虑,异重流形成并持续的流量为 2 000 m³/s。在小浪底水库控泄小流量结束前 8 h,三门峡水库按出库流量 2 000 m³/s 下泄,直至库水位达 298 m,库区尾部开始泥沙扰动;在三门峡水库库水位达 298 m 前 9 天启动万家寨水库,出库流量按 2 000 m³/s 下泄,直至库水位达汛限水位 966 m;小浪底水库仍按控制花园口流量 2 700 m³/s 下泄,原则上控制小黑武洪水平均含沙量不大于 25 kg/m³。在泄流过程中,小黑武最大含沙量控制不超过 45 kg/m³,直至库水位达汛限水位 225 m;在人工异重流的形成和排沙过程中,开展库区回水末端的扰动排沙试验,加强库区和下游河道的水文泥沙测验。根据高村前置站、艾山后置站的流量和含沙量,按下游扰动排沙预案,相机实施人工扰动排沙。

需要说明的是,在潼关不发生洪水的条件下,万家寨、三门峡、小浪底三库联合调度形成人工异重流排沙的水库调度方案中,考虑形成人工异重流时,先启用三门峡水库,后启用万家寨水库,主要原因有两个:①若先启用万家寨水库,此时三门峡水库蓄水位在 318 m 左右,万家寨水库下泄的清水将在小北干流河段冲刷,恢复部分泥沙,挟沙水流流经三门峡库区时将发生壅水淤积,一则不利于小浪底水库异重流的形成,二则淤损了三门峡水库的部分库容;②先启用三门峡水库,待小浪底库区形成异重流后,三门峡水库水位降至 298 m 时,万家寨水库下泄的水流可以使三门峡库区发生一定的冲刷,一则可排出一部分泥沙,二则可以加强小浪底库区的异重流排沙。

(二)潼关以上发生洪水

据潼关断面 1960 年以来的实测资料分析,6 月份发生最大日流量 1 500 m³/s 以上的洪水的概率为 22.7%,最大洪峰流量可达 3 500～4 000 m³/s。因此,调水调沙试验期间潼关以上仍有可能发生中小洪水。若洪水量级在 3 000 m³/s 以下(以最大日流量计,下同),平均含沙量一般在 20 kg/m³ 左右;若洪水量级在 3 000 m³/s 以上,则平均含沙量可高达 80～130 kg/m³。

针对此种可能发生的情况,水库按以下方案调度:

当预报 2 天并预估后 5 天潼关日平均流量大于 1 500 m³/s(潼关断面 7 日水量大于 9.1 亿 m³)时,说明有洪水发生,应尽量利用来水在小浪底库区形成异重流,利用异重流排沙出库并冲刷下游河道。

(1)若预报潼关最大流量不大于 4 000 m³/s,三门峡水库提前降低水位,降水位时按大于 1 500 m³/s 的水流入库时等流量将库水位降至 298 m 下泄,以后维持库水位 298 m 不变,按入库流量下泄;小浪底水库按控制花园口流量 2 700 m³/s 下泄,泄流过程中含沙量控制同潼关不来洪水的情况,直至库水位达 225 m。库区回水末端开展扰动排沙试验,下游河道按人工扰动排沙方案实施扰动排沙。

(2)若预报潼关最大流量大于 4 000 m³/s,视后期来水预报和当时小浪底水库库水位相机转入防洪或继续实施调水调沙试验。调水调沙试验时,方案同潼关流量大于 1 500 m³/s 且小于或等于 4 000 m³/s 的情况。

三、小浪底水库异重流及淤积三角洲冲刷

人工异重流就是在水库上游不来洪水的情况下,利用三门峡、万家寨水库超汛限蓄水泄放较大流量,使其在三门峡库区及小浪底水库回水区上段产生冲刷,并在库区产生异重流排沙的过程。

本次调水调沙试验的核心之一是塑造人工异重流。人工异重流的关键控制指标是异重流流量及时机,因此对上述关键指标分析研究如下。

(一)黄委黄科院分析成果

1.调度方案

1)初始条件

万家寨水库汛限水位以上蓄水量约 2.15 亿 m³;三门峡水库汛限水位以上蓄水位约

318 m,蓄水量约4.72亿 m³;小浪底水库蓄水位248.3 m,蓄水量约56.3亿 m³,至汛前水位下降至225 m,可调水量31.6亿 m³;调水调沙试验期间潼关断面流量783 m³/s,小花区间(小浪底至花园口区间,简称小花间,下同)支流入汇流量80 m³/s。

2)调度过程及原则

调水调沙试验要求进入黄河下游花园口站的流量为2 700 m³/s,其中小浪底水库下泄2 620 m³/s。

整个调度过程可划分为三个阶段:第一阶段,小浪底水库泄流,出库流量 $Q = 2\ 620$ m³/s 至终止水位 $H1$,该水位的确定原则应为,既可使小浪底水库淤积三角洲顶坡段完全脱离水库回水末端,又可保障 $H1$ 至汛限水位之间有足够的蓄水量满足第二、第三阶段补水泄流;第二阶段,三门峡、万家寨水库依次泄空,其下泄流量应使三门峡、小浪底水库达到理想的冲刷状况及排沙效果;第三阶段,小浪底水库继续泄流至汛限水位,使黄河下游沙峰之后有一定的冲刷历时。

事实上,三门峡、万家寨水库泄流量及时机是优化本次调水调沙试验的关键因素。两库泄量的大小及时机决定了水库冲刷量、水库淤积形态调整过程及排沙效果。就泄流时机而言,在满足第二、第三阶段补水的条件下,两库泄流越晚,即调水调沙试验期第二阶段开始的时间越迟,小浪底水库蓄水位越低,对小浪底水库淤积三角洲的冲刷及水库排沙效果越好,但相应的三门峡水库蓄水迎洪的风险越大。

3)三门峡水库及万家寨水库下泄流量

三门峡水库及万家寨水库泄流量的大小取决于其对水库的冲刷、排沙效果,特别是取决于对小浪底水库淤积三角洲洲面形态调整及满足水库异重流排沙的要求。从调整小浪底水库淤积三角洲形态的角度而言,两库泄流量应满足在小浪底水库三角洲顶坡段的冲刷可横贯整个断面。据地形资料统计,小浪底水库三角洲顶坡段各断面淤积宽度为150~400 m。

若满足全断面冲刷,即冲刷宽度达400 m,则流量约为2 000 m³/s,因此两库下泄流量应不小于2 000 m³/s。

显然,两库下泄流量越大则冲刷效率越高,但当两库蓄水量一定时,其冲刷历时越短。作为方案比较,分析了两库下泄流量分别为2 000 m³/s 及2 500 m³/s 两个方案。三门峡、万家寨水库不同泄水方案小浪底入库流量过程见表3-10。

表3-10　三门峡、万家寨水库不同泄水方案小浪底入库流量过程

历时(天)		1	2	3	4	5	6	7
流量 (m³/s)	方案1	2 000	2 000	2 000	2 000	2 000	2 000	1 200
	方案2	2 500	2 500	2 500	2 500	1 600		

4)终止水位 $H1$

如前所述,$H1$ 是小浪底水库第一阶段泄流的终止水位。该水位的确定应保障其下至汛限水位之间有足够的蓄水体,以满足三门峡、万家寨水库泄流时的补水及小浪底水库第三阶段的泄水。

在调水调沙试验第二阶段三门峡、万家寨水库两库泄流过程中,方案1及方案2泄流历时分别为7天及5天,相应时段小浪底水库补水分别约为4.3亿 m³ 及 1.1亿 m³。小浪底水库第三阶段泄水历时的确定,初步按第二阶段的沙峰在黄河下游不发生明显坦化,并传播至利津断面为原则定为5天,则小浪底水库第三阶段泄水量约为9亿 m³。

因此,方案1及方案2第二与第三阶段小浪底水库总的补水量分别为13.3亿 m³ 及 10.1亿 m³,相应水位 H1 在 235 m 左右。

2.排沙分析

采用数学模型、资料分析及公式计算等方法,分别计算上述两种方案三门峡库区排沙过程、小浪底水库淤积三角洲冲刷过程及在小浪底水库回水区产生的异重流排沙过程。

1)三门峡水库

采用黄科院三门峡水库准二维恒定流泥沙冲淤水动力学数学模型计算水库不同调度方式下水库排沙结果。

将来水来沙过程分为若干时段,使每一个时段的水流接近于恒定流;根据河道形态划分为若干河段,每一河段内水流接近于均匀流,并将每一个河段断面均概化为主槽和滩地两部分,主槽部分可以由不同数量的子断面组成。利用一维恒定流水流连续方程、水流动量方程、泥沙连续方程和河床变形方程,以及补充的动床阻力和挟沙能力公式、溯源冲刷计算河床断面形态模拟技术。由分析结果可以看出,三门峡水库泄水初期,在蓄水量较大的情况下,水库基本上不排沙,在接近泄空时,大量的泥沙才会被排泄出库。方案1与方案2三门峡站含沙量分别在第4天或第3天才突然增大至 136.9 kg/m³ 及 94.2 kg/m³。三门峡水库泄空后,接踵而来的万家寨水库泄水,可在三门峡库区产生较大的冲刷而使出库含沙量有较大幅度的增加。

2)小浪底水库库尾段冲刷估算

小浪底水库库尾段河谷狭窄、比降大,水库连续泄水使淤积三角洲顶点已脱离回水影响。三门峡水库下泄较大的流量过程,在该库段沿程冲刷与溯源冲刷会相继发生,从而增加水流含沙量。由于小浪底水库运用时间短,有关库区冲刷的实测资料缺乏,本次采用类比法与公式法两种方法加以估算。

(1)类比法。分析三门峡水库1962年和1964年泄空期三角洲顶点附近含沙量恢复的实测资料发现,当坝前水位较低时,前期淤积体完全脱离回水影响,库区在一定流量下会发生自下而上的溯源冲刷,溯源冲刷发展初期,河床冲刷剧烈,含沙量增加明显,其中以1962年3月下旬至4月上旬潼关—太安河段含沙量增加较多,可达20~40 kg/m³,最大值超过50 kg/m³;1964年汛后,三门峡水库泄空后,入库流量在 3 000 m³/s 以上,潼关以下库区以太安—北村河段的含沙量恢复较多,但与1962年相比减小很多,该河段含沙量增加值一般未超过20 kg/m³。选择这两个时段资料作类比分析的原因,一是冲刷段均与大坝有一定距离;二是坝前段仍有一定的壅水,这两点与本次研究对象具有一定的相似。

(2)公式法。本次估算采用张启舜建立的冲刷型输沙能力公式。计算时,采用2003年汛后的库区地形作为前期边界;库水位取235 m;冲起物级配近似采用尾部段淤积较多的HH41—HH52河段的平均床沙级配。

计算结果表明,三门峡、万家寨水库泄放的洪水过程在小浪底水库上段淤积三角洲产生冲刷,使水流含沙量进一步增加。小浪底库区回水末端以上的冲刷一般可使水流含沙量增加 30~40 kg/m³。需要说明的是,没有考虑塑造人工异重流之前三门峡水库下泄较小流量对小浪底水库淤积三角洲的冲刷影响,其影响包括形态及级配的调整。

3)小浪底水库异重流排沙计算

方案 1 第 1~3 天,小浪底水库回水末端流量为 2 000 m³/s,含沙量为 33.4~37 kg/m³。由前分析,这种水沙组合基本处于异重流可否运行至坝前的临界状态。方案 1 第 1~3 天出库含沙量列出了两个极限值。

方案 1:三门峡库区冲刷 0.54 亿 t,小浪底水库上段冲刷 0.34 亿 t,小浪底水库 7 天平均出库含沙量 12.3~15.7 kg/m³,出库沙量 0.2 亿~0.25 亿 t,异重流平均出库含沙量 16.8~21.4 kg/m³,异重流排沙比为 19.5%~24.8%。

方案 2:三门峡库区冲刷 0.6 亿 t,小浪底水库上段冲刷 0.4 亿 t,小浪底水库 5 天平均出库含沙量 27.5 kg/m³,出库沙量 0.31 亿 t,异重流平均出库含沙量 30.4 kg/m³,异重流排沙比为 28.5%。

从计算结果看,两方案均可达到在三门峡库区及小浪底库区上段产生冲刷并在下段形成异重流排沙的目的,但从排沙过程看两方案各有利弊。

相对而言,方案 1 泄流历时长,水库冲刷及排沙历时亦长。不利之处是在泄水初期的 1~3 日内,三门峡水库下泄清水,即使在小浪底库区上段产生冲刷,小浪底水库回水末端水流含沙量仅为 33~37 kg/m³,这种水沙组合仅接近异重流可否到达坝前的临界条件。特别是泄水的第 1 天,形成异重流的水流含沙量最低,也意味着异重流的能量最小,而异重流头部在前进过程中所要克服的阻力最大,因而所需的力量要比后续潜流大。

方案 2,水库下泄流量较大,在小浪底水库顶坡段冲刷强度大,水流含沙量可恢复约 40 kg/m³,形成异重流排沙的可能性及排沙量较大。不利的是,水库冲刷及排沙历时较短。此外,从定性上讲,异重流流量大,清浑水交界面较高,倒灌至各支流的沙量会较大,异重流排沙比会减小。实际上,在各方案异重流排沙计算中并没有完全反映这一因素。

需要说明的是,以上分析结果是基于现状条件及目前所掌握的实测资料,若实施人工异重流之前边界条件有较大的变化,例如小浪底水库三角洲淤积形态,特别是泥沙组成有较大的变化,会对水库异重流的排沙效果产生较大的影响。

(二)黄委黄河设计公司分析成果

1.不同流量的人工异重流排沙计算

1)计算采用的初始条件

调水调沙试验在 6 月 19 日开始,6 月 16~18 日,小浪底水库按控制花园口流量 2 300 m³/s 预泄 3 天,6 月 19 日以后按控制花园口流量 2 700 m³/s 下泄,在小浪底水库蓄水位达到 235 m 左右时,按控制花园口流量 1 150 m³/s 下泄 2 天,之后再按控制花园口流量 2 700 m³/s 继续下泄,直至库水位达到 225 m。

2)水库调度

在小浪底库水位下降到 235 m 前,三门峡水库维持库水位不变,按预报的各旬潼关来水流量下泄,潼关含沙量及相应的级配从实测资料中概化得出;当小浪底水库库水位达到 235 m 左右,按控制花园口流量 1 150 m³/s 下泄 2 天后,库区淤积三角洲已高出回水末端水位 10 余 m,此时利用万家寨水库和三门峡水库超汛限水位的蓄水进行一定大流量泄放,塑造人工异重流,直至万家寨、三门峡两水库分别达到其汛限水位;小浪底水库仍按控制花园口流量 2 700 m³/s 下泄,直至库水位达汛限水位 225 m。

按以上调度过程,经计算分析,若控制三门峡下泄流量 1 517 m³/s,在小浪底水库达到汛限水位 225 m 时,万家寨、三门峡水库蓄水恰好全部泄空,可以将其作为人工异重流最小流量。

为了比较不同流量水库异重流排沙及淤积形态调整的效果,计算三门峡水库分别泄放 2 000 m³/s、2 500 m³/s 流量形成人工异重流的情况。

3)异重流排沙计算

三门峡水库及小浪底水库回水区冲淤计算采用黄河设计公司的水文水动力学模型进行计算。

随着小浪底水库库水位的下降,淤积三角洲露出水面后,回水区以上库段将发生溯源冲刷和沿程冲刷。对这种类型的敞泄排沙计算采用多种方法进行了比较。

方法 1:多变量的敞泄排沙计算式。

方法 2:考虑主要因素的敞泄排沙计算式。

方法 3:清华大学敞泄排沙计算公式。

经计算比较,方法 3 计算的结果接近于三种计算方法的平均值。为简化计算,本次各方案回水区以上库段的冲淤计算均采用此公式。

根据主要冲刷库段 2003 年汛后实测床沙质级配,计算河段平均情况,由于回水末端以上库段溯源冲刷强度较大,悬沙主要从河床中补给,因此可根据床沙级配概化得出回水末端悬沙级配。概化的悬沙比床沙略细。

根据以上原则和方法计算,自小浪底水库调水调沙试验从 6 月 16 日始预泄 3 天2 300 m³/s 流量起,至 7 月 14 日库水位达到汛限水位 225 m 调水调沙试验结束,历时 28天。

由计算结果可以看出,三门峡水库泄水初期,在蓄水量较大的情况下,水库基本上不排沙,在水位接近 300 m 的情况下,泥沙才被排泄出库;当小浪底水库水位降到 235 m,三门峡水库下泄大流量时,小浪底水库回水区上段发生明显冲刷,回水区发生异重流排沙。三门峡水库下泄 2 000 m³/s 流量,出库含沙量从不足 2 kg/m³ 变化到 75 kg/m³,小浪底水库出库含沙量从 5 kg/m³ 增加到 31 kg/m³,异重流区段最大排沙比达 30%。

当小浪底水库库水位下降到 235 m 左右,三门峡水库下泄大流量形成人工异重流时,随着流量的增大,三门峡水库、小浪底库区淤积三角洲及小浪底库区的冲刷量呈逐渐增大的趋势,小浪底水库出库平均含沙量也逐渐增加。

三门峡水库控制异重流流量 1 517 m³/s 时,调水调沙试验期间,三门峡水库冲刷0.08 亿 t,小浪底水库淤积三角洲冲刷 1.28 亿 t,小浪底库区冲刷 0.08 亿 t,平均出库含沙量为 6.6 kg/m³,水库排沙 0.39 亿 t,异重流区段排沙比 24.6%;人工异重流期间,三门峡水库、小浪底库区淤积三角洲及库区冲刷量分别为 0.15 亿 t、1.11 亿 t、0.07 亿 t,异重流平均出库含沙量 13.3 kg/m³,异重流区段排沙比 25.7%。

三门峡水库控制异重流流量 2 000 m³/s 时,调水调沙试验期间,三门峡水库冲刷

0.19亿t,小浪底库区淤积三角洲冲刷1.56亿t,小浪底库区冲刷0.10亿t,平均出库含沙量为8.9 kg/m³,水库排沙0.53亿t,异重流区段排沙比为26.7%;人工异重流期间,三门峡水库、小浪底库区淤积三角洲及库区冲刷量分别为0.21亿t、1.19亿t、0.13亿t,异重流平均出库含沙量27.6 kg/m³,异重流区段排沙比为29.2%。

三门峡水库控制异重流流量2 500 m³/s时,调水调沙试验期间,三门峡水库冲刷0.25亿t,小浪底库区淤积三角洲冲刷1.71亿t,小浪底库区冲刷0.11亿t,平均出库含沙量为10.1 kg/m³,水库排沙0.60亿t,异重流区段排沙比为27.4%;人工异重流期间,三门峡水库、小浪底库区淤积三角洲及库区冲刷量分别为0.27亿t、1.25亿t、0.14亿t,异重流平均出库含沙量为43.2 kg/m³,异重流区段排沙比为30.6%。

2.小浪底水库不同库水位形成人工异重流时排沙计算

为对比分析小浪底水库在不同库水位形成人工异重流时的排沙效果和库区三角洲的冲刷情况,增加了小浪底水库库水位降至240 m左右时塑造形成人工异重流的计算方案。

从小浪底水库库区冲刷恢复库容来看,小浪底水库库水位为235 m,控制三门峡水库泄放流量1 517 m³/s、2 000 m³/s、2 500 m³/s形成人工异重流的方案,调水调沙试验结束后,小浪底水库库区冲刷分别为0.08亿t、0.10亿t、0.11亿t,而对库水位240 m的方案,不同流量库区均发生微淤,淤积量分别为0.07亿t、0.01亿t、0.05亿t。240 m方案与235 m方案相比,库区冲刷量后者效果较好。

3.设计淤积平衡纵剖面以上库容恢复

根据2004年2月实测断面资料,小浪底库区设计淤积平衡纵剖面以上淤积库段实测各断面的淤积宽度在150～400 m,而人工异重流流量为2 000 m³/s时计算冲刷宽度为407 m,超过实际淤积宽度,说明三角洲冲刷时这一河段不会保留两岸边滩。

根据以上各个方案的计算结果,人工异重流流量2 000 m³/s时,235 m方案异重流期间225 m高程以上三角洲冲刷量约1.19亿t,取平均冲刷宽度400 m,冲刷长度50 km,计算其平均冲刷厚度为4.6 m,大于三角洲在设计纵剖面以上的淤积厚度(最大约3.5 m),因而第三次调水调沙试验可以清除设计淤积平衡纵剖面以上的淤积物,恢复设计的长期有效库容。

(三)综合比较

综合分析上述成果,小浪底水库水位在235 m时,开始形成人工异重流的方案,其库区三角洲冲刷及小浪底水库排沙效果均明显优于240 m的方案。前者不同流量级塑造的人工异重流排沙期间小浪底水库排沙量在0.36亿～0.49亿t,水库冲刷量在0.07亿～0.14亿t,后者水库排沙量较前者减少0.11亿～0.14亿t,水库冲刷减少0.06亿～0.14亿t。调水调沙试验期间库区三角洲的冲刷量前者为1.28亿～1.71亿t,后者减少约25%。

小浪底水库水位235 m形成的人工异重流方案,流量小于2 000 m³/s时人工异重流排沙效果较2 000 m³/s以上为差,流量约1 500 m³/s时水库排沙要比2 000 m³/s方案减少约26%。

控制流量2 000 m³/s和2 500 m³/s,库区三角洲冲刷和水库冲刷相差不大,但2000 m³/s方案异重流持续时间6天,而2 500 m³/s方案仅4天;另一方面,2 500 m³/s方案流量与小浪底的控制下泄流量接近,异重流实际运行中,有可能在一定范围内扩散而部分形成浑水水库,降低水库排沙效果,这些因素在计算过程中往往难以反映。从水库排沙等方面考虑,2 000 m³/s 方案较为稳妥。

流量 2 000 m³/s 的人工异重流,河槽冲刷宽度约 400 m,可以将库区设计淤积纵剖面以上淤积物冲走,达到改善库区淤积形态的目的。

从本次调水调沙试验的目的出发,在小浪底水库水位 235 m 时以 2 000 m³/s 的流量塑造人工异重流,水库的排沙效果、库区淤积三角洲的冲刷效果以及库区淤积形态的改善均可基本达到拟定的试验目标。因此,本次调水调沙试验推荐采用该方案。该方案计算水库排沙量 0.53 亿 t,计入调水调沙试验初期水库坝前漏斗的冲刷量约 0.16 亿 t(HH4 断面以下 2003 年 11 月~2004 年 4 月实测淤积量),水库排沙总量约 0.69 亿 t,平均出库含沙量约 12 kg/m³。

第六节　调水调沙试验方案风险分析

按本次研究提出的调水调沙试验方案和 6 月份可能的来水情况分析,调水调沙试验过程中可能遇到的风险主要来自于两种情况:一是预报潼关来水与实际情况不尽相符,二是潼关来水较多。两种情况下均会给调水调沙试验带来一定风险,需分别研究提出处理措施。

一、潼关来水预报误差风险分析

(一)预报潼关来水偏多的情况

实际调度中潼关水情为滚动预报,后 5 天来水量预估精度低于前 2 天,若后 5 天预估来水偏大,则可能产生的影响如下。

1. 潼关 $Q \leqslant 1$ 500 m³/s 的情况

此种情况下仅对第二阶段水库形成人工异重流后的排沙时间产生影响,由于万家寨、三门峡水库可调水量在 6 亿 m³ 左右,可能的预报误差不会很大(基流预报),因此仍可按预案进行。

2. 潼关 $Q > 1$ 500 m³/s 的情况

此种情况的实际意义是指有洪水发生,若洪水发生在吴堡以上,则预报精度相对较高;若洪水产生于吴堡以下,则可能的预报误差会较大。按本次提出的调水调沙试验预案,三门峡水库水位已提前约 3 天降水至 298 m,并且可能已排出一部分泥沙,若此时发现来水将偏少,可能发生的情况和处理措施如下:

(1)按本次提出的预案,自动转入 $Q_{潼} \leqslant 1$ 500 m³/s 的情况,三门峡水库 $Q_{出} = Q_{入}$,以后至小浪底库水位达 235 m 时,用万家寨水库的水再形成或加大异重流进行排沙。这种操作相当于大大减弱了三门峡水库前期蓄水的利用率(当小浪底水库库水位较高时近乎白白浪费),因此将损失一部分的排沙效益。尽管如此,只要预报误差不是太大($Q_{异} \leqslant Q_{潼} < Q_{预}$),则小浪底水库仍能利用人工异重流排沙。

(2)若预报误差与实际来水相差较悬殊,以致 $Q_{潼} < Q_{异}$,则库区将无法产生异重流或

者前期产生的异重流不能持续,此时万家寨水库已来不及补水满足异重流的持续条件(流至三门峡水库还需 5 天以上时间),较为合理的处理方案是三门峡水库重新蓄水(必要时牺牲发电)直至蓄水位达 318 m 左右,而后恢复初始状态,再执行本次提出的预案。若这种情况发生于 7 月 1 日之后,则三门峡水库蓄水至 305 m 左右,待小浪底水库库水位低于 235 m 后,调度万家寨水库使 $Q_三 > Q_异$,三门峡水库以 298~305 m 之间的少许水量与万家寨水库配合形成人工异重流,继续排沙,排沙效益将受到一定损失。

(二)预报潼关来水偏小的情况

若潼关来水较预报值偏大,则总的情况应是对小浪底水库人工异重流的形成无大的不利影响,可能会加大排沙效果,但此时若不加大小浪底的下泄流量,会延迟调水调沙试验的结束时间;若结束时间不变,则结束时刻小浪底水库库水位可能高于 225 m,排沙效果也会在一定程度上受到影响,可视前一阶段下游河道的冲刷发展情况及后续来水预报情况权衡各方面的利弊确定处理措施。

二、潼关来水较多情况下的风险分析

据潼关断面多年 6 月份来水情况分析,仍有发生中等流量洪水(最大日均流量大于 2 500 m³/s)的可能,而这种洪水往往历时较长,并且可能数个(两个或两个以上)中小洪水相继出现。如 1964 年 5 月 15 日~6 月 17 日,潼关出现日均最大流量 3 470 m³/s 的中等洪水,洪水自 5 月 15 日 1 010 m³/s 流量起涨,回落至 6 月 17 日流量为 1 080 m³/s,历时 34 天,总水量 61.2 亿 m³,平均流量 2 082 m³/s。再如 1967 年 5 月 7 日~6 月 24 日,潼关出现最大日均流量分别为 2 770 m³/s 和 2 650 m³/s 的两场中小洪水,首尾相接,涨水和落水历时均较长,两场洪水总历时 49 天,总水量 76.1 亿 m³,平均流量 1 797 m³/s。若调水调沙试验过程中遇到上述两年的中小洪水情况,小浪底水库下泄流量以 2 700 m³/s 计,洪水前后,根据水情预报结果,潼关流量以 700 m³/s 计(6 月下旬与 7 月上旬之均值),则至 7 月 10 日,在 1964 年洪水条件下,小浪底水库库水位达 226 m,相应蓄水量 25.8 亿 m³,225 m 高程以上蓄水量 1.1 亿 m³;在 1967 年洪水条件下,库水位达 237.2 m,相应蓄水量 39.3 亿 m³,225 m 高程以上蓄水量 14.6 亿 m³。以上两种情况下均未考虑伊洛、沁河来水,若计入其水量,则库水位将更高。

上述分析说明,若调水调沙试验期间遇到 1964 年和 1967 年那样的 6 月洪水,即便自 6 月 19 日起小浪底水库开始泄放 2 700 m³/s 的流量,至 7 月 10 日,坝前水位仍将高于汛限水位 225 m。实际上,按调水调沙试验工作计划,考虑到 6 月上旬扰动加沙设备安装就位以及各项准备工作完全就绪、下游麦收时间等因素,6 月上旬进行调水调沙试验可能性不大,这样在一定程度上还存在调水调沙试验风险。

针对上述可能发生的风险,可能采取的应对措施有以下两种:

(1)7 月 11~20 日,允许库水位短时期超过 225 m,待后续来水情况明确后,再泄放。这样,需要分析研究对主汛期防洪的影响及可能带来的风险。

(2)为了达到在 7 月 11 日前库水位降低至 225 m 的目标,小浪底水库适当加大下泄流量。这样将不可避免地加大下游滩区的淹没损失。根据前述分析,流量达 3 000 m³/s 时,淹没范围将增加较多。因此,这种处理方案增加泄流也很有限。

第四章　试验指标

第一节　调控流量、含沙量指标体系

一、花园口断面的控制流量

从下游河道淹没范围、下游河道冲刷、恢复河槽过流能力、下游用水和水库排沙等方面综合考虑,试验调控流量以控制花园口流量 2 700 m^3/s 左右为宜。

二、各水库的流量、含沙量控制指标

黄河第三次调水调沙试验是在深入分析水沙运动规律、总结调水调沙试验技术的基础上进行的更大空间尺度的水沙调控。因此,充分利用自然的力量,精确调度万家寨、三门峡、小浪底三座水利枢纽,是实现本次试验目标和成功塑造人工异重流的关键。

(一)万家寨水库

万家寨水库在本次试验中起着补充调水调沙试验水量,从而冲刷三门峡库区泥沙,为后期小浪底水库人工塑造的异重流补充泥沙来源和后续动力并保证排沙出库的作用。根据万家寨水库当时的运行工况(7月1日泄流建筑物才具备运用条件),并考虑比较均匀地给三门峡水库补水,通过分析计算制定了控制万家寨水库流量 1 200 m^3/s 和 1 000 m^3/s 下泄补水两个方案。从补水时机的安全角度和对三门峡库区冲沙效果等方面考虑,提出万家寨水库应按 1 200 m^3/s 流量控泄补水至汛限水位 966 m。

(二)三门峡水库

研究成果表明,满足异重流持续运动的临界条件是在满足洪水历时且入库细泥沙的沙重百分数约 50% 的条件下,还应具备足够大的流量及含沙量,即满足下列条件之一:①入库流量大于 2 000 m^3/s 且含沙量大于 40 kg/m^3;②入库流量大于 500 m^3/s 且含沙量大于 220 kg/m^3;③流量为 500~2 000 m^3/s 时,相应的含沙量应满足 $S \geqslant 280 - 0.12Q$。根据以上条件,经分析计算,小浪底水库库水位 225~235 m 回水末端以上库段,悬沙中细沙百分数在 37.2%~48.4% 之间,与异重流持续运动所要求的悬沙级配条件比较接近;水库库水位降至 235 m 后,三门峡水库以 2 000 m^3/s 流量下泄,冲刷小浪底库区尾部三角洲。数学模型计算结果表明,由于小浪底库区河道窄深,淤积纵比降达 5‰,水流将产生强烈的冲刷,特别是三角洲前坡段比降达 2‰,将产生剧烈的溯源冲刷,水流在 235 m 以上约 50 km 的库段内,经过冲刷调整,含沙量基本恢复饱和。库区回水末端附近,冲刷末端含沙量可恢复至 70~120 kg/m^3,异重流持续运动的含沙量条件可以满足。经过向国内专家咨询,认为三门峡水库以 2 000 m^3/s 流量下泄冲刷小浪底库区淤积三角洲,异重流的形成是可以肯定的,但对是否能运行到坝前没有形成统一的意见。为了稳妥起见,

三门峡水库在小浪底库水位下降至 235 m 左右时,先按 2 000 m³/s 流量下泄,并视异重流的形成和发展情况,必要时逐渐加大下泄流量,即按"先小后大"的流量过程下泄。

(三)小浪底水库

按照试验预案分析成果,调水调沙试验第一阶段,小浪底水库按控制花园口断面 2 700 m³/s 的流量下泄,坝前漏斗冲刷过程中,控制出库含沙量不超过 25 kg/m³。第二阶段,小浪底水库按控制花园口流量 2 700 m³/s 下泄,并以控制小黑武洪水平均含沙量不大于 25 kg/m³ 为原则,泄流过程中,控制小黑武最大含沙量不超过 45 kg/m³,直至库水位达汛限水位 225 m。

第二节　下游扰沙河段水沙控制指标

一、扰动河段选择

(一)黄河下游河道近期冲淤概况

根据断面法冲淤量计算结果,小浪底水库下闸蓄水以来,1999 年 10 月～2003 年 11 月,下游河道主槽累积共冲刷 5.626 亿 m³,分河段冲淤量见表 4-1。从分河段计算来看,小浪底水库运用以来下游河道主槽均已发生冲刷,但从沿程来看,高村以下河段冲刷量仍偏小。

表 4-1　小浪底水库运用后下游各河段主槽断面法冲淤量　　　　(单位:亿 m³)

时段 (年-月)	白鹤— 花园口	花园口— 夹河滩	夹河滩— 高村	高村— 孙口	孙口— 艾山	艾山— 泺口	泺口— 利津	白鹤— 利津
1999-10～ 2003-11	-2.285	-1.960	-0.428	-0.217	-0.131	-0.187	-0.418	-5.626
1996-05～ 1999-10	1.082	0.674	1.587	0.377	0.193	-0.063	0.056	3.906
1996-05～ 2003-11	-1.203	-1.286	1.159	0.160	0.062	-0.250	-0.362	-1.720

若从 1996 年汛前开始统计,各河段累积冲淤情况则有所不同。1996 年 5 月～1999 年 10 月下游河道主槽累积淤积 3.906 亿 m³(见表 4-1),可以看出,1996 年 5 月以来全下游已发生冲刷。但从河段分布来看,夹河滩以上河段累积冲刷 2.489 亿 m³,夹河滩—高村河段累积淤积 1.159 亿 m³,高村—艾山河段累积淤积 0.222 亿 m³,艾山以下河段发生冲刷。

从黄河下游水文站水位变化看,1996 年以来,各站的水位降幅不同。花园口站和夹河滩站同流量水位已经低于 1996 年;高村站的同流量水位与"96·8"洪水基本持平;孙口站和艾山站的同流量水位仍高于 1996 年;利津站的同流量水位低于 1996 年。

因此,从河段冲淤情况和小浪底水库运用后冲刷发展趋势看,高村—艾山河段仍是薄弱河段。

(二)各河段平滩流量变化

采用 2003 年汛后大断面计算黄河下游各断面平滩以下面积,运用多种方法对下游河道各断面的平滩流量进行了分析计算,各河段平滩流量为:花园口以上河段在 4 000 m³/s 以上,花园口—夹河滩河段在 3 500 m³/s 以上,夹河滩—高村河段在 3 000 m³/s 左右,高村—艾山河段在 2 500 m³/s 左右,艾山以下大部分河段在 3 000 m³/s 以上。高村—艾山河段平滩流量较小。进一步分析高村—艾山河段各断面的平滩流量见表 4-2。从表中看出,各断面平滩流量都大于 2 000 m³/s。其中彭楼—陶城铺河段大部分断面平滩流量小于 2 600 m³/s,排洪能力仍较弱,该河段应是重点扰动河段。

表 4-2　黄河下游高村—艾山河段各断面平滩面积与平滩流量预估

断面名称	距铁谢里程 (km)	平滩水位 (m)	平滩以下面积 (m²)	平滩流量 (m³/s)	备注 (和主流夹角)
高村	276.19	63.50	1 694	3 100	
南小堤	282.19	62.25	1 142	2 620	
刘庄	288.42	61.20	1 460	2 510	
双合岭	293.69	60.73	1 426	2 850	
苏泗庄	302.89	59.70	1 839	2 360	50°
夏庄	309.64	58.55	1 186	2 580	
营房	315.70	57.90	1 474	2 940	
彭楼	322.70	57.16	1 816	2 960	
大王庄	329.40	56.36	1 458	2 540	
十三庄	335.09	55.50	1 254	2 500	
史楼	340.90	54.73	1 171	2 380	
李天开	346.65	53.89	1 102	2 350	
徐码头	352.20	53.60	1 445	2 260	40°
于庄	360.40	52.30	1 178	2 400	
杨集	367.40	50.98	1 191	2 440	
后张楼	373.48	50.51	1 252	2 480	
伟那里	379.12	50.02	1 137	2 410	
龙湾	387.37	49.40	2 427	2 780	50°
孙口	394.39	48.50	1 180	2 500	
梁集	400.33	47.83	1 238	2 470	
大田楼	404.27	47.19	1 053	2 420	
雷口	407.16	46.83	1 017	2 390	
路那里	412.17	46.21	1 149	2 580	
十里堡	415.09	45.80	2 004	3 400	
白铺	417.57	46.44	1 367	2 840	
邵庄	420.55	45.72	1 496	2 580	
李坝	423.85	45.43	1 331	2 650	
陶城铺	430.02	44.41	1 105	2 460	
黄庄	431.77	44.77	1 752	2 880	
位山	434.12	44.30	1 617	2 740	
阴柳科	437.57	44.28	1 802	3 100	
王坡	442.23	42.96	1 434	2 580	
南桥	445.42	42.44	1 477	2 640	
殷庄	449.78	42.41	1 498	2 700	
艾山	458.26	41.65	1 559	2 900	

二、人工扰动部位选择

(一)弯道段和浅滩段水流特征

弯曲性河段是冲积性平原河流中最常见的一种河型,由正反相间、曲率达到一定程度的弯道和弯道间长短不等的过渡段(浅滩段)连接而成,弯道段和浅滩段各具有不同的水流泥沙输移特性。

水流经过弯道时,为适应曲线运动所需要的向心力要求,凹岸水面升高、凸岸水面降低,从而形成一定的水面横比降。由于横比降的存在和上下水体不同的流速分布,形成表层水体流向凹岸、底层水体流向凸岸的横向环流,它和纵向水流结合在一起便构成弯道中的螺旋流。同时,泥沙在垂线上的分布也不均匀,愈近水面含沙量愈小,愈近底部含沙量愈大。因此,在螺旋流的作用下,泥沙输移发生变化,当弯道曲率半径小、横向环流强、底部螺旋流旋度大时,离开凹岸的底沙可以被带到本弯道的凸岸淤积,否则大部分底沙将被带往下游浅滩段。

水流经过弯道以后,在河床边界的作用下,逐渐趋于顺直,弯道环流减弱,造成流速峰和泥沙峰的位置不重合,由于输沙不平衡造成局部淤积,形成浅滩。

由于弯道段和浅滩段的断面形态不同,它们的水深、流速随流量的变化特点也不一样。随着流量增大,浅滩的水深增加快,流速增加慢,深槽则正好相反。

(二)弯曲性河道深槽与浅滩段的输沙能力及冲淤变化特性

弯曲性河道水流流速与流量的变化呈正的指数相关关系,但弯道段流速指数要大于浅滩段;水面比降随流量的变化在弯道上为正的指数相关,而在浅滩段相关关系为负。因此,随着流量的增大,弯道水流功率增长幅度必大于浅滩段。在枯水期,浅滩段水流功率较弯曲段大,弯曲段因比降小、流速低,水流功率较小。但随流量增大,弯曲段水流功率的增大要比浅滩段快,当流量达到一定程度时,弯道段水流功率将大于浅滩段。

由此可见,洪水期弯曲段水流功率和挟沙能力较大,具有更强的排洪输沙能力。

(三)下游不同水沙条件下弯顶断面与浅滩断面冲淤特性

下游河段实测大断面可划分为典型的弯顶断面、浅滩断面和介于两者之间的过渡性断面。在较短的河段内,各类型断面长系列冲淤变化趋势一致(见图4-1),冲淤量值也比较接近,但不同水沙条件下,各类型断面冲淤变化不同,尤其是弯顶断面和浅滩断面存在定性上的差别。弯顶断面具有汛期大量冲刷、非汛期大量回淤的特点;浅滩断面汛期淤积,非汛期冲刷,与弯顶断面具有明显的差异,同时浅滩段冲淤变化幅度要明显小于弯顶断面。洪水期浅滩河段淤积使得其上游局部河段的侵蚀基面抬升,不利于上游弯曲段的排洪。同时,浅滩河段淤积,在河底纵剖面(深泓线)上形成局部拦沙坝,也不利于上游河道的排沙。结合对浅滩断面的挖河,降低浅滩高程,削弱浅滩滩脊断面拦沙坎的作用,将有利于提高河段的输沙特性。

(四)弯顶断面和浅滩断面冲淤变化对河段排洪输沙特性的影响

水流特性和输沙特性的不同,决定了弯顶断面和浅滩断面冲淤特性的差异,弯顶断面和浅滩断面的冲淤对河段的排洪输沙能力又具有较大的反馈影响。洪水期弯顶断面的冲刷,即使不挖河,同样可以造成这些河段的冲刷,不影响过洪,随洪峰的增大输沙能力迅速

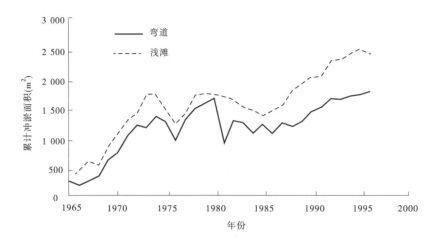

图 4-1　不同类型断面水文年主槽累积冲淤过程线

增大,不影响输沙,挖河与否对汛期排洪输沙影响不大。但浅滩断面洪水期淤积,对于其上游的弯曲段特别是弯顶断面,进而对整个河段的排洪输沙起到了局部侵蚀基面的作用。侵蚀基面抬高,不利于提高洪水期河道的排洪输沙能力。

枯水期弯顶断面大量淤积,不利于河段的排洪输沙,相应浅滩断面淤积较小,甚至是冲刷的,对河段排洪输沙能力的提高是有利的。非汛期弯顶河段大量淤积总体上是河段排沙能力不足造成的,但浅滩河段(并且是洪水期已经抬高了的浅滩)仍是其上游弯顶断面至浅滩断面的最高点,对其上游河段,尤其是对其上游的弯顶断面起着明显的局部侵蚀基面的作用,是非汛期输沙的拦沙坎,拦沙坎的存在加剧了弯道断面的淤积。

以上分析表明,浅滩河段对洪水期的排洪和枯水期的输沙具有明显的不利影响,浅滩断面高程的降低不仅可以提高汛期的排洪输沙能力,而且有利于减少非汛期河道(主要是弯曲段)的淤积。因此,挖河应把重点放在各河段的浅滩河段,特别是浅滩滩脊断面的部位上。

另外,从河势查勘和模型试验来看,河道整治工程上下首受水流左右,形成局部卡口断面,河道较窄,直接影响河段的排洪和输沙,因而在这一部位扰动有利于提高扰动效果。

三、扰动河段加沙量及加沙时机

(一)天然情况下黄河下游主要断面含沙量恢复值

通过对 1960 年以来黄河下游近 300 场实测洪水资料水力要素统计及河道不同粒径组泥沙冲淤量进行计算分析,在研究洪水期泥沙运行调整规律和洪水演进特点的基础上,归纳了不同水沙条件下下游主要控制站含沙量变化与其他水力因子间的关系(如本站流量、上站含沙量、泥沙组成等),并提炼出一些规律性的认识。

花园口、高村及艾山控制站洪水期平均含沙量与其他水力因子间关系可以表达为

$$S = kQ^{\alpha}S_{上}^{\beta}P_{*}^{\gamma} \tag{4-1}$$

式中　S——本站含沙量,kg/m³;

　　　Q——本站流量,m³/s;

$S_\text{上}$——上站含沙量,kg/m³;

P_*——上站粒径小于 0.05 mm 泥沙所占的权重;

k、α、β、γ——待定的系数和指数,可由实测资料率定,其值见表 4-3。

表 4-3 主要控制站含沙量计算待定系数和指数

来沙条件	控制站	k	α	β	γ
$S_\text{小}$＜15 kg/m³	花园口	1.55	0.131	0.55	0.566
	高村	0.9	0.144	0.73	
	艾山	0.69	0.086	0.93	
$S_\text{小}$≥15 kg/m³	花园口	1.96	0.131	0.55	0.566
	高村	0.8	0.144	0.73	
	艾山	0.655	0.086	0.93	

注:表中 $S_\text{小}$ 为小浪底站含沙量。

2002 年及 2003 年调水调沙试验期,小浪底出库泥沙一般都很细,小于 0.05 mm 泥沙所占的权重一般为 96%,考虑到 2004 年调水调沙试验小浪底出库泥沙会与 2002 年和 2003 年具有一定的相似性,本次方案计算取 P_* 为 0.96,调水调沙试验期可视实际情况确定。据以上公式计算和实测资料分析,当小浪底出库流量为 2 600 m³/s,清水下泄时,花园口站含沙量恢复值一般在 4~6 kg/m³,高村站含沙量恢复值在 10 kg/m³ 左右,艾山站含沙量恢复值在 12~14 kg/m³。在流量为 2 600 m³/s 情况下,经计算,当小浪底出库含沙量在 30~35 kg/m³ 时,下游河道基本能够维持冲淤平衡。

(二)含沙量沿程恢复计算值评价

若 2004 年调水调沙试验期下游来水流量为 2 600 m³/s,当含沙量为 10 kg/m³ 时,利用公式计算花园口、高村和艾山三站含沙量分别约为 15 kg/m³、20 kg/m³ 和 22 kg/m³,相应各河段含沙量恢复值分别为 5 kg/m³、5 kg/m³ 和 2 kg/m³。计算值基本与实际发生值接近。2003 年 9 月 29 日~10 月 7 日,小黑武平均含沙量为 9 kg/m³,花园口、高村、艾山站实测含沙量分别为 13.6 kg/m³、20.7 kg/m³ 和 23.3 kg/m³,相应河段含沙量恢复值分别为 4.6 kg/m³、7.1 kg/m³ 和 2.6 kg/m³;1962 年 7 月 30 日~8 月 12 日,小黑武平均含沙量为 10.6 kg/m³,花园口、高村及艾山站实测含沙量分别为 13.4 kg/m³、17.9 kg/m³ 和 20.2 kg/m³,相应河段含沙量恢复值分别为 2.8 kg/m³、4.5 kg/m³ 和 2.3 kg/m³。当含沙量为 30 kg/m³ 时,经计算,小浪底—艾山河段含沙量恢复值为 3.3 kg/m³,与 2003 年调水调沙试验期相比恢复值(11.3 kg/m³)偏小;若与 1976 年类似洪水相比,含沙量恢复值并不小,1976 年流量为 2 791 m³/s 时,小浪底—艾山河段含沙量不仅没增加,反而有所衰减,衰减值为 5.2 kg/m³。本次公式计算含沙量值介于 2003 年洪水和 1976 年洪水之间,认为计算值也基本合理。

经比较分析,花园口、高村及艾山站含沙量计算值与实际基本吻合,能够反映调水调沙试验期泥沙的沿程调整和恢复情况。

(三)扰动泥沙搬移距离分析计算

通过人工扰动起来的泥沙,由于粒径不同,能够随水流输移的距离以及能够变为悬移质进行长距离输送的比例也不尽相同。颗粒较粗的泥沙大部分在较短的河段内就会沉积落淤,能够变为悬移质长距离输移的泥沙只占很小的比例;而颗粒较细的泥沙只有少部分在较短的河段内沉积落淤,大部分泥沙能够变为悬移质进行长距离输移。在一定的水流条件下,部分颗粒更细的泥沙,一旦悬浮即能够变为冲泻质。经计算,粒径小于 0.01 mm 的泥沙基本可以长距离输送;0.025 mm 的泥沙可以输送 20～30 km;0.05 mm 的泥沙基本能够输送 5 km 左右。

据艾山—利津河段不同粒径组泥沙实测资料分析,粒径小于 0.025 mm 的细沙在汛期流量大于 1 400 m³/s 的情况下可以长距离输送;粒径在 0.025～0.05 mm 之间的中沙在流量超过 2 700 m³/s 的情况下也可以长距离输送;粒径大于 0.05 mm 的泥沙在流量大于 4 100 m³/s 情况下大部分也可以实现长距离输移。与上面计算的结果基本是一致的。

根据黄河设计公司 2003 年汛后黄河下游河道大断面测量及床沙钻探颗分的成果,高村—孙口河段河床床面至深度 1.0 m 范围内床沙粒径 $D_{cp} = 0.025$ mm 以下的比例平均为 14.4%,粒径 $D_{cp} = 0.031$ mm 以下的比例平均为 19.3%,粒径 $D_{cp} = 0.05$ mm 以下的比例平均为 37.5%。从以上各粒径泥沙的输移距离可以看出,在调水调沙试验水流中粒径小于 0.05 mm 泥沙可以输移较远的距离。因此,将扰动的泥沙中能够实现长距离输移的比例粗略地确定为 30%。

(四)反馈站(艾山站)临界含沙量推求

长期以来,由于泥沙沿程冲淤分布的不均匀性,目前高村—陶城铺河段过流能力降低,局部过流不畅给整个下游全局的防洪造成了被动。2004 年调水调沙试验,一是为了输送更多的泥沙入海;二是通过人工扰动改善局部河段的行洪条件,缓解目前下游河道小水漫滩的局面。根据下游各河段相对行洪能力的大小,初步考虑下游扰动加沙部位选在排洪能力最小的孙口上下河段。本次调水调沙试验原则上讲,是在保障扰沙河段以下艾山—利津窄河段不发生淤积的条件下,提出不同水沙条件下扰沙河段的加沙时机和加沙量大小。为此,推求艾山站在一定水流条件下的临界含沙量参数是下游调水调沙试验的关键。

艾山—利津河段具有"大水冲刷、小水淤积"、"汛期冲刷、非汛期淤积"、"细沙冲刷、粗沙及中沙淤积"等基本冲淤演变特点。该河段临界含沙量大小不仅与流量大小有关,而且与引水量大小也有关系,一般引水量越大至利津后水流挟沙能力越低。从 2004 年调水调沙试验期艾山—利津河段引水预案看,平均引水流量为 100 m³/s,调水调沙试验期间艾山站平均流量为 2 500 m³/s 左右,艾山—利津河段引水流量占艾山站流量的 4%。根据洪水期建立的艾山、利津站输沙能力与来水来沙间的相互关系,考虑到艾山—利津河段洪水演进、河槽的滞蓄量和调水调沙试验期计划引水情况,在艾山—利津段河槽不淤积的条件下,建立调水调沙试验期艾山站临界含沙量与流量间的关系如下

$$S = KQ^{2.35} \tag{4-2}$$

式中　　S——艾山站临界含沙量;

　　　　Q——艾山站流量;

　　　　K——系数,取为 3.15×10^{-7}。

根据式(4-2),计算艾山站流量分别为 2 400 m³/s、2 500 m³/s 及 2 600 m³/s 时,在艾山—利津段不淤积情况下,艾山站所允许挟带的最大含沙量分别为 27.3 kg/m³、30.0 kg/m³ 和 32.9 kg/m³。

以上临界含沙量大小针对的是洪水的一般情况,也就是说以上临界含沙量的大小一般指艾山站泥沙中值粒径在 0.025 mm 左右。本次调水调沙试验艾山站泥沙主要来源于下游河床冲刷,泥沙颗粒相对较粗,泥沙中值粒径甚至达到 0.04～0.05 mm,因此临界含沙量会低于式(4-2)的计算值。通过实测资料分析、挟沙能力计算公式及数学模型计算多方面论证,当艾山站泥沙中值粒径在 0.045 mm 左右时,流量在 2 600 m³/s 的条件下,艾山站临界含沙量是 18 kg/m³ 左右。若考虑泥沙粗细对河道冲淤的影响,则艾山站不同水沙条件下临界含沙量大小可由下式表达

$$S = kQ^a P_*^\beta \tag{4-3}$$

式中　Q——艾山站流量;

P_*——艾山站小于 0.05 mm 的泥沙所占的权重;

k、α、β——待定参数,可由实测资料率定。

式(4-3)定性地反映出粒径越粗临界含沙量越小。根据黄河下游水流挟沙能力公式

$$S_* = k\left(\frac{v^3}{gh\omega}\ln\frac{h}{6D_{50}}\right)^{0.6} \tag{4-4}$$

式中沉速 ω 为

$$\omega = \frac{1}{18}\frac{\gamma_s - \gamma}{\gamma}g\frac{d^2}{v} \tag{4-5}$$

于是有

$$S_* \propto \frac{1}{d^{1.2}} \tag{4-6}$$

可见挟沙能力与粒径的高次方成反比,也就是说,粒径越粗其挟沙能力越低。

(五)前置站(高村站)不同水沙因子下需要扰动加沙的控制参数

根据实测资料分析,高村前置站不同水沙因子下需要扰动加沙的控制参数为

$$S = k\frac{(TQ)^{2.432}}{m} \tag{4-7}$$

式中　S——高村站计算含沙量,kg/m³;

Q——高村站流量,m³/s;

T——流量演进系数;

m——系数,取值与高村站实测含沙量有关;

k——系数,取为 1.023×10^{-7}。

针对本次调水调沙试验引水预案及高村含沙量预测,T 取为 0.97,m 取 0.655～0.69。根据式(4-7),如果已知高村站实测流量和含沙量,代入式中计算控制含沙量 S,若实测值低于控制值,则允许在孙口附近扰动加沙,否则停止扰动加沙。经计算,若高村站流量在 2 400～2 600 m³/s 之间,含沙量低于23～29 kg/m³,则允许进行扰动加沙,其加沙量大小视水沙情况而定,可由人工扰动加沙系统进行计算。

第三节　小　结

(1)系统分析下游河道冲淤现状、平滩流量变化和"二级悬河"现状可以得出,黄河第

三次调水调沙试验下游河段的扰动拟选择在"二级悬河"较为严重、平滩流量较小的高村—陶城铺河段。其中大王庄—雷口河段多数断面平滩流量不足 2 500 m³/s,为平滩流量最小的河段,是黄河下游河道过流的"瓶颈"河段。因此,将邢庙—杨楼和影唐—国那里分别长约 20 km 和 10 km 的两河段(分别在徐码头和雷口附近)确定为扰动的重点。扰动的具体部位主要布设在两弯顶之间的过渡河段。

(2)下游卡口段扰动补沙时机和泥沙掺混量由小浪底水库出库水沙演进到卡口河段的情况,并根据水流挟沙能力富余度确定,同时设立高村站作为预报加沙前置站,艾山站作为调整配沙比例和级配的反馈站。

第五章 试验过程

第一节 整体过程概述

第三次调水调沙试验主要是通过科学调控万家寨、三门峡、小浪底三水库的泄流时间和流量,在小浪底库区人工塑造出异重流,辅以人工扰动泥沙,实现异重流的接力运行,保证对小浪底水库淤积泥沙形成连续的冲刷能量,调整库区淤积部位和形态,进而排沙出库。此次小浪底库区人工异重流塑造主要考虑以下因素:

(1)三门峡水库出库流量的确定。三门峡水库下泄的目标是冲刷小浪底库尾淤积三角洲和塑造异重流。根据小浪底水库异重流形成条件,在满足历时和细沙含量的前提下,还要满足流量和含沙量要求,有大流量与小含沙量、小流量与大含沙量和一般流量与一般含沙量等不同组合。选择三门峡水库下泄流量及时机,要考虑四个条件:一是小浪底库尾淤积三角洲的冲刷需要较大入库流量,要求三门峡出库流量足够大;二是中游没有发生高含沙洪水,小浪底水库异重流形成所需的沙源并不充足,要求三门峡水库出库水流具有一定的含沙量,特别要有一定的细泥沙含量;三是万家寨水库泄流到三门峡水库时三门峡水库水位不能太高,要在 310 m 左右,否则三门峡水库拉沙效果不明显;四是三门峡水库泄流时小浪底水库水位不能太高,否则三门峡水库下泄水流的能量将被消杀,同时小浪底水库水位太高,人工扰沙效果不明显,向水流补充泥沙较少。因此,要求三门峡水库泄水时小浪底水库水位必须降至一定程度,以适应库尾段泥沙扰动和三门峡水库出库水流冲刷泥沙。综合考虑上述因素,确定三门峡水库泄水时机为 7 月 5 日 15 时,出库流量 2 000 m³/s。

(2)水流泥沙含量的配置。小浪底水库人工异重流的沙源有两个:一个是小浪底水库尾部的淤积三角洲,要靠三门峡水库下泄较大清水流量进行冲刷,并辅以人工扰动措施使之进入水流;另一个是三门峡水库槽库容里的细泥沙,要靠万家寨水库泄流在三门峡水库低水位时冲刷排出。

(3)万家寨水库与三门峡水库泄流的对接。万家寨水库泄流与三门峡水库水位对接的目标,是万家寨水库泄流在三门峡水库水位下降至 310 m 及其以下时演进至三门峡水库,以最大程度冲刷三门峡水库泥沙,为小浪底水库异重流提供连续的水源动力和充足的细泥沙来源。为实现准确对接,要确定以下参数:一是根据三门峡水库拉沙效果确定万家寨水库下泄流量大小;二是根据小浪底水库人工异重流向坝前推进直至出库需要的时间,确定万家寨水库泄流历时;三是根据万家寨至三门峡的河道情况,尤其是考虑第一场洪水的运行特点,准确计算水流演进时间;四是计算三门峡水库水位降至 310 m 的时间,并根据万家寨至三门峡的水流演进时间,确定万家寨水库泄流时机。综合上述因素,最终确定万家寨水库于 7 月 2 日 12 时(即先于三门峡水库泄流时机 5 日 15 时)开始泄流,下泄流量 1 200 m³/s。万家寨水库下泄水流与三门峡水库蓄水模拟对接见图 5-1。

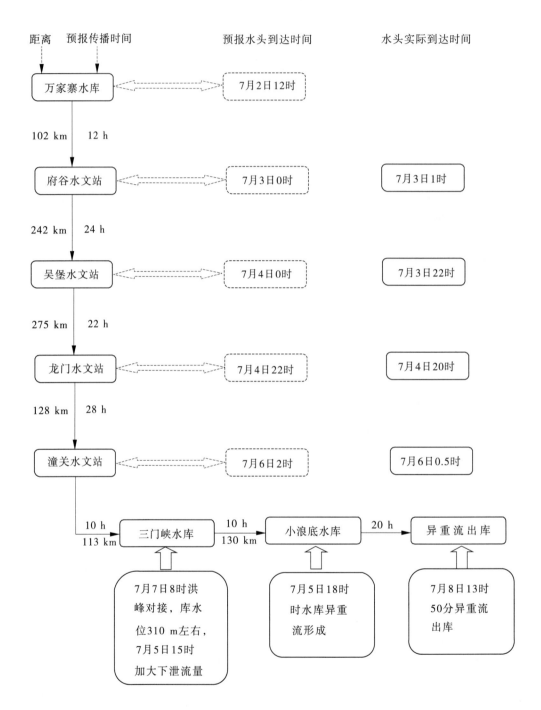

图 5-1　万家寨水库下泄水流与三门峡水库蓄水模拟对接

试验从 2004 年 6 月 19 日 9 时开始,至 7 月 13 日 8 时结束,历时 24 天。期间,小浪底水库于 6 月 29 日 0 时~7 月 3 日 21 时小流量下泄 5 天,此次试验实际历时 19 天。第三次调水调沙试验水库调度过程分为以下两个阶段:一是利用小浪底水库泄流辅以人工扰动扩大下游河道主槽行洪能力;二是干流水库群联合调度辅以人工扰动调整小浪底库尾淤积形态、塑造人工异重流并实现排沙出库,继续利用小浪底水库泄流辅以人工扰动扩大下游河道主槽行洪能力。

第一阶段:利用小浪底水库下泄清水,形成下游河道 2 600 m³/s 的流量过程,冲刷下游槽,并在两处"卡口"河段实施泥沙人工扰动试验,对卡口河段的主河槽加以扩展并调整其河槽形态;同时降低小浪底库水位,为第二阶段冲刷库区淤积三角洲、人工塑造异重流创造条件。

第二阶段:当小浪底库水位下降至 235 m 时,实施万家寨、三门峡、小浪底三水库的水沙联合调度。首先加大万家寨水库的下泄流量至 1 200 m³/s,在万家寨水库下泄的水量向三门峡库区演进长达近千公里的过程中,适时调度三门峡水库下泄 2 000 m³/s 以上的较大流量,实现万家寨、三门峡两水库水沙过程的时空对接。利用三门峡水库下泄的人造洪峰强烈冲刷小浪底库尾的淤积三角洲,并辅以人工扰沙措施,清除占用长期有效库容的淤积泥沙,合理调整三角洲淤积形态,并使三门峡水库槽库容冲出的泥沙和小浪底库尾淤积三角洲被冲起的细颗粒泥沙作为沙源,以异重流形式在小浪底库区向坝前运动,利用万家寨水库和三门峡水库泄放的水流动力,将小浪底水库异重流推出库外。继续利用小浪底水库泄流辅以人工扰动扩大下游河道主槽行洪能力。

第二节 方案的制作过程

在对试验指标、塑造小浪底库区人工异重流、排沙可行性及时机、调水调沙试验总体方案等进行了大量专题研究的基础上,方案组 10 多次汇报、修改,数易其稿,黄河第三次调水调沙试验预案终于正式确定,并于 6 月中旬正式提交黄河第三次调水调沙试验总指挥部。试验期间,就方案制定分别举行了委内和委外专家咨询会,及时提出了实时调度方案,并提出了 24 份水库调度方案单。

一、6 月 19 日提出的实时调度方案

6 月 17 日,充分考虑了调水调沙试验实施过程中各个关键技术环节和可能出现的各种情况,并进一步研究了与防洪调度方案的衔接,在黄河第三次调水调沙试验预案基础上,又根据水情预报、预估和引水计划,编制完成了水库实时调度方案。

指导思想:结合防洪预泄,精确调度万家寨、三门峡、小浪底三座水利枢纽工程,人工塑造小浪底水库异重流,辅以库区和下游扰沙措施,实现小浪底库区及下游河道减淤。

试验预期目标:①调整小浪底库区的淤积形态;②提高黄河下游两个"卡口"段的主槽过流能力;③实现黄河下游主河槽全线冲刷;④进一步探索研究黄河水库、河道水沙运动规律。

调控指标:经综合考虑,黄河第三次调水调沙试验调控指标为控制花园口流量 2 600

m³/s、沙量 25 kg/m³。

预报 19～25 日河道来水总量为 3.9 亿 m³,19～23 日下游河道计划引水流量为高村以上 119 m³/s、高村以下 74 m³/s。

具体调度方案如下:

(1)6 月 19 日 9 时起,小浪底水库按控制花园口流量 2 600 m³/s 下泄,含沙量不大于 25 kg/m³。

(2)6 月 19 日 9 时起,小浪底库区开始泥沙扰动。

(3)当艾山站流量达到 2 100 m³/s,含沙量小于临界指标时,下游开始泥沙扰动。

(4)6 月 29 日万家寨水库开始按 1 200 m³/s 流量下泄,直至降到汛限水位 966 m。

(5)7 月 2 日、3 日两天小浪底水库控制花园口流量 800 m³/s 下泄。

(6)7 月 4 日 0 时三门峡水库按 2 000 m³/s 流量下泄,直至库水位降至 298 m。

(7)7 月 4 日 8 时小浪底水库按控制花园口流量 2 600 m³/s 下泄,花园口含沙量不超过 45 kg/m³,直至库水位降至汛限水位 225 m,调水调沙试验调度结束。

试验期间当黄河中游发生洪水时,按照黄河洪水处理预案和调水调沙试验预案,继续进行调水调沙试验或相机转入防洪调度。

同一天,还提出:为了加强第二阶段小浪底水库人工异重流的排沙效果,建议万家寨、三门峡两水库应分别蓄水至 977 m 和 318 m(接近但不超过)。

二、6 月 21 日提出人工异重流塑造万家寨、三门峡、小浪底三库对接时机

根据万家寨、三门峡、小浪底三库蓄水情况和头道拐、潼关、黑石关、武陟平均来水量过程预测以及潼关站、小花区间径流预报情况,制定如下实时调度方案。

(一)对接时机

为了保证调水调沙试验后期能够有一定的蓄水在小浪底水库形成人工异重流,达到较好的排沙效果,在调水调沙试验过程中,逐渐增加万家寨、三门峡两水库的蓄水,使其在进行大流量泄放前库水位分别达到 977 m 和 318 m。

根据来水预测情况,7 月 1 日小浪底水库水位达到 235 m,此时,按控制花园口流量 800 m³/s 下泄 2 天,7 月 3 日恢复按控制花园口流量 2 600 m³/s 下泄。考虑万家寨水库比较均匀地向三门峡水库补水,对万家寨水库分别在 6 月 28 日、29 日、30 日开始以 1 200 m³/s 补水三个方案进行比较。

根据 2004 年 3 月水情和历史同期资料统计分析,流量在 1 200 m³/s 时,洪水从万家寨传播至三门峡大坝的时间为 5～6 天。根据预报结果,6 月下旬头道拐至潼关之间区间加水约 250 m³/s,7 月上旬约 470 m³/s,考虑到头道拐至万家寨坝前河段长度还有 114 km 以及流量 1 200 m³/s 时万家寨至三门峡之间水量损失也较旬平均流量为大等因素,本次万家寨水库大流量下泄到达潼关,区间加水按 300 m³/s 考虑。各方案计算情况如下。

方案一:6 月 28 日开始万家寨水库连续 4 天泄放 1 200 m³/s 流量,7 月 2 日水位降至 963.2 m。7 月 3 日三门峡水库按 2 000 m³/s 流量控制下泄,7 月 3～7 日三门峡库水位日降幅分别为 1.7 m、0.8 m、0.8 m、1.0 m 和 1.3 m,7 月 8 日库水位降至 310 m,7 月 10 日库水位降至 298 m。万家寨水库泄水入三门峡水库时,三门峡水库水位在 312.4 m 以上,

库水位相对较高。

方案二:6月29日开始万家寨水库连续4天泄放1 200 m³/s流量,7月3日水位降至963.8 m。7月3日三门峡水库按2 000 m³/s流量控制下泄,7月10日库水位降至298 m,7月8日晨库水位降至310 m,7月3~8日库水位日降幅分别为1.7 m、2.2 m、1.2 m、1.4 m和1.7 m。万家寨水库泄水入三门峡水库时,三门峡水库水位在310 m以下的历时为2天。

方案三:6月30日开始万家寨水库连续4天泄放1 200 m³/s流量,7月4日水位降至964.3 m。7月3日三门峡水库按2 000 m³/s流量控制下泄,7月10日库水位降至298 m,7月6日晨库水位降至310 m,7月3~5日,库水位日降幅分别为1.7 m、2.2 m、3.5 m。万家寨水库泄水入三门峡水库时,三门峡水库水位在310 m以下的历时为3天。

三个方案三门峡水库库水位在310 m以上日降幅介于0.8~3.5 m之间,根据过去三门峡水库运用的经验,在上述降水速率内导致库岸坍塌的可能性不大。考虑到万家寨水库下泄较大流量时,若三门峡水库水位较低,对水库排沙和小浪底水库人工异重流的形成和排沙有利,建议万家寨水库按1 200 m³/s流量控泄补水,开始日期为29日,以适当留有余地(如果前后误差1天仍可以满足要求),即采用方案二。

实时调度中,按照预案,6月29日万家寨水库开始按1 200 m³/s流量下泄后,要加强对龙门、华县、河津、洑头四站(简称龙华河洑,下同)水文观测。龙门水文站实测流量出现1 200 m³/s后20 h,三门峡水库开始按2 000 m³/s流量下泄。预计28 h内1 200~1 500 m³/s的流量到达潼关站,三门峡水库已按2 000 m³/s流量下泄1天左右,万家寨水库以1 200 m³/s流量下泄的水量和相应区间加水可以完全进入三门峡水库,使三门峡水库形成连续6~7天的2 000 m³/s流量过程。如果通过龙门站的较大流量不到20 h就到达潼关站,则在潼关站出现1 200 m³/s流量时三门峡水库立即按2 000 m³/s流量下泄,同时在龙门站出现1 200 m³/s以上的流量后,黄河小北干流陕西局、黄河小北干流山西局和黄委水文局要加强水流在小北干流河段演进的观测,及时向总指挥部报告。

(二)小浪底库区人工异重流分析

根据异重流持续运行的条件,对小浪底库区人工异重流能否塑造成功分析如下。

1.流量条件

小浪底水库库水位降至235 m后,7月3日三门峡水库以2 000 m³/s流量下泄,满足流量条件。

2.含沙量条件

1)黄委黄科院分析计算成果

以2 000 m³/s的流量使小浪底水库回水末端以上的淤积三角洲产生强烈的溯源冲刷,根据对三门峡水库1962年、1964年泄空期冲刷资料分析和数学模型计算的结果,本次调水调沙试验中三门峡水库下泄2 000 m³/s流量初期,小浪底水库回水末端以上库段冲刷恢复的含沙量为30~40 kg/m³,考虑到三门峡水库泄流过程中,随着库水位下降,出库含沙量增加,至泄水后期,小浪底水库回水末端以上水流含沙量将达到160 kg/m³。

2)黄委黄河设计公司分析计算成果

三门峡水库以2 000 m³/s流量下泄时,由于小浪底库区河道窄深,淤积纵比降达

5‰,水流将产生强烈的冲刷,特别是三角洲前坡段比降达 2‰,将产生剧烈的溯源冲刷。水流在 235 m 以上约 50 km 的库段内,经过冲刷调整,含沙量基本恢复饱和。数学模型计算结果,库区回水末端附近,含沙量将达 100 kg/m³ 左右。

以上分析计算表明,异重流持续运动要求的含沙量条件可以满足。

3.悬沙级配条件

由于小浪底库区异重流持续运动所要求的悬移质泥沙含量主要由回水末端以上库段冲刷来补给,因而根据小浪底库区 225 m 和 235 m 以上库段的淤积物级配来估算形成人工异重流的悬沙级配。根据分析计算,库区 235 m 以上(HH42—HH50 断面)淤积物平均级配为细沙 37.2%、中沙 40.4%、粗沙 22.4%,225 m 以上(HH36—HH50 断面)淤积物平均级配为细沙 48.4%、中沙 34.6%、粗沙 17.0%。由此说明,小浪底水库在 225～235 m 之间时,悬沙中细沙百分数在 37.2%～48.4%之间,与异重流持续运动所要求的悬沙级配条件也比较接近。

根据以上分析,异重流持续运动的三个条件中,水流条件和含沙量条件可以满足,级配条件基本满足,考虑到水流进入小浪底水库回水区时含沙量较高等因素,综合分析,认为本次调水调沙试验中人工异重流可以成功塑造。

三、6 月 25 日提出的实时调度方案

根据水库水位及相应蓄水量情况、河道来水预估、下游河道引水、花园口站流量控制指标,预计小浪底水库水位 6 月 30 日 8 时左右达到 235 m,建议 6 月 30 日 8 时～7 月 2 日 8 时小浪底水库按进出库平衡运用。考虑万家寨水库泄放水量与三门峡水库 298 m 库水位以上水量的对接,建议万家寨水库 6 月 28 日 8 时开始按 1 200 m³/s 流量连续下泄 4天。

四、6 月 28 日提出的实时调度方案

根据水库水位及相应蓄水量情况、河道来水预估、下游河道引水、花园口站流量控制指标,提出如下实时调度方案。

万家寨水库:考虑小浪底水库库区打捞沉船的影响,6 月 28 日 9 时起转入进出库平衡运用。

三门峡水库:库水位接近但不得超过 318 m。

小浪底水库:6 月 30 日 2 时左右达到 235 m,之后按进出库平衡运用。

五、6 月 29 日提出的实时调度方案

根据水库水位及相应蓄水量、河道来水预估、下游河道引水等情况,提出如下实时调度方案。

万家寨水库:进出库平衡运用。

三门峡水库:库水位接近但不得超过 318 m。

小浪底水库:自 6 月 29 日开始出库流量按日均 500 m³/s。

六、7 月 2 日提出的实时调度方案

万家寨水库:7 月 2 日 12 时按日均 1 200 m³/s 流量进行预泄,直至库水位降至 960 m,以后按进出库平衡运用。

三门峡水库:7 月 5 日 10 时按 2 000 m³/s 流量下泄,7 月 5 日 10 时以前库水位接近但不得超过 318 m。

小浪底水库:7 月 4 日前进出库平衡运用,7 月 4 日后按控制花园口流量 2 600 m³/s 下泄。

七、7 月 3 日提出的实时调度方案

(一)专家咨询会意见

7 月 1 日下午和 7 月 2 日下午,黄委分别组织召开了黄委内部专家咨询会和国内专家咨询会,就三库对接和塑造人工异重流的调度进行了咨询。主要意见为:调水调沙试验第二阶段,人工塑造异重流的思路是正确的,在调水调沙试验中的意义重大。

三门峡水库以 2 000 m³/s 流量下泄冲刷小浪底库区淤积三角洲,异重流的形成是可以肯定的,但对是否能运行到坝前没有形成统一的意见,多数专家认为小浪底水库可以排出泥沙,但数量较少;另一部分专家认为,异重流是否能运行到坝前尚不可知。

万家寨与三门峡水库流量对接的过程中,三门峡水库的库水位应尽量低。

三门峡水库在小浪底库区人工异重流的形成初期以 2 000 m³/s 流量下泄,视异重流的运行情况,必要时逐步加大。

(二)三门峡与万家寨水库流量对接时机及调度意见

1.对接原则

有效利用万家寨水库的来水,通过三门峡水库将其有效调节成 2 000 m³/s 流量下泄,以保证小浪底库区异重流持续。

万家寨水库下泄水流进入三门峡水库回水区时,三门峡水库水位应尽量低,使三门峡水库尽量多地排出泥沙,为小浪底水库异重流提供泥沙来源。

2.对接方案

分别计算分析了三门峡水库 7 月 5~7 日开始加大流量下泄过程。

1)方案比较

从有效利用万家寨水库水量看,三个方案在小浪底水库异重流形成和运行期间三门峡水库可以将万家寨水库按 1 200 m³/s 流量下泄的 3.1 亿 m³ 水调节为 2 000 m³/s 流量下泄,没有水量的浪费。

从三门峡水库排沙看,主要排沙期均为 2 天,三门峡水库下泄大流量期间,三个方案水库排沙总量分别为 0.266 亿 t、0.201 亿 t 和 0.168 亿 t,考虑到三门峡水库大流量泄放的最后一天排出的沙量无法使小浪底水库排出库外,仅起到维持前期小浪底水库异重流的作用。因此,对小浪底库区异重流起主要作用的是倒数第二天三门峡水库排出的沙量,三个方案分别为 0.066 亿 t、0.006 8 亿 t 和 0.004 亿 t,方案 1 明显多于其他两个方案,因此方案 1 无论从排沙总量上还是从为小浪底库区人工异重流提供有效泥沙来源上讲都是最优的。

2)人工塑造异重流调度

在人工塑造异重流的实时调度中,三门峡水库以 2 000 m³/s 流量下泄,下泄水流将挟带大量泥沙进入回水区,此时立即投入异重流测验,密切监测异重流的形成、发展和运行过程。若 2 000 m³/s 流量形成的异重流可以持续运行到坝前,并且在异重流的形成和运行过程中无明显的减弱迹象,则后期仍以 2 000 m³/s 流量下泄。若异重流不能运行到坝前,根据异重流行将消失断面(现场根据测验情况作出合理预估,争取赢得时间)的距坝里程决定三门峡水库加大流量下泄的流量级,为异重流持续运行到坝前提供后续动力。待异重流排沙出库后,稳定三门峡出库流量,同时仍需全程监测异重流的行进过程和水库回水末端的水流含沙量及悬移质泥沙级配,一旦发现异重流不能全程持续运动或回水末端水流含沙量明显降低或悬沙颗粒级配明显变粗的情况,三门峡水库应进一步加大流量,以保证有尽量多的泥沙通过异重流排沙出库。

3)具体调度意见

三门峡水库:7月5日12时按2 000 m³/s流量下泄,7月5日12时以前库水位接近但不得超过 318 m。

为配合小浪底库区塑造人工异重流,建议 7 月 3 日 21 时起,小浪底水库按 2 700 m³/s 流量控泄。

八、7月5日提出的实时调度方案

考虑万家寨水库下泄水流水头可能于 7 月 5 日 15 时到达龙门水文站,水流从龙门站传播至三门峡水库(318 m)的时间约为 48 h(留有富余),建议三门峡水库 7 月 5 日 15 时开始以 2 000 m³/s 流量下泄。

预计万家寨水库泄水入三门峡水库时三门峡水库水位 310 m 左右。

7月7日提出,建议根据异重流的运行情况,适当加大三门峡水库的泄放流量。

九、7月10日提出的实时调度方案

三门峡水库:7月10日13时30分前按敞泄运用,7月10日13时30分起按关闸运用,出库流量控制在 10~20 m³/s,预计 7 月 12 日 5 时库水位达到 305 m,之后按进出库平衡运用。

小浪底水库:7月10日9时起,水库出库流量按 2 650 m³/s 控泄,7 月 10 日 17 时起按出库 2 700 m³/s 流量控泄,预计 7 月 13 日 11 时库水位达到 225 m。

十、7月11日提出的实时调度方案

三门峡水库:预计 7 月 13 日 6 时库水位达到 305 m,之后按进出库平衡运用。

小浪底水库:7月10日17时起按出库 2 700 m³/s 流量控泄,预计 7 月 13 日 10 时库水位达到 225 m。

十一、7月12日提出的实时调度方案

7 月 12 日 8 时,小浪底水库库水位 227.26 m,相应蓄水量 26.80 亿 m³,按出库

2 700 m³/s 流量控泄,预计 7 月 13 日 9 时库水位达到 225 m。

第三节　水库调度

为确保水库防洪安全并结合黄河第三次调水调沙试验预案要求,6 月 16 日 0 时~19 日 6 时,小浪底水库按清水下泄,期间考虑小浪底—花园口区间加水,要求小浪底水库以明流洞泄流为主,加上机组发电严格控制出库流量 2 250 m³/s,日均误差不超过 ±5%,含沙量不大于 5 kg/m³;6 月 19 日 6~9 时为减少平头峰对水流传播的影响,同时考虑小花间加水,控制出库流量在 500~1 150 m³/s 之间。

6 月 19 日 9 时~7 月 13 日 8 时,对黄河干流万家寨、三门峡和小浪底水库群实施水沙联合调度,具体调度过程如下。

一、第一阶段的调度

第一阶段(6 月 19 日 9 时~29 日 0 时)的调度是控制万家寨水库库水位在 977 m 左右;控制三门峡水库库水位不超过 318 m;主要利用小浪底水库下泄的清水同时辅以人工扰沙,扩大下游河道"卡口"处的过流能力,努力使下游河道主河槽实现全线冲刷。6 月 19 日 9 时~29 日 0 时,小浪底水库下泄清水,按控制花园口流量 2 600 m³/s 运用。期间,小浪底水库水位由 249.1 m 下降到 236.6 m,历时 10 天。

二、第二阶段的调度

第二阶段(7 月 2 日 12 时~13 日 8 时)的调度目标为调整小浪底库尾段淤积三角洲形态,通过人工塑造异重流将其排出库外,实现小浪底水库和三门峡水库减淤。

6 月 25 日,黄河防汛总指挥部办公室(简称黄河防办,下同)以黄防总办电[2004]106 号要求万家寨水库自 6 月 28 日 8 时按 1 200 m³/s 泄流。6 月 22 日,小浪底库区发生了游船沉船事故,为配合库区沉船打捞工作,对调水调沙试验方案进行了调整:6 月 28 日 9 时以黄防总办电[2004]117 号调令,要求万家寨水库下泄 1 200 m³/s 暂停执行,按进出库平衡运用;以黄防总办电[2004]118 号调令,要求小浪底水库自 29 日 0 时起关闭泄流孔洞,出库流量由日均 2 500 m³/s 降至 500 m³/s;6 月 29 日以黄防总办电[2004]121 号调令,要求三门峡水库按 317.5~317.8 m 水位控制运用。

小浪底库区沉船打捞任务结束后,黄河防办以黄防总办电[2004]127 号调令通知万家寨水利枢纽管理局自 7 月 2 日 12 时起按日均 1 200 m³/s 流量下泄,直至库水位降至 960 m 时按进出库平衡运用。7 月 7 日 6 时万家寨水库水位降至 959.89 m,之后即按进出库平衡运用。

随着水流冲刷和人工扰动使下游河道"卡口"段主槽平滩流量的加大,小浪底水库出流自 7 月 3 日 21 时起按控制花园口 2 800 m³/s 流量运用,出库流量由 2 550 m³/s 逐渐增至 2 750 m³/s,7 月 13 日 8 时库水位下降至汛限水位 225 m,水库调水调沙试验调度结束。

整个试验过程中,三门峡水库泄水建筑物启闭 101 次,小浪底水库泄水建筑物启闭

288 次。

调令要求的小浪底水库泄流见表 5-1,与实际泄放流量对比见图 5-2。

表 5-1　小浪底水库泄流调令

开始控泄时间 （月-日 T 时:分）	日均控泄流量 （m³/s）	瞬时控泄流量误差 （%）	电报编号	备注
06-16T00:00	2 250	±5	黄防总办电［2004］70 号	水库防洪预泄
06-17T23:00	800		黄防总办电［2004］77 号	水库防洪预泄
06-19T09:00	2 550		黄防总办电［2004］4 号	调水调沙试验正式开始
06-23T00:00	2 550		黄防总办电［2004］94 号	
06-25T09:00	2 500	±5	黄防总办电［2004］104 号	
06-29T00:00	500		黄防总办电［2004］118 号	小浪底水库配合打捞沉船,暂停调水调沙试验
07-03T21:00	2 700	±5	黄防总办电［2004］132 号	
07-08T09:30	2 750	±5	黄防总办电［2004］151 号	
07-10T09:00	2 650	±5	黄防总办电［2004］154 号	
07-10T17:00	2 700	±5	黄防总办电［2004］156 号	
07-13T09:00	500		黄防总办电［2004］161 号	调水调沙试验结束
07-14T08:00	进出库平衡		黄防总办电［2004］171 号	

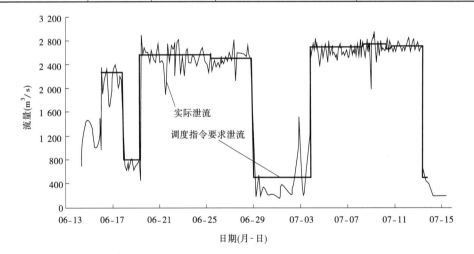

图 5-2　调令要求的小浪底水库泄流与实际泄流对比

第四节　人工异重流塑造过程

人工异重流塑造可分为两个阶段。

一、第一阶段

人工异重流塑造的第一阶段,是在小浪底水库库水位降到 235 m 左右时,三门峡水库按 2 000 m³/s 以上流量的清水下泄,冲刷小浪底库尾淤积三角洲,调整库区淤积部位并形成库区异重流。

7 月 5 日 15 时,三门峡水库开始下泄大流量清水,15 时 24 分三门峡站流量达到 2 540 m³/s,此后,流量基本维持在 1 800～2 500 m³/s 之间,直至 7 月 7 日万家寨水库下泄水流与三门峡水库成功对接。三门峡水库下泄的清水对小浪底水库库区淤积三角洲造成强烈冲刷,库水位 235 m 回水末端附近的河堤站(距坝约 65.0 km)7 月 5 日 8 时含沙量为 8.5 kg/m³,20 时增加至 105 kg/m³,6 日 2 时达 121 kg/m³,与预案确定的 80～110 kg/m³基本一致。7 月 5 日 18 时在 HH35—HH36 断面附近出现大量漂浮物,旋转集中,周围是清浑水剧烈频繁地翻花,形成多处紊乱不规则的旋涡水流,在其下游 HH34 和 HH32 断面均测到异重流,经判断,HH35 断面即为第一次异重流的潜入点。HH34 和 HH32 断面采用主流线实测水深分别为 5.7 m 和 16.7 m,异重流厚度分别为 1.49 m 和 2.16 m,异重流层平均流速分别为 1.49 m/s 和 0.78 m/s,最大测点含沙量分别为 970 kg/m³ 和 864 kg/m³。异重流持续向坝前推进,在向坝前运行的过程中,流速逐渐减小,能量逐渐减弱。

二、第二阶段

人工塑造异重流的第二阶段,是三门峡水库敞泄运用,利用万家寨水库下泄流量冲刷三门峡库区淤积泥沙,为前期人工异重流补充泥沙来源和后续动力,保证异重流排沙出库。7 月 7 日 8 时,万家寨水库下泄的 1 200 m³/s 的水流在三门峡水库库水位降至 310.3 m(三门峡水库蓄水 1.57 亿 m³)时与之成功对接,三门峡水库开始加大泄水流量,7 日 14 时 6 分三门峡站出现 5 130 m³/s 的洪峰流量,14 时三门峡水库开始排沙,至 20 时出库含沙量由 2.19 kg/m³ 迅速增加至 446 kg/m³,并形成异重流的后续动力,推动异重流向小浪底坝前运动。7 月 8 日 13 时 50 分,小浪底库区异重流排沙出库,排沙洞水流平均含沙量约 70 kg/m³,7 月 9 日 2 时,异重流沙峰出库,小浪底站含沙量为 12.8 kg/m³,为过程最大值,排沙持续历时 75.6 h。7 月 9 日异重流运动到坝前断面,其流速、厚度和含沙量最大分别达 0.82 m/s、3.47 m 和 412 kg/m³,主流线处泥沙中值粒径为 0.005～0.006 mm。随着时间的推移,三门峡水库下泄流量和含沙量逐渐减小,异重流的后续能量逐渐减小,各断面的流速和含沙量也同样减小,到 7 月 11 日,异重流过程逐渐消失,潜入点一直稳定在 HH33—HH34 断面。

第五节　泥沙扰动过程

一、小浪底库尾泥沙扰动过程

(一)施工设备

2004 年黄河调水调沙试验在小浪底库区开展人工扰沙,库区扰动泥沙共投入人员

101 人、船舶 8 艘。其中有扰沙船 4 艘(扰沙船只是租用民船临时组装),测量、后勤保障船 4 艘。扰沙船主要参数见表 5-2。

表 5-2 2004 年小浪底库区扰沙船主要参数

项目	1 号船	2 号船	3 号船	4 号船
功率(kW)	450	249	249	249
射流量(m³/h)	2 100	1 500	1 500	550
喷头口径(mm)	45	35	35	16
喷头数量(个)	21	24	24	20
喷头间距(cm)	30	30	30	30
适应水深(m)	1~10	1~10	1~10	1~10
射流速度(m/s)	21	24	24	24

(二)施工河段

本次调水调沙试验期间,扰沙作业河段在 HH34—HH40 断面间进行,作业河段长 12.39 km。6 月 19~21 日作业河段在 HH39—HH40 断面间,根据实地查勘情况,HH40 断面以上水深较浅(一般小于 1 m),扰沙船只不能到达;6 月 22~28 日作业河段在 HH38—HH39 断面间,根据实地查勘情况,HH39 断面以上主流变窄,扰沙船只无法调头,不利于作业,作业河段下移至 HH38—HH39 断面间;6 月 29 日作业河段在 HH37—HH38 断面间,由于 HH38 断面以上水深变浅,扰沙船只无法到达作业,作业河段下移至 HH37—HH38 断面间;黄河第三次调水调沙试验第二阶段从 7 月 3 日 13 时起,启动小浪底库区泥沙扰动作业,由于 HH37 断面以上水深变浅,扰沙船只无法到达,作业河段下移至 HH36—HH37 断面间;7 月 6 日作业河段在 HH35—HH36 断面间,7 月 7~10 日作业河段在 HH34—HH35 断面间。

(三)施工时间

本次调水调沙试验扰沙作业分为两个阶段。

第一阶段: 6 月 19~29 日。

扰沙作业第一阶段从 6 月 19 日上午开始,各船按扰沙前线指挥部要求进行作业,早上 6 时 30 分开始,下午 19 时收工,每天工作 12.5 h,于 6 月 29 日 13 时停止工作,各船检修设备。

第二阶段: 7 月 3~10 日。

黄河第三次调水调沙试验第二阶段从 7 月 3 日 13 时起启动小浪底库区泥沙扰动作业。7 月 5 日三门峡水库大流量泄流,为提高扰沙效果,作业时间延长。每天 5 时 30 分开始启动机器,20 时收工,工作 14.5 h。

7 月 10 日 13 时停止工作,结束施工。

(四)施工方法

小浪底水库扰动泥沙施工采用射流清淤方式。射流清淤的机理是:利用射流将河床上的泥沙冲起,使其扬动悬浮,借助自然水流把冲起的泥沙带往下游。射流清淤的实现方法是在船体上安装高压水泵,抽取河水,通过输水管将高压水流射向河床。施工中从船队配合上分单船作业和多船作业,对每个船来说又分逆流作业和顺流作业。

单船作业时采用逆流作业、顺流作业两种形式。作业航速0.3~4 km/h,根据河道条件和水流条件灵活掌握。

多船作业方法在组合形式上主要有两种方式:一种是纵向接力,这种方式是要把泥沙搬运较远的距离;另一种组合是顺序往返,这种方式主要是对某一河段进行疏深或维护其畅顺。纵向接力方式又可分为单排接力和多排接力。单排接力是每条船都在同一航线上作业,而多排接力是一组船在不同航线上接力作业(这时作业不仅使河道疏深,还使断面扩宽)。综合安全和泥沙输移两个方面,船舶纵向间距保持在200~600 m。

(五)施工情况

从6月19日起,泥沙扰动作业在距小浪底大坝50~60 km的上游库区河段全面展开,随着泄流后库区蓄水不断减少,扰动作业位置不断调整转移。三门峡水库泄流后,扰动作业进入关键阶段,全面加大扰动作业力度,每天5时多开始作业,20时收工,4条作业船单船每天作业时间在14 h以上。

(六)完成工作量

本次调水调沙试验,泥沙扰动累计作业20天,4条船累计作业885.6 h。施工工时统计见表5-3。

表5-3　小浪底水库扰沙施工工时统计　　　　　　　　　　　　(单位:h)

时段	日期 (月-日)	作业河段	船号				日合计	累计
			1	2	3	4		
第一阶段	06-19	HH39—HH40 断面	9.0	9.0	9.0	9.0	36.0	
	06-20	HH39—HH40 断面	10.0	10.0	10.0	10.0	40.0	
	06-21	HH39—HH40 断面	12.7	12.7	12.7	12.7	50.8	
	06-22	HH38—HH39 断面	12.7	12.7	12.7	12.7	50.8	
	06-23	HH38—HH39 断面	12.5	12.5	12.5	12.5	50.0	
	06-24	HH38—HH39 断面	12.5	12.5	12.5	12.5	50.0	
	06-25	HH38—HH39 断面	12.5	12.5	12.5	12.5	50.0	
	06-26	HH38—HH39 断面	12.5	12.5	12.5	12.5	50.0	
	06-27	HH38—HH39 断面	12.5	12.5	12.5	12.5	50.0	
	06-28	HH38—HH39 断面	12.5	12.5	12.5	12.5	50.0	
	06-29	HH37—HH38 断面	6.5	6.5	6.5	6.5	26.0	503.6
第二阶段	07-03	HH36—HH37 断面	6.0	6.0	6.0	6.0	24.0	
	07-04	HH36—HH37 断面	12.5	12.5	12.5	12.5	50.0	
	07-05	HH36—HH37 断面	12.5	12.5	12.5	12.5	50.0	
	07-06	HH35—HH36 断面	14.5	14.5	14.5	14.5	58.0	
	07-07	HH34—HH35 断面	14.5	14.5	14.5	14.5	58.0	
	07-08	HH34—HH35 断面	14.5	14.5	14.5	14.5	58.0	
	07-09	HH34—HH35 断面	14.5	14.5	14.5	14.5	58.0	
	07-10	HH34—HH35 断面	6.5	6.5	6.5	6.5	26.0	382.0
合计			221.4	221.4	221.4	221.4	885.6	

第一阶段,单船累计作业 125.9 h,4 船累计 503.6 h;第二阶段,单船累计作业 95.5 h,4 船累计 382.0 h。

外业测量共累计施测库区断面 60 多个(次),采取河床质沙样 80 多个,观测船前、船后,扰动前、扰动后垂线含沙量 80 多条,采取试验沙样 400 多个,施测输沙率 2 次,开展冲沙能力试验 3 次,扰动泥沙输移试验 3 次。

二、下游泥沙扰动过程

(一)具体过程概述

1. 河南河段扰动过程

根据 2004 年黄河调水调沙试验工作安排,选定在河南徐码头河段开展泥沙扰动。设备以当地的为主,并从三门峡库区拆卸 2 套射流设备到下游组装。经过精心组织、周密安排,对民船进行前期改造和安装清水泵高压射流扰沙设备和 LGS250-35-1 两相流潜水渣浆泵疏浚系统,于 2004 年 5 月 25 日在范县李桥险工进行了第一次前期扰沙试验,于 5 月 29 日~6 月 2 日在开封黑岗口险工进行了第二次前期扰沙试验。

自动驳、汽艇、拖头由水路自航前往扰沙河段,浮桥双体压力舟由 135 拖轮和 260 kW 汽艇推运到扰沙河段,发电机、两相流潜水渣浆泵疏浚系统从陆地由汽车运输到扰沙地点,所有参与扰沙作业的设备于 6 月 10 日前全部到达扰沙河段。

濮阳市河务局提前准备好对汽艇、民船、浮桥双体压力舟进行改造,安装所需的材料设施,并加工成型,设备一到,即行安装,6 月 15 日前完成所有扰沙设备的安装调试工作。

浮桥双体压力舟和 200 t 自动驳:4 台两相流潜水渣浆泵疏浚系统同时搅动取沙,通过 6 吋管道输送到船舶临河侧,散开喷洒到黄河水流里面,增加黄河河水挟沙的垂线密度,加速部分河沙的下泄。4 台泵要求吸沙深度 3.0~4.0 m(河床以下)。根据黄河河水流速的特性,当流量不低于 2 400 m³/s 时,水下边坡不低于 1:10,这样 4 台泵同时开动会形成纵向 50 m 左右、横向 40 m 左右的梯形槽,估计水泵开动 3~4 h 后,吸入深度能达到 3.0~4.0 m(河床以下),也就是每扰沙 3 h 后前进 50 m 左右。

航线选定:在岸边设置彩旗,作为参照物,尽可能地使各船沿固定航线反复前进,以期挖出一个设想的河槽,加大河道输沙能力。

80 t 自动驳:试验中船头一直朝上,首先启动射流设备,待射流设备运行正常后,启动 80 t 自动驳,使驳体缓慢向下游后退,边后退边扰沙。

120 型挖泥船:挖泥船施工时首先将绞刀头开动徐徐下落至河底,转动的绞刀头将河底的泥沙扰动起来,并由泥沙泵从位于绞刀头下方的进水口抽走,泥浆从船尾喷射出来在船后形成一股巨大的水柱,将泥沙送入主流。施工过程中靠自身的左右横移缆左右移动船体,达到换位的目的。当需要船左移时,横移缆左紧右松;当需要船右移时,横移缆左松右紧。

泥浆出口设置:出口以尽可能利用喷射的泥浆增加河水紊动动能和便于泥浆在河水表层迅速均匀扩散为原则,出口设计成鸭嘴状,斜向上方增大射流距离,其出流方向全部朝向临河侧,以便水流汇入主流中。

2.山东河段扰动过程

5月18日,黄委在开封召开人工扰沙试验专题会议,确定进行人工扰沙试验方案。为制定切实可行、符合实际的扰沙方案,组织有关专家对扰沙段河道情况进行了现场查看,研究实施方案,确定先期进行试验船试验、船只情况摸底调查和扰沙河段情况测量。

试验船方案确定:安装独立小机泵组射流设备6套,主要设备有3台TB-65型电动离心泵,扬程50 m,配备功率22 kW,流量100 m³/h;3台BP-55型混流泵,配备动力11 kW,扬程50 m,流量50 m³/h。6台1T JJKX型电动卷扬机,1台90 kW发电机组,6杆高压喷水枪,每杆喷水枪3个喷头共18个喷头,6个4 m的导向架及一批附属设备。

5月20日,租用了一艘双体自航驳船,21日起购置并在加工厂内制作试验设备,22日开始设备安装,24日设备安装完毕,25日进行试验。试验主要检测设备的运转性能、喷水压力、冲沙效果,并委托孙口水文站对扰沙后的含沙量进行测验,验证扰沙效果。试验结果表明这种扰沙方法是可行的,为后期确定扰沙方案提供了基础。

为摸清基本情况,组织对枣包楼控导至国那里险工之间的河道断面、水深、高程、滩地土质等进行调查测量,每300 m一断面,共11断面。同时对山东沿黄各地现有的可租用于扰沙的挖泥船、40 t以上的民船进行了调查摸底,做到心中有数。

根据河道测量和对沿河可租用船只情况的调查,组织有关专家进行了扰沙方案研究。初步确定了4种扰动方式,即用高压水枪射流船直接冲击河床方案、在承压舟上安装挖掘机挖河方案、采用大型松土机在小水期提前松动河床方案、用120型或80型搅吸式挖泥船扰沙方案等。并在这些方案的基础上,进行了深入的分析论证。分别比较了80t以上自行驳船、40t左右自行民船、2艘机动舟推动一艘承压舟、2台挂浆机推动一艘承压舟等方案。经过反复认真分析研究,初步确定了山东黄河扰沙实施方案。采取移动扰动与固定扰动相结合的方式,并辅以主槽附近滩地松动措施,即利用6艘双体自航驳船(其中2艘安装三门峡枢纽局的射流设备,4艘安装高压射流设备)进行移动扰动河床、利用16只双体承压舟作施工平台安装长臂挖掘机或泥浆泵组进行相对固定扰动(其中6只安装长臂挖掘机,10只安装泥浆泵组)、利用松土机松动主槽附近滩面河床等5种方法相结合,争取达到较好的效果。

在试验任务和目标明确的基础上,结合首只试验船的经验和试验结果,多次组织有关专家和技术人员对方案做进一步研究,并邀请具有丰富实践经验的济南铁道战备舟桥处(驻齐河)现场参加扰沙试验,经过多次讨论、修改和完善,编制了可操作性强的《2004年调水调沙试验人工扰动试验山东黄河实施方案》。最终确定采用移动扰动和相对固定扰动两种方式实施。

移动扰动采用2艘自航驳船和2艘移动承压舟进行移动扰动。自航驳船中1艘为双体船,安装三门峡射流设备,240 kW柴油机带动178 kW水泵,水泵出水量1 200 m³/h,12个喷水头贴近河床喷水扰沙,1台30 kW发电机用于喷射设备升降电动机动力;另1艘为单体自行驳船,2台90 kW发电机供电,安装6台小机泵组,每台小机泵组出水量100 m³/h,8个喷头。移动承压舟每艘用2台300马力(1马力=0.735 kW)机动舟推移,其中一艘移动承压舟安装三门峡枢纽局射流设备,设备情况同双体船;另1艘移动承压舟安装185马力柴油机带动10EPN-30大机泵,船左右舷及尾部布置3个门架,每个门架下设一排 6 个喷管,共 3 排 18 个喷管 18 个喷头,出水量 1 200 m³/h。1 台 90 kW 发电机用于锚机供电。每艘移动船配抢险照明灯 1 台,油罐 1 只,供船只夜间照明和施工用油。

固定扰动采用 11 艘安装高压射流设备的承压舟或组合式工作平台进行相对固定扰动,承压舟选用交通浮桥浮体,每个组合式工作平台由 4 个标准舟节和 2 个分水节拼组。其中 4 艘采用战备舟桥处组合式工作平台,每艘安装 2 台 90 kW 发电机作供电电源,6 台小机泵组。每台小机泵组出水能力 100 m³/h,一个喷管 8 个喷头,1 个支架,1 个电动卷扬机。喷头距河底的距离控制依靠人工通过卷扬机调整喷管实现。每艘配抢险照明灯 1台、油罐 1 只。另外 7 艘采用交通浮桥用承压舟,安装设备与组合式工作平台相同。移动扰动与固定扰动共有 2 艘自航驳船、4 艘组合式工作平台、9 艘承压舟、8 艘机动舟和 3 艘拖轮等 26 艘船(舟),90 kW 发电机 24 台,250 kW 发电机 1 台,小机泵 72 台,10EPN-30大机泵 1 台,三门峡射流设备 2 套,卷扬机 72 台,5 t 油罐 15 个,照明设备 15 台等。

为保证扰沙工作顺利、有序地进行,根据制定的《2004 年调水调沙试验人工扰动试验山东分指挥部调度预案》《山东黄河调水调沙试验人工扰动实施方案》《人工扰动船只观测实施方案》《扰沙测验实施方案》等进行调度、扰沙。

在设备安装期间,为充分发挥设备的性能,对扰沙设备不断进行改进和完善,历经多次试验,小机泵组设备由 1 台水泵带动 1 个喷水管 1 个喷头、3 个喷头、2 个喷水管 2 个喷头、4 个喷头等,到最终确定的 1 个喷水管 8 个喷头,较好地发挥了设备的性能。

(二)扰动设备及其布置

1.河南河段扰沙试验的设备

河南河段扰沙作业平台共计 11 个,包括 80 t 自动驳 2 艘,安装三门峡库区水文局拆卸的射流设备,每个设备配 20 个高压喷头;200 t 双体自动驳 1 艘,浮桥双体压力舟 5 条,每艘布置 LGS250-35-1 两相流潜水渣浆泵 4 台;120 型挖泥船 2 艘;民船 1 艘,配射流枪12 把。

2.山东河段扰沙试验的设备

山东河段扰沙作业平台共计 15 个,包括 2 艘自航驳船舟,其中 1 艘为双体船,安装三门峡枢纽局射流设备,水泵出水量 1 200 m³/h,12 个喷头;另一艘为单体自行驳船,安装 6台小机泵组,每台小机泵组出水量 100 m³/h,8 个喷头。2 艘移动承压舟,其中 1 艘安装三门峡枢纽局射流设备,另一艘安装 185 马力柴油机带动 10EPN-30 大机泵,配 18 个喷管 18 个喷头,出水量 1 200 m³/h。11 艘浮桥浮体组合式工作平台,安装高压射流设备,每艘安装 2 台 90 kW 发电机作供电电源,6 台小机泵组,每台小机泵组出水能力 100m³/h,1 个喷管 8 个喷头。

3.扰沙船只布置

布置原则:为了分析各类设备的扰沙效果以及扰动泥沙的输移特点,同时避免局部河段的淤积,一是扰动设备相对集中于平滩流量较小的重点河段;二是同类设备相对集中布置;三是以浅滩段的中段和下段两种布置方式;四是以利于泥沙的输移,同时防止泥沙在下一河段的淤积。

为了达到加深主槽、改善局部河段河道形态、提高水流输沙能力和河道行洪条件并兼有补沙作用增加水流挟沙的目的,确定扰沙河段为史楼—于庄 20 km 和梁集—雷口长 10

km 的两个河段。

根据船舶数量和生产能力,重点扰动段落分 5 段,其中河南黄河河务局(简称河南局)3 段、山东黄河河务局(简称山东局)2 段。第一段位于郭集工程至吴老家工程之间,自吴老家工程以上 200 m 开始,向上扰动 2 000 m,布置 3 个工作平台。第二段位于吴老家工程至苏阁险工之间,自苏阁险工以上 500 m 开始,向上扰动 2 500 m,布置 5 个工作平台。第三段位于苏阁险工至杨楼工程之间,自杨楼工程以上 200 m 开始,向上扰动 2 500 m,布置 3 个工作平台。第四段位于影唐险工至大田楼断面之间,自影唐险工以下 500 m 开始,向下扰动 2 500 m,布置 6 个工作平台。第五段位于大田楼断面至国那里险工之间,自国那里险工以上 200 m 开始,向上扰动 2 500 m,布置 9 个工作平台。

根据各河段流场分布情况,较小的船只或相对固定的设备基本在流速小于 1.5 m/s 的区域,即在水边 50 m 左右的边流区;其他较大设备基本布置在水深 2 m 左右区域(2 m 以下水深占到主槽宽度的 25% 左右,有 100～120 m),尽量靠近主流区,离开固定扰沙设备 100 m 左右。

(三)扰沙时间

根据高村前置站和艾山反馈站水沙过程,通过实时加沙系统计算,本次扰动共分两个阶段:第一阶段为 6 月 22 日 12 时～30 日 8 时,计 188 h;第二阶段为 7 月 7 日 7 时～13 日 6 时,计 143 h。两个阶段总计 331 h。

(四)实际扰动的调度

6 月 19 日 9 时,小浪底水库开始放水,黄河第三次调水调沙试验正式开始,模型试验及扰沙指标监控分析组及时对黄河下游水沙资料进行分析,通过扰动加沙实时调度计算系统调算和模型试验及扰沙指标监控分析组会商。6 月 22 日 12 时,具备扰沙条件,随即向黄河第三次调水调沙试验指挥调度组发出了“黄河第三次调水调沙试验下游扰动建议指令”,扰动组下发了“黄河第三次调水调沙试验下游扰动指令明传电报”。6 月 22 日 12 时下游两个河段全线开始扰动。

6 月 29 日下发第三号建议指令“关于停止黄河下游河道泥沙扰动的通知”,6 月 30 日 8 时下游全线停止扰动。

第二阶段 7 月 6 日下发第四号建议指令,7 月 7 日 0 时开启全部扰沙设备,开始扰沙作业。7 月 12 日下发第七号扰沙指令,7 月 13 日 6 时及时关闭全部扰沙设备,停止扰沙作业。

第六节　水文泥沙和水库、河道测验过程

一、水文测报

(一)万家寨—吴堡区间

在万家寨—吴堡区间,从 2004 年 6 月 28 日上午开始,到 7 月 8 日 24 时,吴堡站流量降至 328 m³/s。

1.基本概况

黄河万家寨出库水文站距上游坝址 1.6 km,距下游河曲站 46 km,河曲、府谷、吴堡

站相邻间距分别为 53 km、242 km,府(府谷)—吴(吴堡)区间集水面积 29 475 km²,未控制面积 9 663 km²,吴堡距下游龙门站 275 km。府—吴区间平均河道比降 8.03‰。白家川水文站是黄河中游较大支流无定河的出口站,控制无定河流域集水面积 29 662 km²,至入黄河口距离 59 km。

2.洪水测报情况

1)万家寨站

6 月 30 日~7 月 2 日因放水时间短,水量不大,有一次小的涨水过程。7 月 2 日 12 时黄河万家寨水库开始放水。2 日 15 时起涨流量为 850 m³/s,相应水位 896.85 m;3 日 16 时 18 分,出现此次试验最大洪峰,洪峰流量 1 800 m³/s,相应水位 897.93 m;到 7 日 10 时 15 分基本落平。

过程中,流速仪实测流量共 15 次,均为一点法,单次垂线数 6~11 条。取单沙 40 次,测输沙率 1 次,拍发水情报 39 次,报汛精度 98.0% 以上。推流计算执行 2002 年 7 月 12 日制定的推算表。

2)河曲站

万家寨水库放水,形成的洪峰到达本站时为 2 日 18 时,起涨流量为 109 m³/s,相应水位 844.29 m;3 日 22 时达到最大,洪峰流量为 1 600 m³/s,相应水位 847.53 m;实测最大流量 1 370 m³/s,相应水位 847.19 m;水位涨幅 3.24 m,洪峰控制幅度 89.5%。实测最大含沙量 19.8 kg/m³。

整个试验期间用流速仪法实测流量 20 次,其中精测法 4 次、两点法 1 次、一点法 15 次,测速垂线 7~15 条。取单沙 46 次,测输沙率 4 次。单次质量合格率 100%。

3)府谷站

此次洪水到达本站时为 7 月 3 日 3 时,起涨流量 227 m³/s,相应水位 809.01 m;4 日 5 时到达峰顶,洪峰流量 1 470 m³/s,相应水位 811.28 m;实测最大流量 1 480 m³/s,相应水位 811.26 m;水位涨幅 2.27 m,洪峰控制幅度 99.1%。实测最大含沙量 11.6 kg/m³。拍发水情报 262 份,报汛精度 99%。

试验期间用流速仪法实测流量 19 次,其中精测法 2 次,两点法 16 次,一点法 1 次,测速垂线 9~15 条。取单沙 45 次,测输沙率 4 次,单次质量合格率 100%。

4)吴堡站

7 月 4 日 15 时 6 分,第一次洪峰水头到达吴堡站,20 时 36 分到达峰顶,涨坡电波流速仪测速,测深杆实测断面,布置流量测验 2 次,峰顶附近流速仪一点法测流 1 次,实测最大流量 2 250 m³/s,相应水位 638.84 m;实测最高水位 638.94 m,洪峰流量 2 360 m³/s;估报洪峰流量 2 400 m³/s,报汛精度 98.3%;洪峰控制变幅 93.4%;实测断面平均含沙量 28.7 kg/m³,相应单沙 28.2 kg/m³。7 月 6 日 4 时 54 分,出现第二次洪峰,水位 638.56m,流量 1 580 m³/s;7 月 7 日 10 时 18 分出现第三次洪峰,水位 638.37 m,流量 1 040 m³/s;至 7 月 8 日 4 时水位 637.86 m,流量 280 m³/s,基本落平。

试验期间实测流量 17 次,其中两点法 13 次、一点法 4 次,测速垂线 10~16 条。测单沙 72 次,输沙率 7 次;洪水期水位计每 6 min 打印一次,平水期 2 h 打印一次,共比测水位 38 次。

这次试验,流量大部分采用流速仪两点法施测,且垂线布置比平时测验密,测次布置较平时测验增加,完整控制了洪水变化过程;在洪水过程中及时进行了水位比测,误差均在允许范围之内,测次控制、资料精度及方法合理。单次质量合格率达100%。

发水情报118次,计249份;中转台收水情报165份,转发水情报97份。

5)白家川站

7月13日16时水位开始上涨,起涨流量6.20 m^3/s,相应水位4.03 m;14日0时6分到达峰顶,洪峰流量440 m^3/s,相应水位6.23 m;实测最大流量393 m^3/s,相应水位6.10 m;水位涨幅2.20 m,洪峰控制幅度94.1%。实测最大含沙量697 kg/m^3。报汛精度99%。其他时间水势平稳。

在整个试验过程中,流量用流速仪法测流10次,其中精测法1次、两点法6次、一点法3次。测取单沙36次,测输沙率2次。单次质量合格率100%。

3.测报工作量统计

1)水位观测

5站共进行水位观测1 030次。实测峰顶水位全部合格,洪水过程涨、落、转折控制合理,过程控制全部达到规范要求。

2)流量测验

5站共测流71次。实测流量单次质量合格率均为100%;峰顶流量控制全部合格,洪峰控制幅度在89.5%～100%之间;过程控制良好。

3)单沙测验

5站共取单沙239次。实测沙峰顶全部合格,含沙量过程涨、落、转折控制合理,过程控制全部合格。

4)悬移质输沙率测验

5站悬移质输沙率共测取18次,单次质量均合格。

5)水情报汛

7月1～13日,中心台收转五站水雨情报共361份,无错、漏、缺、迟报现象。洪峰流量报汛精度97.6%,全部合格。

4.断面冲淤

通过对河曲、府谷、吴堡站峰前、峰顶、峰后大断面的套绘可知,河曲站大断面几乎没有冲淤变化;府谷与汛前相比整体冲刷;吴堡站此次洪水过程整体上河床发生淤积,在涨水过程和峰顶附近有短暂冲刷,随后立即回淤。

(二)三门峡库区

1.基本情况

调水调沙试验期间,黄河干流龙门、潼关、三门峡水文站和渭河华县水文站承担了调水调沙试验的水文泥沙观测任务。

试验对水文测验提出了很高的要求,如库区的龙门、潼关、三门峡、华县4站一些时段采用24段制报汛,在人员严重不足的情况下,克服种种困难,经受了严峻考验。

2.洪水测报情况

1)龙门水文站

龙门水文站水沙情信息是调水调沙试验期间万家寨、三门峡和小浪底水库联合调度的重要依据。根据统计,调水调沙试验期间共实测流量 186 次,实测单沙 703 次。在任务量成倍增加的情况下,全站职工克服种种困难,取得了水流沙测验单次质量合格率 100%、洪峰流量控制幅度 95% 以上、拍发水情电报 545 份无一差错的优异成绩。

2)潼关水文站

潼关水文站是三门峡水库的入库站,是黄河第三次调水调沙试验、三门峡水库 318 m 控制水位运用的主要原型观测站。调水调沙试验期间无较大的洪水发生,其间共施测流量 105 次、输沙率 20 次、单沙 342 次,单次质量合格率达 100%,流量控制幅度 92%,沙峰控制幅度达 99%,完整控制了水、沙变化过程。

3)三门峡水文站

三门峡水文站调水调沙试验开始以前出现了 1 次洪水过程,时间为 7 月 5~11 日,是由三门峡水库放水排沙所形成的人造洪峰。该次洪水洪峰流量 5 130 m³/s(7 月 7 日),本次洪水测流 11 次,实测最大流量 4 860 m³/s,控制水位变幅 97.4%;实测最大含沙量 440 kg/m³;取单沙 48 次,测输沙率 3 次,水沙变化过程控制完好;报汛 126 次,共拍发水情电报 545 份无一差错。

4)华县水文站

华县水文站调水调沙期间未出现洪水过程。

3. 测报工作量统计

在各项测验工作中,各站均能严格执行规范和调水调沙试验测报任务书的技术规定,特别是严格执行测次下限的规定。各级主管领导和业务技术人员深入测站检查水沙测报,发现问题及时纠正,单次质量合格率达到 100%,无缺测漏报,水沙过程控制完整,水流沙单次质量合格率 100%,实测流量控制幅度 95.1%~100%,平均控制幅度为 97.9%。在报汛工作中由各站主要技术人员负责发报,站长校核把关,勘测局水情中转台复核,6~9 月份全测区共发报 907 份,未出现错报和漏报。

4. 先进技术及测验仪器的应用

在黄河第三次调水调沙试验期间,一些新仪器、新技术在三门峡库区水文测验中被广泛使用。

1)激光粒度分析仪

激光粒度分析仪用于调水调沙试验期间泥沙颗粒级配分析,改变了传统的泥沙颗粒分析模式,可以实现水样的实时分析,使过去分析一个沙样时间需要 40~50 min 缩减到每 5 min 分析 1 个沙样,并取得了多级(100 级)沙样级配资料,充分展示了其效率高、操作方便、实用性强的特点

2)锥式分沙器

锥式分沙器是黄委水文局研制的河流悬移质水样分沙仪器,该仪器构造简单合理,操作方便可靠,具有工作效率高、精度高、代表性好等特点。该仪器一次可将水样分为 1/2、1/4、1/8、1/16、1/32 等 5 种比例的分样,相当于两分式分沙器工作 1~5 次,可提高工作效率 1~5 倍。

3)数据处理软件

水位数据处理系统、流量输沙率测算程序、水流沙数据整理和月报编制程序、降水量

数据转换程序等8个水文专用软件发挥了重要作用,近期已在三门峡测区推广应用或试运用,在调水调沙试验水文测报中提高了工作效率和资料质量。

(三)小浪底—高村区间

1.基本情况

小浪底、花园口、夹河滩、黑石关、武陟等水文站每日不少于12段制测报水位、流量,每日不少于6段制测报含沙量。实测流量应随测随报。水位观测在条件具备时必须采用自记水位计连续观测,并定时进行人工对比观测,小浪底、花园口站对比观测每日不少于4段制,其他各站每日不少于2段制。各站每日至少实测1次流量,测验时间尽量安排在上午,并保持同步进行。流量测验时应适当加密测深垂线,控制水下地形的转折变化。每次洪水过程,应完整控制洪峰的转折变化。

含沙量变化平稳时,小浪底、花园口站每日4时、8时、12时、16时、20时、24时各取样1次,其他各站每日8时、20时各取样1次。含沙量大于30 kg/m³且有明显变化时,每2~4 h取样1次,以控制含沙量变化过程为原则。

整个调水调沙试验期间,小浪底、花园口站输沙率测验不少于8次,其他测站不少于5次,输沙率测验的同时取河床质。

小浪底、花园口、夹河滩等站每日实测断面1次(测流断面)。断面测验范围为过水部分,断面测验可与流量测验同时进行,但应加密测深垂线的数量,在提交测验成果时应和水上地形点连接起来。

裴峪、官庄峪2个水位站,在调水调沙试验期间应加强水位观测。水位平稳时,每日观测4次;洪水涨落段每2 h观测1次;峰顶附近每1 h观测1次,以测得完整的水位变化过程。

2.洪水测报情况

此次调水调沙试验来水来沙可分3个时段:第一时段,6月16日0时小浪底水库实行调水调沙试验预泄,6月17日24时关闸;第二时段,6月19日9时~28日24时;第三时段,7月3日6时~13日8时小浪底水库关闸。7月16日8时夹河滩水文站流量落平,调水调沙试验结束,全部历时31天。

1)小浪底水文站

小浪底水文站为保证圆满完成调水调沙试验任务,严格测报质量管理,严格坚持"四随四不"制度,在外业上,操作人员准确定位,各类测验仪器设备及时维护,坚持每次测流前对仪器设备检查一次,测验后再进行认真养护,以确保每次测验的精度;内业分析及时到位,实测资料随测、随校、随点绘、随分析,及时修订水位~流量报汛关系线,为下次测验及报汛做好准备。整个调水调沙试验未出现缺测、漏测现象,过程控制良好,洪峰拍报精度达到98%。共施测水位1 466次、流量38次、输沙率5次、单沙64次、大断面28次,拍报357份,发送电子邮件98份,圆满完成了各项测验和报汛工作任务。

2)花园口水文站

花园口水文站水位观测除全程采用自记水位计外,每天还需人工4次观读水尺对比观测。除3次狂风造成部分自记水位计出现较大偏差外(不影响整时水位),其余均较正常,全部过程共人工观测411次。

官庄峪水位站是此次调水调沙试验指定要求观测的水位站,6月15日前花园口水文站派出有关技术人员设立水尺、引测高程。全期共观测水位152次,从整编结果来看,资料可信度较高。

花园口水文站作为本次调水调沙试验的前置控制站,其流量测验精度特别重要。第一时段水沙过程中,该站一直将桥下断面(当时水流及测验条件较好)作为流速仪测流断面和实测过水断面,但随着调水调沙试验时间的延续,该断面水流自然调整较大,北岸出现400 m的浅水区,平均水深不足0.4 m,南岸部分则出现最大水深达9.4 m的深水区,且流向较为紊乱,于是在7月4日将测流断面调整到CS34断面。实测过水断面仍在桥下断面。

为保证流量测验的精度,该站采用加密测速垂线和严格现场合理性检查等措施,最多测速垂线达26条,是正常垂线布设的2倍。此次调水调沙试验中的流量测次布置合理,测验精度较高,共实测流量38次,实测最大流量2 970 m³/s,相应水位92.84 m,流量延长幅度仅为1.3%。

本次调水调沙试验,花园口水文站测沙任务为每天4段制实测单沙,6段制拍报含沙量,由于振动式测沙仪属对比试验阶段,一直以横式采样器主流三线的平均值作为报汛单沙。另外,根据河道冲淤变化较大、浅水区及部分深水区水流紊动强烈、断面含沙量横向分布极不规则的特点,该站采用加大主流三线的间距,尽量在流速、流向较为匀直的主流上布设测沙垂线的对策,以确保单沙的取样精度。除7月10日0时由于气候恶劣,为确保测验人员安全未采样外,其余均按要求实测了单样,全期共实测单沙168次,实测输沙率5次。

该站克服人员流动大(支援小浪底水库异重流测验等)的困难,圆满完成了调水调沙试验期间每天12段制的水沙情拍报任务,全期共拍发各类水情620份。

3)夹河滩水文站

夹河滩水文站调水调沙试验期间,观测水位465次,施测流量43次、输沙率6次、河床质5次,测取单沙75次,拍报220次。三次洪水过程,除每天一次正常流量测验外,每次洪水涨落水段均布置3～5次流量测次,流量测次布置合理,完整控制了洪水的变化过程。大断面测验,施测大断面1次,加测过水断面33次。

调水调沙试验过程前期,最高水位76.73 m,洪峰流量2 740 m³/s,实测最大流量2 730 m³/s。峰顶报汛精度99%,过程报汛精度98%。

调水调沙试验过程后期,最高水位76.73 m,洪峰流量2 920 m³/s,实测最大流量2 930 m³/s。峰顶报汛精度99.9%,过程报汛精度99%。

流量在基本水尺断面施测,水流稳定,水深变化不大,主槽靠右有时局部下切刷河。水流靠左岸刷滩,冲刷宽度170 m左右,右岸滩地稳定,没有冲刷。自记水位计不着水,水位观测采用12段制人工观测,由于调水方案分试调、前期、后期三步,水位变幅大,水尺一岸冲刷,共设置水尺16根。由于断面宽,水深相对不大,流量测验全部采用测深杆测深,悬杆悬吊流速仪测速,流向用六分仪观测。

为做好调水调沙试验测报工作,该站积极采取措施及时掌握水流变化规律,合理布置测次,为提高报汛质量做好基础工作。加密水位观测次数;加密测深测速垂线,控制断面水深和流速变化;绘制断面流速变化对比图10多张;及时绘制上下游流量过程对照图;绘制2001年至本次调水调沙试验断面冲淤变化图;绘制本次调水调沙试验断面冲淤变化图。

4)黑石关水文站

7月1日,自动化缆道测流系统因存在较大的测流、测速盲区,在低水期使用受到一定限制。为了提高该测流系统的利用率,减轻职工的劳动强度,改善工作环境,本站决定在自动化缆道测流系统的基础上,改装低水测验铅鱼,7月7日完成铅鱼改装,增大了低水应用幅度,通过多次试验,低水测验铅鱼运行良好、信号可靠,调水调沙试验后期,作为正式资料施测流量2次。

本站调水调沙试验期间,出现两次洪水过程,第一次洪峰过程6月30日~7月3日,洪峰水位107.50 m,相应流量131 m³/s,含沙量0.843 kg/m³,施测流量6次、单沙7次,通过单站合理性检查,单次质量合格率100%,报汛精度99.0%。第二次洪峰过程7月9~13日,洪峰水位107.77 m,相应流量152 m³/s,含沙量为0,实测流量7次,单次质量合格率100%,报汛精度99.2%。6月15日~7月15日调水调沙试验期间,共施测水位335次、流量35次、单沙9次,拍报224份。

5)武陟水文站

武陟水文站也有两次小水过程,第一次最大流量45.4 m³/s,出现日期7月2日;第二次最大流量35.5 m³/s,出现日期7月14日。该站从6月16日0时开始增加测报任务。至7月13日14时共测水位244次、流量29次、沙样2次,报汛191次、降雨11次共140 mm,向上级防讯部门发送径流量、输沙量等数据邮件30份,无一差错。

3.测报工作量统计

小浪底—高村区间2004年调水调沙试验期间测报工作量统计见表5-4。

表5-4 第三次调水调沙试验期间工作量统计

项目	站名				
	小浪底	花园口	夹河滩	武陟	黑石关
流量测次	38	38	43	29	35
输沙率测次	5	5	6	0	0
单沙测次	64	168	75	2	9
报汛次数	357	620	220	191	224
颗分个数	64	458	139	0	0
水位测次	1 466	411	465	244	335

4.先进技术及测验仪器的应用

在黄河第三次调水调沙试验的水文测报工作中使用了超声波水位计、自动化缆道测流系统、遥测雨量、网络报汛及水情网络系统、振动式测沙仪、ADCP等先进仪器和技术。

白马寺站缆道测流系统是黄委水文局自行开发的全自动测流系统,技术先进、操作方便,彩触摸屏操作,实现了流量测验的全程图像监控,可自动生成流量记载表和流速、水深套绘图。经试验,该系统可以满足水文测验技术规范要求,已于5月15日正式投入使用,大大减小了该站汛期工作量和劳动强度。对黑石关站低水测验铅鱼系统进行改造,并经上级批复主汛期间投入使用,使测深盲区从0.60 m降低到0.20 m,测速盲区从1.20 m/s降低到0.50 m/s,增强了自动化测流系统低水测验能力,减少了劳动强度,提高了资料精度。

花园口站上至邙山断面下至CS34断面遥测水位计的应用,为测次控制的严密、完整、准确推断和预报花园口站未来2 h的水情变化提供了可靠的保证。振动式测沙仪在花园口、河堤站投入试应用,及时、有效地控制了含沙量的变化过程。

夹河滩站组织开发河床质取样器和流速仪缠草摘除工具,组织职工学习ADCP、雷达测速仪等先进仪器在水文上的应用,也为圆满完成调水调沙试验的水文泥沙测验发挥了积极作用。

(四)高村以下河段

1.基本情况

调水调沙试验期间,高村以下河段共有高村、孙口、艾山、泺口、利津5个水文站和14个水位站,承担水文测验和水情加测加报,以及测流断面冲淤变化监测、丁字路口临时水文站测验、下游泥沙扰动效果观测等任务。其中高村、孙口兼作调水调沙试验调度控制水沙信息前置参证站,艾山站兼作调水调沙调度控制水沙信息反馈站。

2.洪水测报情况

1)水位观测

具备观测条件的站均使用遥测水位计连续观测,并进行人工对比观测,其中高村、孙口、艾山3站每日对比观测次数不少于4次,泺口、利津2站每日对比观测次数不少于2次。山东测区14处水位站在水位平稳时每日观测4次,洪水涨落段每2 h观测1次,峰顶附近按6 min的整倍数加测,以测得完整的水位变化过程。

2)流量测验

各站每日至少施测1次流量,流量测验时还适当加密测深垂线,控制水下地形的转折变化。流量测验时机尽量安排在上午,并保持上下游同步进行。

3)泥沙测验

含沙量变化平稳时,高村、孙口、艾山3站每日不少于6段制,泺口、利津2站不少于4段制进行单沙测验;含沙量大于30 kg/m³且有明显变化时,每2～6 h取样1次,以控制含沙量变化过程。

高村、孙口、艾山3站调水调沙试验期间输沙率测验不少于8次,泺口、利津2站不少于5次,输沙率测验的同时取河床质。

4)测流断面冲淤变化监测

高村、孙口、艾山、泺口、利津5站每日施测断面1次(测流断面),断面测验范围为过水部分,但在提交测验成果时则与水上地形点连接起来。断面测验可与流量测验同时进行,但应加密测深垂线的数量。

5)丁字路口临时水文站

水位观测每日不少于 4 次,水位变化较大时增加测次。流量测验每日施测 1 次,流量测验时应适当加密测深垂线,控制水下地形的转折变化。流量测验时机尽量安排在上午,保持上下游同步进行。泥沙测验一般按 4 段制施测,含沙量大于 30 kg/m³ 且有明显变化时,每 2~6 h 取样 1 次,以控制含沙量变化过程。输沙率测验不少于 5 次,输沙率测验的同时取河床质。

3.测报工作量统计

经统计,山东水文水资源局所属各站在此次调水调沙试验中完成的工作量统计见表 5-5(统计时段为 6 月 19 日~7 月 19 日)。

表 5-5 山东水文水资源局测报次数统计

站名	测验次数			报汛次数		颗分留样(个)
	流量	输沙率	单沙	水文站	水位站	
高村	39	8	334	241	324	720
孙口	42	8	221	270	648	398
艾山	42	9	162	316	648	144
泺口	52	7	145	399	648	359
利津	48	5	240	231	972	252
丁字路口	34	5	96			95
黄庄					324	
一号坝					324	
西河口					324	
合计	257	42	1 198	1 457	4 212	1 968

注:高村、孙口两站单沙含泥沙扰动次数。

二、异重流测验

(一)基本情况

2004 年 6 月 19 日~7 月 13 日的黄河第三次调水调沙试验是"基于人工扰动措施的调水调沙试验",增加了小浪底水库库尾泥沙扰动和人工塑造异重流等多项措施。通过万家寨、三门峡、小浪底水库三库联合调度,成功塑造了小浪底水库异重流并排沙出库。

2004 年小浪底水库异重流测验断面布设见表 5-6,设置有坝前、桐树岭、HH9、HH29、河堤 5 个横断面测验断面,HH5、HH13、HH17、沇西河口、潜入点 4 个主流线测验断面,其中坝前断面和沇西河口断面采用主流三线法测验。潜入点(区)的实际测验断面根据水库涨落、潜入点变化情况上移或下移。当回水末端低于河堤断面时,河堤断面改为河道断面测验,并以 HH13 断面替代 HH29 断面进行横断面测验。

表 5-6　各测验断面及距坝里程说明

断面号	距坝里程(km)	断面性质	断面号	距坝里程(km)	断面性质
坝前	0.41	辅助	HH29	48.00	固定
HH1	1.32	固定	HH31	51.78	辅助(潜入点)
HH5	6.54	辅助	HH32	53.44	辅助(潜入点)
HH9	11.42	固定	HH33	55.02	辅助(潜入点)
HH13	20.35	固定	HH34	57.00	辅助(潜入点)
HH17	27.19	辅助	HH37	63.82	固定
HH25	41.10	辅助(潜入点)	YX1	54.23	辅助(支流)

(二)测验过程

1.测验方法

各测验断面采用横断面法与主、横结合法测验或主流线法测验,横断面法要求在固定断面布设 5~7 条垂线(垂线布设以能够控制异重流在监测断面的厚度及宽度为原则),主流线法要求在断面主流区布置 1~3 条垂线。垂线上测点分布以能控制异重流厚度层内的流速、含沙量的梯度变化为原则,要求清水层 2~3 个测点,清浑水交界面附近 3~4 个测点,异重流层内均匀布设 3~6 个测点,垂线上的每个测点均需实测流速含沙量,并对异重流层内的沙样有选择性地做颗粒级配分析。

2.水位观测

小浪底水库库区共设有 8 个水位观测站,基本上控制了水库水位的涨落过程,异重流测验断面水位采用麻峪、陈家岭和桐树岭三站资料插补求得, HH34、HH33、HH32、HH31、HH29 断面水位采用麻峪水位站资料按时间插补求得;HH25、HH17 断面水位采用麻峪、陈家岭两站同时水位按距离插补求得;HH13、HH9、HH5 断面水位采用陈家岭、桐树岭两站同时水位按距离插补求得;坝前断面水位采用桐树岭断面水位按时间插补求得。

根据小浪底水库调水调沙试验期间库区水位下降快的特点,异重流测验期间对各水位进行了加密观测。水位日变化小于 1.0 m 时,每日观测 4 次(2 时、8 时、14 时、20 时);水位日变化大于 1.0 m 时,每 2 h 观测 1 次;水位涨落率大于 0.15 m/h 时,每 1 h 观测 1次,基本上满足了异重流每条垂线水位计算的需要。

3.潜入点观测

浑水从明流潜入的水下附近河段有明显的清浑水分界线,该形成异重流的位置称为潜入点。在异重流潜入过程中浑水和清水发生剧烈的掺混,在潜入点附近水面常见到翻花现象,并聚集有大量漂浮物,如水草、木柴等,这是由于异重流潜入库底时在水面形成倒流,使上下游漂浮物大都集中在潜入处附近,这些现象是判断异重流潜入点位置的鲜明标志。

4.支流异重流测验

沇西河口断面位于水库干流的左侧,在 HH32 和 HH33 断面之间,是小浪底水库较为重要的一个支流断面。选择该断面作为小浪底水库异重流测验的主要辅助断面,对异重流倒灌支流情况进行观测,可为研究异重流在支流河口区的运动规律提供依据,支流断面采用主流三线法观测。

第一次异重流潜入点位于 HH35 断面附近,沈西河口断面位于潜入点区域下游 4 km 左右,7 月 5 日 18 时 30 分在沈西河口探测无异重流,20 时 30 分左右测得异重流厚度 6.2 m,6 日 9 时 30 分左右异重流到达峰值,最大厚度 10.5 m,以后逐渐减弱。

第二次异重流潜入点在 HH30—HH34 断面之间,沈西河口断面在潜入区范围内,水流流态杂乱,旋涡较多。

5.异重流实测资料

按照水文局下达的异重流测验任务书要求和观测期间的实际情况,异重流测验以能控制其潜入、发展、稳定和消失几个阶段的水、沙过程变化为原则。7 月 5~11 日两次异重流过程横断面法测验 25 次,主流线法测验 107 次,共计测量异重流垂线 212 条,流速测点 1 641 个,颗分测点 1 189 个,基本上控制了异重流过程变化。各断面测验情况统计见表 5-7。

表 5-7　2004 年异重流各测验断面测验情况统计

断面号	测次		垂线数	测点(个)		
	主流线	横断面		流速	含沙量	颗分
HH34	4		6	42	28	28
HH33	6		6	50	44	44
HH32	2		2	9	10	10
HH31	2		3	24	18	18
HH29	14	10	50	399	313	311
HH25	2		2	21	18	18
HH17	15		15	124	89	89
HH13	12	6	26	205	139	126
HH9	14	5	36	260	174	174
HH5	12		12	84	64	64
HH1	8	4	24	178	115	115
坝前 410 m	5		11	164	138	138
YX01	11		19	81	54	54
合计	107	25	212	1 641	1 204	1 189

三、下游河道淤积测验

(一)基本情况

本次测验自 7 月 19 日开始到 7 月 29 日结束,历时 15 天,完成了小浪底坝下至汊 3 共 373 个断面的测验工作。对黄河下游河道所有断面均参加冲淤计算,测验体系建设中新设断面划分了滩槽界;同时,针对部分原有断面滩槽界划分不合理、主槽偏宽的情况,对其进行了调整,基本实现了新旧断面滩槽划分一致;另外,根据断面布设情况,在1/10 000河道地形图上重新量算了断面间距。本次冲淤成果按照新的滩槽界和断面间距进行计算。

(二)断面布设及观测要求

在小浪底水库大坝至黄河河口近900 km的河道上共布设固定淤积测验断面373个,其中高村以上河段155个,高村以下河段218个。

为了解调水调沙试验对黄河下游河道冲淤变化的影响,评价调水调沙试验作用和减淤效果,在调水调沙试验结束后,及时进行下游河道淤积测验。

1.河道淤积测量范围与要求

河道淤积断面测量包括水下、岸上和滩地测量。岸上及滩地测至汛前统测以来本断面最高水位以上1～2个地形点,未上水部分可借用上次测量成果,具体技术要求执行《黄河下游河道观测技术规定》的有关技术要求。

调水调沙试验后的河道淤积测量采用GPS、全站仪、双频回声测深仪联合施测。各种外业测量数据及时进行了断面图套绘和合理性检查,未发现异常问题,成果质量可靠。

外业测量结束后,数据整理计算在5日内完成并提交初步成果。

2.测次安排

在调水调沙试验期间下游河道泥沙扰动的开始、期间和之后,按照泥沙扰动实施方案的要求进行了观测。

调水调沙试验结束后进行了1次淤积测量,且测量范围为小浪底以下河段内的所有淤积断面,各断面测至最高水位以上。

调水调沙试验结束后根据河道水情,及时安排了淤积测量,为保证测量成果精度与可靠性,在高村流量降至800 m³/s以下且小浪底出库流量稳定2日后,高村以上河段自上而下开始测量。当利津站流量降至800 m³/s以下时,高村以下河段自高村开始测量,在进行下游淤积断面测量期间,下游沿程各水文站按要求在同一时间进行了输沙率测验。

(三)淤积断面河床质测验

在进行河道淤积测验的同时,在以下78个淤积断面(其中山东段50个、河南段28个)要进行河床质取样与泥沙颗分工作。78个取样断面分布情况如表5-8所示。

四、河口及滨海区测验

(一)河口拦门沙冲淤测验情况

按照调水调沙试验任务书的要求,河口拦门沙区水下地形及河口段河道地形测量在利津水文站流量小于900 m³/s时开始进行,拦门沙区水下地形测量范围为河口两侧各10 km范围内的浅水滨海区,自海岸向外延伸15～25 km,测绘面积450 km²;河道内自拦门沙坎坡底开始,沿河流方向,按河道中泓线、两侧水边3条线向上游测至汊3断面,口外拦门沙中泓线测至15 m水深。

表 5-8　取样断面分布情况

河段	固定断面	专用断面	施测单位
小浪底—高村河段(28)	小铁3断面、小铁5断面、白鹤、铁谢、下古街、花园镇、马峪沟、裴峪、伊洛河口、孤柏嘴、罗村坡、官庄峪、秦厂、八堡、来童寨、辛寨、黑石、韦城、黑岗口、柳园口、古城、曹岗、东坝头、禅房、油房寨、马寨、杨小寨、河道		黄河水文勘测总队
高村以下河段(50个)	高村(四)、双合岭、苏泗庄、彭楼、史楼、徐码头、杨集、龙湾、孙口、大田楼、路那里、十里堡、邵庄、陶城铺、位山、王坡、艾山(二)、大义屯、朱圈、娄集、官庄、阴河、水牛赵、曹家圈、添口(三)、霍家溜、王家梨行、刘家园、张桥、董家、杨房、齐冯、贾家、道旭、王旺庄、张家滩、利津(三)、东张、一号坝、朱家屋子、6号、清1、清3、清4、清7、汉2	刘庄、李天开、杨道口、张肖堂	山东水文水资源局

水下地形采用断面法施测,整个测区共布设81个测深断面,同时设立孤东、河口北烂泥、截流沟3个潮位站进行潮汐观测,三个潮水位站均取得至少3天的连续观测资料。在黄河河道内设立汉3及河口口门2处水位站;在1、11、…、81等9个断面进行海底质取样,共取海底质样98个。

河口段河道地形测量于7月27~29日完成,施测了两边岸线及河道中泓线,并且取河床质11个,测验同时在河口口门、汉3河道断面设立2处水位站;在进行测验的同时,分别在7月26~27日、8月3~4日进行了2次口门查勘。

(二)两次河口拦门沙测验期间利津水文站的基本水文情况

自2002年7月进行的首次调水调沙试验河口拦门沙区地形测验结束至本次测验时间间隔726天(2002年8月2日~2004年7月29日)。

(三)汉3以下河口段河势查勘

第一次查勘期间利津水文站流量为900~1 000 m³/s,由于流量较小,汉3以下河道两侧滩唇出水较高,河道主槽明显较调水调沙试验前加深;河口口门也发生较大变化,出河流由调水调沙试验前的15°调整到现在的两股出河流,其行河角度分别为90°和120°;同时在汉3以下5.5 km处南岸出现一处汉沟,汉沟宽度在80 m左右,水深最大处为1.0 m,流量为100~150 m³/s。

第二次河口段河势查勘期间利津站流量为1 600 m³/s,汉3断面以下没有发生漫滩现象。从本次查勘结果看,河口段河道规则,河道主槽明显,与第一次相比,水流入海方向保持一致,河口段河长有所延伸,在汉3断面下游5.5 km处以下河道两岸出现十几条大大小小的汉沟,汉沟宽度从一两米到几十米不等,河口呈面流入海状态。

从口门河势的整个变化来看,本次调水调沙试验后,口门向右摆动明显,与2002年7

月河势相比,其口门右摆超过 2 km。

第七节　河势观测过程

调水调沙试验期间,山东河务局、河南河务局分别组织各市、县河务局进行了河势查勘,绘制了河势图。

调水调沙试验期间,采用遥感技术,对黄河小浪底以下河道,特别是小浪底—陶城铺河段河势进行了全面监测,采集试验期间河势演变、洪水演进、工情险情及滩区淹没等相关信息,并进行分析处理。

根据第三次调水调沙试验遥感监测内容和要求,分三个阶段对遥感数据进行了收集。在调水调沙试验前期,根据数据采集原则,共收集 TM 影像 6 景,数据覆盖了从小浪底至河口的整个范围。调水调沙试验期间,主要采集了重点河段小浪底—陶城铺的遥感影像图;为了跟踪河势变化动态,采用了 TM 和 RADARSAT 两种数据源。其中 TM 数据获取了 2 景,RADARSAT 数据获取了 12 景。调水调沙试验后期,根据调水调沙试验河势遥感监测要求,需要在调水调沙试验结束后 15 天以内进行。由于受天气状况影响,仅采集了 3 景 TM 数据,范围是从白鹤至陶城铺。

关于水文局开展河势观测情况,自上次河道统测以来,没有发生过漫滩洪水,所以本次只进行主槽部分的断面测验;在河道测验的同时,在小浪底—陶城铺河段流量在 2 000 m³/s 时进行了 1 次河势观测。同时进行渔洼—河口口门 60 km 范围内的河势观测。观测方法:GPS 定位、机船配合小船测量、1:10 000 测图,1:50 000 成图。

观测内容:主流线 1 条、水边线 2 条、鸡心滩、流路岔口及其他河流要素,内业资料整理、河势图点绘、清绘等。

第八节　引水控制过程

第三次调水调沙试验自 6 月 19 日 9 时开始,至 7 月 18 日调控水沙入海,历时 30 天。在此期间,按照制定的黄河下游河段引水预案,根据下游沿黄地区降雨、墒情及河南、山东河务局报送的引水订单,综合分析豫鲁两省用水需求,逐日滚动批复未来 5 日分河段、分涵闸引水订单。河道水情发生较大变化时,又按照豫鲁两省的申请,及时调整了引水订单。据统计,6 月 19 日~7 月 18 日,豫鲁两省累计引水量 2.59 亿 m³,折合日平均流量 99.8 m³/s,累计引沙量 135.95 万 t。

第三次调水调沙试验开始时,正值下游豫鲁两省水稻插秧高峰,用水需求量大。6 月 29 日 0 时~7 月 3 日 21 时,由于打捞小浪底库区沉船的影响,小浪底水库出库流量按 500 m³/s 控制,致使河南部分涵闸引水困难,引水流量大幅减小。7 月 5 日以后,下游沿黄地区出现了较大范围的降雨,用水需求变幅较大。

6 月 19~24 日。引水河段主要集中在小浪底—高村和艾山—泺口河段。期间,批复下游河段平均引水流量 199.4 m³/s,日最大引水流量 205.9 m³/s,日最小引水流量 193.4 m³/s。据统计,实际平均引水流量 193.6 m³/s,日最大引水流量 207.4 m³/s,日最小引水流量 187.6 m³/s。合计引沙量 55.50 万 t。

6 月 25～30 日。6 月 25 日以后,河南引黄灌区水稻插秧高峰有所缓解,需求逐步有所减少,期间批复平均引水流量 144.6 m³/s,日最大引水流量 171.9 m³/s,日最小引水流量 130.2 m³/s。据统计,实际平均引水流量 138.8 m³/s,日最大引水流量 173.1 m³/s,最小引水流量 106.7 m³/s。合计引沙量 37.73 万 t。

7 月 1～5 日。受小浪底水库下泄流量减少影响,河南张菜园、共产主义、柳园、祥符朱、柳园口等涵闸引水困难,甚至引不上水,引水流量大幅度减小。期间,批复平均引水流量 92.0 m³/s,日最大引水流量 116.9 m³/s,日最小引水流量 75.6 m³/s。据统计,实际平均引水流量 65.1 m³/s,日最大引水流量 73.4 m³/s,日最小引水流量 59.7 m³/s。合计引沙量 9.46 万 t。

7 月 6～9 日。河南引黄灌区受前期引水困难影响,水稻用水量仍然较大。小浪底水库下泄流量加大后,河南引水开始增加。期间,批复平均引水流量 98.2 m³/s,日最大引水流量 101.9 m³/s,日最小引水流量 95.3 m³/s。据统计,实际平均引水流量 95.9 m³/s,日最大引水流量 100.7 m³/s,日最小引水流量 90.5 m³/s。合计引沙量 11.99 万 t。

7 月 10～12 日。7 月 9 日、10 日,河南新乡、焦作沿黄地区连降大到暴雨,部分引水渠道及农田积水,不得不紧急关闸,致使引水流量变幅很大。期间,批复平均引水流量 62.0 m³/s。据统计,实际平均引水流量 43.7 m³/s,日最大引水流量 71.1 m³/s,日最小引水流量 29.7 m³/s。合计引沙量 8.87 万 t。

7 月 13～18 日。黄河下游沿黄地区受前期降雨影响,土壤墒情普遍较好,用水需求量大幅减少,加之小浪底水库已停止调水调沙试验运用,期间,未再进行滚动批复引水订单。据统计,实际平均引水流量 26.5 m³/s,日最大引水流量 46.7 m³/s,日最小引水流量 9.0 m³/s。合计引沙量 12.40 万 t。

第九节 小 结

(1)本次试验的方案制作过程能够做到根据实时水情、沙情变化情况,制订切实可行的实时调度方案,且总体实施过程、水库调度过程与预案及方案基本一致。

(2)万家寨、三门峡水库水流准确对接,保证了人工异重流后续动力。万家寨水库泄流与三门峡水库水位对接的目标,是万家寨水库泄流在三门峡水位下降至 310 m 及其以下时演进至三门峡水库,以最大程度冲刷三门峡水库泥沙,为小浪底水库异重流提供连续的水源动力和充足的细泥沙来源。为实现准确对接,按照异重流形成的规律和必须的条件,如何使千里之外的万家寨来水一进入三门峡水库就对库区泥沙产生强劲冲刷,在最佳的时机完成对接,并为小浪底提供理想的高含沙水流,满足水库异重流形成具备的条件,这是在水库调度中需要解决的首要技术难题。经过准确计算和精心调度,7 月 7 日 8 时,万家寨水库下泄的 1 200 m³/s 水流与三门峡水库水位降至 310.3 m 时实现对接。

(3)适时调度三门峡水库为小浪底库区异重流的形成和向坝前推移起到重要作用。7 月 7 日 8 时 30 分,三门峡水库泄流由 2 000 m³/s 增加到 5 000 m³/s 左右,由于水位快速降低和出库流量进一步加大,特别是 7 月 7 日 14 时三门峡库水位降至 305.63 m 后,利用万家寨水库来水冲刷三门峡库区河槽细颗粒泥沙,出库含沙量显著增加,对小浪底水库长时间(7月8日14时~11日20时)成功形成异重流并排沙出库起到了决定性作用。

(4)入海泥沙有较大部分在海洋动力作用下输移到深海,建议延长终点距离,但适当增大起点坐标到20720000,这样会更有利于控制河口冲淤变化。

(5)部分泥沙沉降在黄河两侧及潮间带区域,由于河嘴的持续延伸,河嘴两侧汊沟纵横,而淤积在潮间带上的泥沙使用测船是无法测到的。因此,建议水下地形测验的同时进行一次汊3断面以下、河道两侧10 km范围内的潮间带地形测验。

第六章　水沙过程分析

第一节　试验期间三门峡、小浪底水库水沙过程

一、万家寨水库入、出库水沙过程

6月16日,头道拐流量从400 m³/s逐步减小,到6月26日左右,流量只有81 m³/s,而后到7月上旬,流量一直在50~100 m³/s之间波动,见表6-1和表6-2。从万家寨入库(头道拐)和出库(坝下)的水量差值来看,6月24日以前基本上维持进出库平衡运用,6月25~28日下泄水量略大于入库值,从28日到7月5日,水库一直加大下泄,日均流量最大2日达到了1 140 m³/s,水库累计补水约3.12亿 m³。

表6-1　6月下半月万家寨水库入、出库日均流量和水量

开始日期 （月-日）	万家寨坝下 逐日水量 （×10⁶ m³）	万家寨坝下 日平均流量 （m³/s）	头道拐 逐日水量 （×10⁶ m³）	头道拐 日平均流量 （m³/s）	头道拐与万家寨坝 下逐日水量差 （×10⁶ m³）
06-16	34.04	394.0	34.65	401.0	0.61
06-17	40.52	469.0	32.14	372.0	−8.38
06-18	27.91	323.0	30.67	355.0	2.76
06-19	21.69	251.0	27.65	320.0	5.96
06-20	24.45	283.0	23.07	267.0	−1.38
06-21	12.44	144.0	18.84	218.0	6.40
06-22	10.54	122.0	15.21	176.0	4.67
06-23	8.73	101.0	11.92	138.0	3.19
06-24	10.71	124.0	8.99	104.0	−1.72
06-25	34.65	401.0	7.00	81.0	−27.65
06-26	10.97	127.0	5.04	58.3	−5.93
06-27	4.94	57.2	5.28	61.1	0.34
06-28	15.55	180.0	6.72	77.8	−8.83
06-29	48.21	558.0	8.31	96.2	−39.90
06-30	98.50	1 140.0	8.58	99.3	−89.92

表6-2　7月上半月万家寨水库入、出库日均流量和水量

开始日期 （月-日）	万家寨坝下 逐日水量 （×10⁶m³）	万家寨坝下 日平均流量 （m³/s）	头道拐 逐日水量 （×10⁶m³）	头道拐 日平均流量 （m³/s）	头道拐与万家寨坝下 逐日水量差 （×10⁶m³）
07-01	98.50	1 140.0	6.36	73.6	−92.14
07-02	64.80	750.0	4.38	50.7	−60.42
07-03	15.72	182.0	3.88	44.9	−11.84
07-04	11.58	134.0	5.00	57.9	−6.58
07-05	8.81	102.0	6.30	72.9	−2.51
07-06	5.23	60.5	6.00	69.5	0.77
07-07	7.00	81.0	6.02	69.7	−0.98
07-08	5.30	61.4	5.76	66.7	0.46
07-09	4.86	56.2	5.82	67.4	0.96
07-10	4.23	49.0	6.00	69.4	1.77
07-11	5.65	65.4	6.40	74.1	0.75
07-12	7.31	84.6	6.76	78.2	−0.55
07-13	3.05	35.3	7.30	84.5	4.25
07-14	3.27	37.8	8.08	93.5	4.81
07-15	5.96	69.0	7.97	92.2	2.01

从径流总量来看,头道拐站从6月16日8时至7月14日20时持续684 h,相应水量约4.07亿 m³,平均流量为165.25 m³/s。最大流量为6月18日6时的465 m³/s,最小流量为7月6日17时的43.5 m³/s。

万家寨坝下站,从6月16日8时至7月14日20时持续684 h,平均流量为509.5 m³/s,相应水量为12.56亿 m³;最大洪峰流量为7月4日14时的1 730 m³/s,最小流量为7月10日8时的6.95 m³/s。其中,从7月2日8时至7月7日8时的120 h中,下泄水量约4.4亿 m³,平均流量达到1 018 m³/s。6月15日~7月15日万家寨水库入、出库流量过程见图6-1。

二、三门峡水库入库(潼关站等)的水沙过程

6月19日~7月13日,渭河华县站流量过程平稳,最大流量161 m³/s,最大含沙量109 kg/m³。同期,黄河干流龙门站也先后产生2次小的洪水过程,最大洪峰流量为7月5日18时30分的1 610 m³/s,最大含沙量为6月30日22时12分的126 kg/m³。

受万家寨泄水及黄河支流来水影响,黄河潼关水文站产生了一次持续洪水过程,最大洪峰流量为7月7日0时的1 190 m³/s,最大含沙量为7月3日14时的37.2 kg/m³。潼关站6月19日~7月13日(576 h),平均流量为526 m³/s,平均含沙量为7.96 kg/m³,径

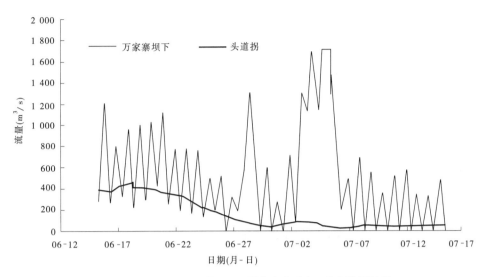

图 6-1　6 月 15 日～7 月 15 日万家寨水库入、出库流量过程

流量为 9.414 亿 m³,输沙量为 0.080 9 亿 t。期间最小流量为 6 月 29 日 2 时的 127 m³/s,最小含沙量为 6 月 29 日 14 时的 1.0 kg/m³。

潼关站从 7 月 3 日 20 时至 7 月 13 日 9 时的 228 h 中,平均流量为 667 m³/s,平均含沙量为 12.1 kg/m³,径流量达到 4.535 亿 m³,沙量为 0.055 8 亿 t。流量过程及含沙量过程见图 6-2、图 6-3,特征值见表 6-3、表 6-4。

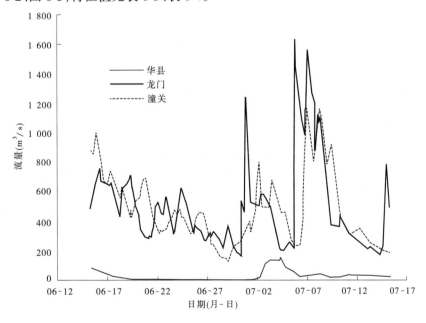

图 6-2　龙门、华县、潼关站流量过程(2004 年 6 月 15 日～7 月 15 日)

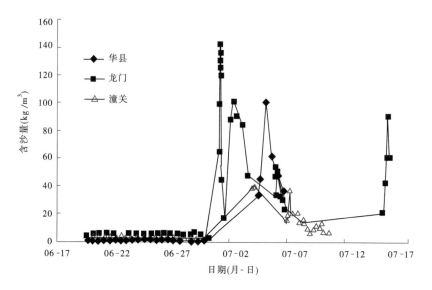

图 6-3　龙门、华县、潼关站含沙量过程(2004 年 6 月 15 日~7 月 15 日)

表 6-3　三门峡水库入库洪水特征值(6 月 19 日 9 时 18 分~7 月 13 日 9 时)

站名	时段水量(亿 m³)	时段沙量(亿 t)	最高水位		最大流量		最大含沙量	
			时间(月-日 T 时:分)	水位(m)	时间(月-日 T 时:分)	流量(m³/s)	时间(月-日 T 时:分)	含沙量(kg/m³)
龙门	10.04	0.162 6	07-05T18:30	384.00	07-05T18:30	1 610	06-30T22:12	142
河津	0.181 9	0	07-03T08:00	372.28	07-03T08:00	29	0	0
华县	0.589 6	0.014 6	07-04T04:00	336.15	07-04T04:00	161	07-04T17:48	109
湺头	0.036	0	06-20T08:00	361.53	06-20T08:00	5.23	0	0
潼关	9.414	0.081 0	07-08T08:00	327.69	07-07T00:00	1 190	07-03T14:00	37.2

表 6-4　三门峡水库入库洪水特征值(7 月 3 日 20 时~13 日 9 时)

站名	时段水量(亿 m³)	时段沙量(亿 t)	最高水位		最大流量		最大含沙量	
			时间(月-日 T 时:分)	水位(m)	时间(月-日 T 时:分)	流量(m³/s)	时间(月-日 T 时:分)	含沙量(kg/m³)
龙门	4.673	0.077 3	07-05T18:30	384.00	07-05T18:30	1 610	07-05T21:00	50.1
河津	0.094 8	0	07-03T20:00	372.20	07-03T20:00	20	0	0
华县	0.394 5	0.013 9	07-04T04:00	336.15	07-04T04:00	161	07-04T17:48	109
湺头	0.013 8	0	07-12T08:00	361.50	07-12T08:00	5.18	0	0
潼关	4.535	0.055 8	07-08T08:00	327.69	07-07T00:00	1 190	07-03T20:00	37.0

三、小浪底水库入、出库水沙过程

三门峡水文站是三门峡水库的出库站,也是小浪底水库的入库站,它在调水调沙试验期间的水沙过程对小浪底水库的调度运用有很大影响。

调水调沙试验前期和试验期间黄河中游洪水经三门峡水库的调节后,三门峡水文站于 6 月 19 日~7 月 3 日 20 时为持续的小洪水过程,每天虽然有波动,但是并不大。三门峡水库在调水调沙试验后期有一次明显的泄流、排沙过程,期间,三门峡站 7 月 7 日 14 时 6 分洪峰流量 5 130 m³/s,最大含沙量为 7 月 7 日 20 时 18 分的 446 kg/m³。6 月 19 日 9 时 18 分~7 月 13 日 9 时径流量为 10.88 亿 m³,输沙量为 0.431 9 亿 t。其中 7 月 3 日 20 时~13 日 9 时的第二阶段调水调沙试验期间,三门峡站径流量为 7.198 7 亿 m³,输沙量为 0.431 9 亿 t。三门峡站出库水沙过程见图 6-4、图 6-5,水沙特征值见表 6-5、表 6-6。

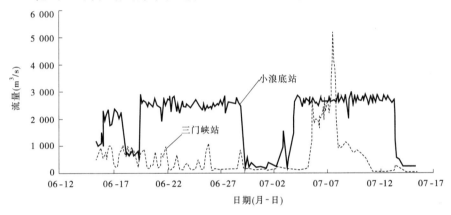

图 6-4 三门峡站、小浪底站流量过程(2004 年 6 月 15 日~7 月 15 日)

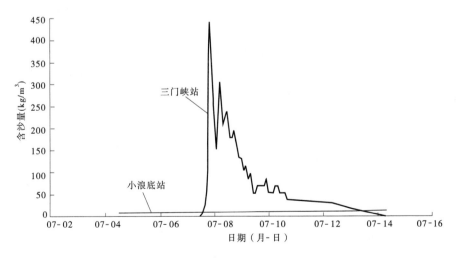

图 6-5 三门峡站、小浪底站含沙量过程(2004 年 6 月 15 日~7 月 15 日)

表6-5　三门峡站、小浪底站水沙量特征值(6月19日9时18分～7月13日9时)

站名	时段水量 (亿 m³)	时段沙量 (亿 t)	最高水位		最大流量		最大含沙量	
			时间 (月-日 T 时:分)	水位 (m)	时间 (月-日 T 时:分)	流量 (m³/s)	时间 (月-日 T 时:分)	含沙量 (kg/m³)
三门峡	10.88	0.431 9	07-07T14:06	279.03	07-07T14:06	5 130	07-07T20:18	446
小浪底	46.8	0.044	06-21T16:30	136.46	06-21T16:30	3 300	07-09T02:00	12.8

表6-6　三门峡站、小浪底站水沙量特征值统计(7月3日20时～13日9时)

站名	时段水量 (亿 m³)	时段沙量 (亿 t)	最高水位		最大流量		最大含沙量	
			时间 (月-日 T 时:分)	水位 (m)	时间 (月-日 T 时:分)	流量 (m³/s)	时间 (月-日 T 时:分)	含沙量 (kg/m³)
三门峡	7.20	0.431 9	07-07T14:06	279.03	07-07T14:06	5 130	07-07T20:18	446
小浪底	21.72	0.044	07-10T09:06	136.25	07-10T09:06	3 020	07-09T02:00	12.8

到6月29日为止,小浪底水库蓄水由6月19日9时18分的约57.5亿 m³(水位249.0 m)减少到38.4亿 m³(水位236.55 m),第一阶段的下泄结束。为了实施小浪底水库的人工异重流塑造和库尾的清淤,第二阶段要充分利用万家寨水库的下泄水量和三门峡水库的蓄水来完成。黄河防总决定从7月3日开始,小浪底水库进行第二阶段的下泄运用。在三门峡水库下泄的基础上,小浪底水库尾部清淤配沙,以便使小浪底出库流量达到2 600 m³/s和含沙量10 kg/m³的标准,力求达到减轻水库泥沙淤积和改善淤积形态的目的。

从6月19日小浪底水库调水调沙试验运用,到7月13日为止,小浪底水库下泄水量为46.8亿 m³,沙量为440万 t,平均流量约2 260 m³/s,平均含沙量为0.94 kg/m³,当调水调沙试验结束时,小浪底水库水位224.96 m,相应蓄水24.6亿 m³。

从7月3日20时到7月13日9时,小浪底下泄水量21.72亿 m³,输沙量440万 t,平均流量为2 640 m³/s,平均含沙量2.0 kg/m³,大约10.2%的入库泥沙被排出水库。小浪底站出库水沙过程见图6-4、图6-5,水沙特征值见表6-5、表6-6。

四、小浪底库区水位变化

(一)2003 年汛后库区水位变化

2003年秋季,黄河中游泾渭河先后出现3次较大的洪水过程。受上游洪水的影响,三门峡水文站从8月25日～9月18日产生了持续洪水过程,并呈现多次涨落。在此期间,三门峡站径流量达24.25亿 m³。为缓解下游河道的防洪压力,小浪底水库采用了高水位运用的调度方式,限制下泄流量,使得小浪底库区水位一直居高不下。从2003年9月20日开始,一直到2004年6月1日,库区水位一直保持在250 m以上,最高曾达到265.58 m(2003年10月15日)。2003年9月至调水调沙试验前,库区水位、蓄水量变化过程见图6-6。

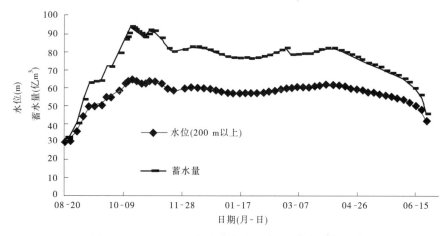

图 6-6 2003～2004 年小浪底库区水位、蓄水量变化过程

从图 6-6 可以看出,受 2003 年秋季洪水的影响,小浪底库区水位抬升很快,库水位从 238.75 m(9 月 1 日 8 时)上升到 265.58 m(10 月 15 日),水位抬高 26.83 m,水库蓄水量由 44.8 亿 m³ 增加到 94.5 亿 m³。秋季洪水过后,库区水位有所下降,到 2003 年 11 月 23 日水位下降到 258.43 m。2003 年 11 月 24 日～2004 年 2 月 26 日,由于进出库水量基本平衡,库区水位一直在 258 m 上下徘徊。2004 年 3 月 8 日～4 月 7 日,三门峡水库出库流量大于小浪底出库流量,使得小浪底库区水位逐渐抬升,最高达到 261.97 m(4 月 5 日)。2004 年 4 月 6 日～6 月 14 日,小浪底水库平均出库流量为 776 m³/s,三门峡水库平均出库流量为 250 m³/s,小浪底库区水位平稳下降,调水调沙试验开始前库区水位为 249.03 m(6 月 18 日),相应蓄水量为 57.5 亿 m³。

(二)调水调沙试验期间库区水位变化

2004 年 6 月 19 日小浪底水库正式开始调水调沙试验。试验开始时小浪底坝上水位为 249 m,调水调沙试验结束后水位降至 224.96 m。调水调沙试验期间库区各水位站水位变化过程见图 6-7(其中麻峪站、陈家岭站、西庄站和桐树岭站的水位一样),不同阶段库区水面线的对照见图 6-8。

从图 6-7 可以看出,调水调沙试验期间小浪底库区水位的变化可以分为几个阶段,不同阶段各水位站的水位变化规律是不同的。库区水位的变化,基本反映了进出库水量的变化过程。

1. 调水调沙试验第一阶段

6 月 19 日调水调沙试验正式开始,小浪底水库以 2 600 m³/s 左右的流量开始下泄,一直到 6 月 29 日 4 时为调水调沙试验的第一阶段。

在此阶段,小浪底水库的下泄流量平均为 2 600 m³/s 左右,三门峡水库闸门启闭频繁,下泄流量变化较大,流量过程呈比较规则的锯齿状,流量变化范围在 120～1 100 m³/s 之间,但含沙量基本为 0。

河堤站(距坝 64.83 km)以下均为回水淹没范围,水位下降幅度较大,水面线平缓无起伏,冲淤表现不明显。

五福涧站(距坝 77.28 km)以上为自然河道,水位过程受三门峡水库闸门启闭的影

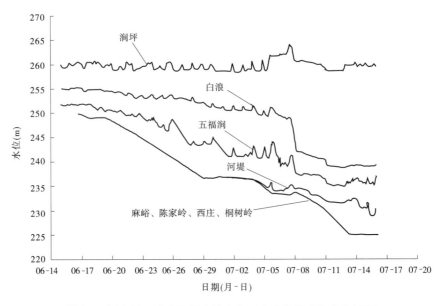

图 6-7　调水调沙试验期间小浪底库区各水位站水位变化过程

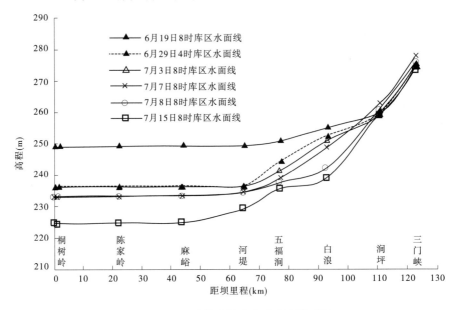

图 6-8　不同阶段小浪底库区水面线对照

响,呈明显的锯齿状。由于五福涧站和白浪站(距坝93.20 km)断面位于2003年库区淤积三角洲的顶部前端,受三门峡水库下泄清水和库尾泥沙扰动的综合影响,断面处有明显的冲刷变化。两站的水位由试验开始时的 250.30 m 和 254.39 m(6 月 19 日 8 时),下降到 243.80 m 和 251.87 m(6 月 29 日 4 时),分别下降 6.5 m 和 2.52 m。在山区自然河道状态下流量变化不大时,断面水深的变化不会达到这样的幅度。同时,对比白浪和五福涧两站的水位差也可以明显地看出,6 月 29 日两站的水位差比试验开始时大 1 倍以上,说明在此阶段河堤站—白浪站河段发生了明显的溯源冲刷,其中河堤站—五福涧站河段的冲刷幅度大于五福涧站—白浪站河段。

在此期间涧坪站(距坝 111.02 km)断面的水位变化不大,基本稳定在 260 m,表明涧坪断面附近无冲刷。

2. 小浪底水库小流量下泄期间

6 月 29 日 8 时～7 月 3 日 20 时小浪底水库采用小流量下泄运用,出库流量限制在 500～1 000 m^3/s 之间,进出库水量基本平衡。

在此期间,库区水位稳定在 236.30 m 左右,受三门峡水库闸门启闭的影响,河堤站以上河道水位起伏变化较大,并继续呈现冲刷的势态。五福涧站 6 月 29 日 12 时水位为 243.35 m,到 7 月 3 日 0 时水位降到 240.74 m,在流量变化不大的情况下水位下降 2.61 m。

3. 调水调沙试验第二阶段

7 月 3 日 20 时后,小浪底水库重新按调水调沙试验流量下泄,7 月 4 日 8 时～13 日 8 时出库流量一直维持在 2 800 m^3/s 左右。

为在小浪底库区人工塑造异重流,三门峡水库从 7 月 5 日 15 时开始加大下泄流量,7 月 6 日 18 时 6 分流量达到 2 740 m^3/s。随着库区水位的降低,回水末端向坝前移动。7 月 4 日 8 时以后,河堤断面的水位已经呈现出自然河道的水位特性,7 月 5 日 18 时在小浪底库区 HH35—HH36 断面之间观测到异重流。在 7 月 7 日 9 时以前,三门峡水库下泄流量最大不超过 2 800 m^3/s,与小浪底水库出库流量基本持平,库区水位变化不大,河堤站以上自然河道略有冲刷。

7 月 7 日 9 时后,为增加异重流的后续动力,三门峡水库加大下泄流量,7 月 7 日 14 时三门峡站流量达到 5 130 m^3/s。受三门峡加大入库流量的影响,涧坪站、五福涧站和河堤站水位均表现出明显的涨水过程,但白浪站水位却呈急剧下降趋势,从 7 月 7 日 17 时至 7 月 8 日 8 时的 15 h 中,水位下降 6.52 m,说明在涧坪站—五福涧站河段河槽发生了剧烈的冲刷。

通过以上分析可以看出,在调水调沙试验期间,小浪底库区发生了 2 次明显的冲刷过程。第一次发生在 6 月 19～29 日期间,冲刷主要发生在五福涧断面附近河段;第二次发生在 7 月 7 日 8 时～8 日 8 时期间,冲刷主要发生在白浪断面附近河段。两次较大的冲刷过程,有效地改变了调水调沙试验以前库尾淤积三角洲的淤积部位。

第二节　黄河下游水沙过程

2004 年 6 月 19 日 9 时～7 月 13 日 8 时进行了第三次调水调沙试验,历时 24 天,扣除 6 月 29 日 0 时～7 月 3 日 21 时小流量下泄的 5 天,实际历时约 19 天。整个调水调沙试验过程可分为第一阶段、第二阶段和中间段,各阶段小浪底站起始时间见表 6-7。

一、流量过程沿程变化

2004 年的调水调沙试验,进入下游的流量过程明显分为两个洪峰过程(见图 6-9 和图 6-10)。

表 6-7　2004 年调水调沙试验期间下游河道洪水演进特征值

	项目	黑石关	武陟	小浪底	花园口	夹河滩	高村	孙口	艾山	泺口	利津
第一阶段	起始时间 (月-日 T时:分)	06-19 T09:30	06-19 T08:00	06-19 T09:18	06-20 T00:00	06-20 T12:00	06-20 T22:00	06-21 T06:00	06-21 T12:00	06-21 T16:00	06-22 T04:00
	结束时间 (月-日 T时:分)	06-29 T02:00	06-29 T02:00	06-29 T01:12	06-30 T02:00	06-30 T16:00	07-01 T06:00	07-02 T00:00	07-02 T06:00	07-03 T20:00	07-04 T06:00
	历时(h)	232.5	234	231.9	242	244	248	258	258	292	290
	起始流量 (m³/s)	32.0	10.2	811	864	816	996	960	940	780	1 010
	结束流量 (m³/s)	10.6	4.18	997	972	928	971	892	847	699	731
	最大流量 (m³/s)	30.7	15.6	3 300	2 970	2 830	2 800	2 760	2 830	2 760	2 730
第二阶段	起始时间 (月-日 T时:分)	07-03 T20:00	07-03 T20:00	07-03 T20:24	07-04 T16:00	07-05 T04:00	07-05 T15:00	07-06 T00:00	07-06 T06:06	07-06 T12:30	07-07 T04:00
	结束时间 (月-日 T时:分)	07-13 T09:06	07-13 T08:00	07-13 T09:00	07-14 T12:00	07-15 T04:00	07-15 T17:36	07-16 T12:00	07-16 T17:54	07-17 T20:00	07-19 T02:00
	历时(h)	229.1	228	228.6	236	240	242.6	252.0	251.8	271.5	288
	起始流量 (m³/s)	38.8	29.7	893	860	995	1 010	755	897	590	813
	结束流量 (m³/s)	34.9	20.9	980	972	995	988	984	969	884	824
	最大流量 (m³/s)	153	32.4	3 020	2 950	2 900	2 970	2 960	2 950	2 950	2 950
中段	历时(h)	114	114	115.2	110	108	105	96	96.1	64.5	64
合计	历时(h)	575.6	576	575.7	588	592	595.6	606	605.9	628	648

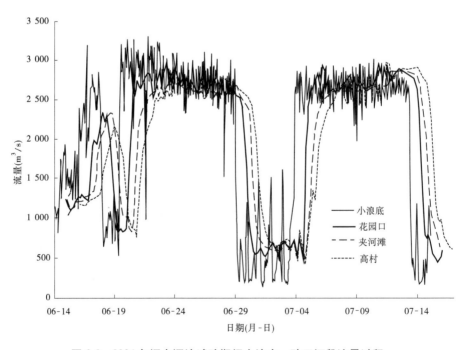

图 6-9　2004 年调水调沙试验期间小浪底—孙口河段流量过程

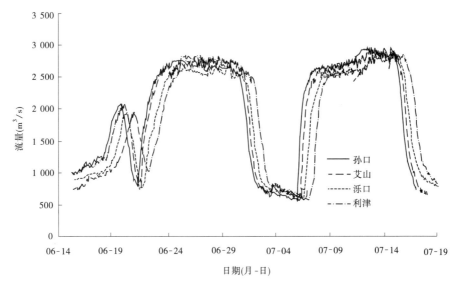

图 6-10 2004 年调水调沙试验期间孙口—利津河段流量过程

调水调沙试验期间进入下游的洪水过程为人工塑造,流量过程涨水和退水均较快,两个洪水过程流量基本都在 2 500 m³/s 以上。从流量过程变化情况看,小浪底水文站过程线受水库出流调节的影响,流量起伏变化频繁;经过河道调节,花园口站以下各站流量过程相对比较平稳。由于本次调水调沙试验期间下游各河段均未漫滩,洪水过程在下游的传播过程中峰型变化较小,下游各站流量过程线很相似,基本为两个矩形波。

两个阶段的洪水过程在下游演进过程中呈现出一定程度的坦化,见表 6-7。第一阶段小浪底洪水历时 231.9 h,至花园口洪水历时延长至 242 h,洪水历时增加 10.1 h,最大流量由小浪底站的 3 300 m³/s 削减至 2 970 m³/s,削减比例为 10%;至利津洪水历时延长至 290 h,洪水历时增加 58.1 h,最大流量由小浪底站的 3 300 m³/s 削减至 2 730 m³/s,削减比例为 17.3%。第二阶段小浪底洪水历时 228.6 h,至花园口洪水历时延长至 236 h,洪水历时增加 7.4 h,最大流量由小浪底站的 3 020 m³/s 削减至 2 950 m³/s,削减比例为 2%;至利津站洪水历时延长至 288 h,洪水历时增加 59.4 h,最大流量由小浪底站的 3 020 m³/s 削减至 2 950 m³/s,削减比例为 2%。调水调沙试验期间整个洪水过程历时由小浪底站的 575.7 h 延长至利津站的 648 h,洪水历时延长 72.3 h。

本次调水调沙试验期间下游河道没有漫滩,洪水在主槽内演进。由上述分析可看出,洪水过程峰形沿程变化不大,坦化程度较低。

二、流量过程传播时间

表 6-8 为本次调水调沙试验两个洪水过程最大洪峰流量传播时间统计表。第一阶段,小浪底水文站最大流量 3 300 m³/s,出现时间为 2004 年 6 月 21 日 16 时 30 分,花园口站 6 月 23 日 6 时最大流量 2 970 m³/s,小浪底—花园口河段洪水传播时间 37.5 h,利津站 6 月 25 日 20 时 36 分最大流量 2 730 m³/s,小浪底站—利津站洪水传播时间 100.1 h;第二阶段,小浪底站最大流量 3 020 m³/s,出现时间为 2004 年 7 月 10 日 9 时 6 分,花

表 6-8　2004 年调水调沙试验期间下游河道最大流量传播时间统计

站名	第一阶段			第二阶段		
	最大流量 (m^3/s)	相应时间 (月-日 T 时:分)	传播时间 (h)	最大流量 (m^3/s)	相应时间 (月-日 T 时:分)	传播时间 (h)
小浪底	3 300	06-21T16:30		3 020	07-10T09:05	
花园口	2 970	06-23T06:00	37.5	2 950	07-10T18:00	8.9
夹河滩	2 830	06-23T16:00	10.0	2 900	07-11T04:00	10.0
高村	2 800	06-24T00:30	8.5	2 970	07-11T07:42	3.7
孙口	2 760	06-24T12:00	11.5	2 960	07-12T09:36	25.9
艾山	2 830	06-25T02:00	14.0	2 950	07-12T16:00	6.4
泺口	2 730 (2 760)	06-25T09:20 (06-27T17:12)	7.3	2 950	07-12T22:12	6.2
利津	2 730	06-25T20:36	11.3	2 950	07-13T20:06	21.9

园口站 7 月 10 日 18 时最大流量 2 950 m^3/s,小浪底—花园口河段洪水传播时间 8.9 h,利津站 7 月 13 日 20 时 6 分最大流量 2 950 m^3/s,小浪底站—利津站洪水传播时间 83 h,较第一阶段传播时间缩短 17.1 h。从整个下游河道来看,两个阶段最大流量传播时间相差不大。

从各河段传播时间看,第一阶段,小浪底—高村河段最大流量传播时间 56 h,高村—孙口河段最大流量传播时间 11.5 h,艾山—利津河段最大流量传播时间 18.6 h;第二阶段,小浪底—高村河段最大流量传播时间 22.6 h,较第一阶段缩短 33.4 h,高村—孙口河段最大流量传播时间 25.9 h,较第一阶段延长 14.4 h,艾山—利津河段最大流量传播时间 28.1 h,较第一阶段延长 9.5 h。

表 6-9 是 2002~2004 年黄河三次调水调沙试验下游河道最大流量传播时间对比情况。2002 年调水调沙试验期间小浪底站、花园口站最大流量分别为 3 480 m^3/s、3 170 m^3/s;2003 年调水调沙试验期间小浪底站、花园口站最大流量分别为 2 380 m^3/s、2 720 m^3/s;2004 年调水调沙试验期间小浪底站两个阶段最大流量分别为 3 300 m^3/s、3 020 m^3/s,花园口站两个阶段最大流量分别为 2 970 m^3/s、2 950 m^3/s。2004 年调水调沙试验小浪底站最大流量与 2002 年基本接近,三次调水调沙试验花园口站最大流量相差不大。从传播时间看,由于下游河道经过 2002 年、2003 年的冲刷,河道行洪能力有所提高,且 2004 年调水调沙试验下游河道未发生漫滩现象,本次调水调沙试验下游河道最大流量传播时间较前两次调水调沙试验传播时间短,尤其是较 2002 年调水调沙试验下游河道最大流量传播时间大大缩短。2004 年调水调沙试验第二阶段小浪底—花园口河段传播时间较 2003 年调水调沙试验的洪水传播时间缩短 12.1 h,较 2002 年调水调沙试验的洪水传播时间缩短 32.2 h。2004 年调水调沙试验两个阶段小浪底—利津河段洪水传播时间较 2002 年调水调沙试验洪水传播时间分别缩短 254 h 和 271.1 h。

表 6-9　三次调水调沙试验下游河道最大流量传播时间对比　　　　（单位:h）

项　目		河　段							
		小—花	花—夹	夹—高	高—孙	孙—艾	艾—泺	泺—利	小—利
2002 年调水调沙试验		41.1	11	114.2	146.5	12.7	15	13.6	354.1
2003 年调水调沙试验		21	16	20	20	7	44.7	22.8	143
2004 年调水调沙试验	第一阶段	37.5	10.0	8.5	11.5	14.0	7.3	11.3	100.1
	第二阶段	8.9	10.0	3.7	25.9	6.4	6.2	21.9	83.0

注:小、花、夹、高、孙、艾、泺、利分别指小浪底、花园口、夹河滩、高村、孙口、艾山、泺口、利津,下同。

三、含沙量过程沿程变化

与流量过程基本相应,下游各站含沙量过程也明显分为两个阶段,存在两个沙峰,见图 6-11 和图 6-12。各站含沙量特征值见表 6-10。

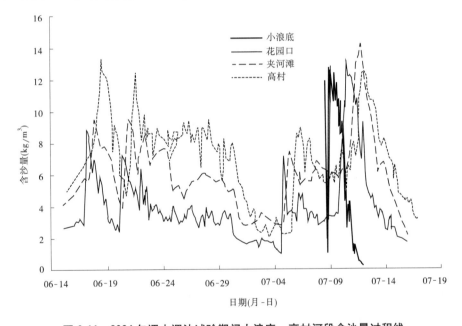

图 6-11　2004 年调水调沙试验期间小浪底—高村河段含沙量过程线

经过河道冲刷,下游各站含沙量沿程恢复。第一阶段,小浪底水库清水下泄,花园口站最大含沙量 7.22 kg/m³、平均含沙量 3.88 kg/m³,高村站最大含沙量 12.60 kg/m³、平均含沙量 8.14 kg/m³,利津站最大含沙量 24.00 kg/m³、平均含沙量 15.92 kg/m³,利津站以上河段平均含沙量恢复 15.92 kg/m³;第二阶段,小浪底水库有异重流排沙,小浪底站最大含沙量 12.80 kg/m³、平均含沙量 2.01 kg/m³,花园口站最大含沙量 13.10 kg/m³、平均含沙量 5.27 kg/m³,高村站最大含沙量 12.60 kg/m³、平均含沙量 7.54 kg/m³,利津站最大含沙量 23.10 kg/m³、平均含沙量 13.85 kg/m³,利津站以上河段平均含沙量恢复 11.84 kg/m³,稍小于第一阶段平均含沙量恢复值。第一阶段,花园口站以上及艾山—利津河段含沙量恢复相对较多;第二阶段,花园口站以上、高村—孙口及艾山—利津河段含

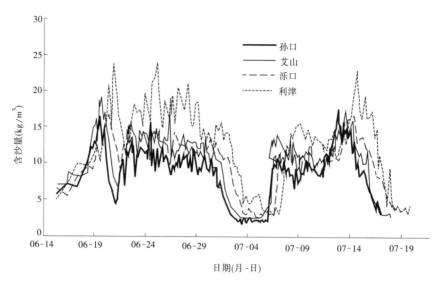

图 6-12　2004 年调水调沙试验期间孙口—利津河段含沙量过程线

沙量恢复相对较多。整个调水调沙试验期间,下游利津站含沙量达到 14.52 kg/m³,比下游来水含沙量(小黑武)增加 13.6 kg/m³。

表 6-10　2004 年调水调沙试验期间下游各站含沙量特征值　　　（单位:kg/m³）

站名	第一阶段		第二阶段		中间段	全过程
	最大含沙量	平均含沙量	最大含沙量	平均含沙量	平均含沙量	平均含沙量
黑石关	0	0	0	0	0.43	0.13
武陟	0	0	0.08	0.02	0.20	0.06
小浪底	0	0	12.80	2.01	0	0.94
小黑武		0		1.97	0.05	0.92
花园口	7.22	3.88	13.10	5.27	1.76	4.43
夹河滩	9.46	6.22	14.20	7.28	3.22	6.56
高村	12.60	8.14	12.60	7.54	2.88	7.55
孙口	15.80	10.16	17.80	10.36	2.59	9.88
艾山	16.70	12.15	17.50	11.57	3.20	11.41
泺口	15.20	12.26	16.80	11.71	3.18	11.69
利津	24.00	15.92	23.10	13.85	4.94	14.52

四、调水调沙试验期间下游来水来沙情况

2004 年调水调沙试验期间,下游各站水沙量统计见表 6-11。第一阶段,小浪底水库清水下泄,小浪底站水量 23.01 亿 m³,沙量为 0,伊洛河和沁河同期来水 0.24 亿 m³,小黑武水量 23.25 亿 m³,沙量为 0;第二阶段,小浪底水库异重流排沙,小浪底站水量 21.72 亿 m³,沙量 0.044 亿 t,平均含沙量 2.01 kg/m³,伊洛河和沁河同期来水 0.54 亿 m³,小黑武水量 22.26 亿 m³,沙量 0.044 亿 t,平均含沙量 1.97 kg/m³;中间段,小浪底站水量 2.06

表 6-11　2004 年黄河调水调沙试验下游各站水沙量统计

项目		黑石关	武陟	小浪底	小黑武	花园口	夹河滩	高村	孙口	艾山	泺口	利津
第一阶段	历时(h)	232.5	234	231.9		242	244	248	258	258	292	296
	水量(亿 m³)	0.15	0.09	23.01	23.25	22.48	22.04	21.66	22.51	22.93	22.67	22.99
	沙量(亿 t)	0	0	0	0	0.087	0.137	0.176	0.229	0.278	0.278	0.366
	含沙量(kg/m³)	0	0	0	0	3.88	6.22	8.14	10.16	12.15	12.26	15.92
第二阶段	历时(h)	229.1	228	228.6		236	240	242.6	252.0	251.8	271.5	288
	水量(亿 m³)	0.39	0.15	21.72	22.26	22.62	22.37	22.50	23.10	22.73	22.72	23.40
	沙量(亿 t)	0	0.000 003	0.044	0.044	0.119	0.163	0.170	0.239	0.263	0.266	0.324
	含沙量(kg/m³)	0	0.02	2.01	1.97	5.27	7.28	7.54	10.36	11.57	11.71	13.85
中间段	历时(h)	114	114	115.2		110	108	105	96	96.1	64.5	64
	水量(亿 m³)	0.23	0.08	2.06	2.37	2.47	2.54	2.66	2.36	2.48	1.57	1.62
	沙量(亿 t)	0.000 1	0.000 02	0	0	0.004	0.008	0.008	0.006	0.008	0.005	0.008
	含沙量(kg/m³)	0.43	0.20	0	0.05	1.76	3.22	2.88	2.59	3.20	3.18	4.94
全过程	历时(h)	575.6	576	575.7		588	592	595.6	606	605.9	638	648
	水量(亿 m³)	0.77	0.32	46.79	47.88	47.57	46.95	46.82	47.97	48.14	46.96	48.01
	沙量(亿 t)	0.000 1	0.000 019	0.044	0.044	0.211	0.308	0.354	0.474	0.548	0.549	0.697
	含沙量(kg/m³)	0.13	0.06	0.94	0.92	4.43	6.56	7.55	9.89	11.41	11.69	14.52

亿 m³,沙量为 0,伊洛河和沁河同期来水 0.31 亿 m³,小黑武水量共 2.38 亿 m³。

整个调水调沙试验过程期间,小浪底站过程历时 575.7 h,水量 46.79 亿 m³,沙量 0.044 亿 t,平均含沙量 0.94 kg/m³。伊洛河和沁河同期来水 1.09 亿 m³,小黑武水量 47.88 亿 m³,沙量 0.044 亿 t,平均含沙量 0.92 kg/m³。利津站过程历时 648 h,水量 48.01 亿 m³,沙量 0.697 亿 t,平均含沙量 14.52 kg/m³,含沙量沿程恢复 13.6 kg/m³。

五、引水引沙情况

根据下游各河段实测逐日引水引沙资料统计,2004 年调水调沙试验期间全下游实测引水量 2.30 亿 m³,引水量主要集中在花园口站以上、花园口—夹河滩和高村—孙口河段,分别占总引水量的 21.2%、41.4% 和 21.1%。实测引沙量为 117.69 万 t,见表 6-12。

表 6-12 2004 年调水调沙试验期间下游各河段引水引沙统计

河 段	引水量(万 m³)	引沙量(万 t)
小浪底—花园口	4 878.0	26.00
花园口—夹河滩	9 549.0	34.49
夹河滩—高村	2 005.0	8.10
高村—孙口	4 872.5	27.26
孙口—艾山	0	0
艾山—泺口	332.9	4.38
泺口—利津	1 412.2	17.47
合 计	23 049.6	117.69

六、水量平衡情况

根据日过程等历时统计,调水调沙试验期间(6 月 19 日～7 月 13 日)小黑武水量 48.59 亿 m³,利津站水量 46.24 亿 m³,见表 6-13。下游河道引水量 2.30 亿 m³,不考虑河道沿程蒸发及渗漏损失,不平衡水量为 0.05 亿 m³。

表 6-13 2004 年黄河调水调沙试验期间下游各站日过程水沙量

站名	历时(天)	水量(亿 m³)	沙量(亿 t)	含沙量（kg/m³）
黑石关	24	0.81	0.000 098	0.12
武陟	24	0.33	0.000 019	0.06
小浪底	24	47.44	0.044	0.92
小黑武	24	48.59	0.044	0.90
花园口	24	47.92	0.211	4.40
夹河滩	24	47.15	0.311	6.59
高村	24	46.98	0.355	7.55
孙口	24	47.35	0.468	9.88
艾山	24	47.70	0.544	11.40
泺口	24	45.97	0.543	11.81
利津	24	46.24	0.680	14.71

第三节　库区泥沙级配变化

一、出入库悬移质泥沙粒径变化

三门峡水库下泄清水期间,在小浪底水库库尾淤积三角洲附近开展了扰沙试验,以达到清水冲刷库尾淤积三角洲的目的。河堤水文站监测到的最大含沙量为 121 kg/m³,平均中值粒径为 0.021～0.043 mm,其中粒径大于 0.025 mm 的中粗沙体积百分数为 47%～77.3%。首次异重流消失于坝前 HH5—HH4 断面之间,没有泥沙排出小浪底水库。

7 月 7 日 6 时以后,三门峡水库增加了泄流量,三门峡水文站 7 日 6 时 42 分～8 日 24 时最大流量 5 130 m³/s,平均流量 1 870 m³/s,见表 6-14。同时开始排泄泥沙,同期最大含沙量为 446 kg/m³(7 月 7 日 20 时 18 分),平均含沙量 123 kg/m³,泥沙平均中值粒径为 0.029～0.041 mm,其中粒径大于 0.025 mm 的中粗沙体积百分数为 55.1%～69.3%。河堤水文站监测到的最大含沙量为 130 kg/m³,平均中值粒径为 0.011～0.040 mm,其中粒径大于 0.025 mm 的中粗沙体积百分数为 26.5%～74.6%。本次产生的异重流顺利到达坝前,挟带的部分泥沙排泄出库。小浪底水文站 8～13 日最大含沙量为 12.8 kg/m³,平均含沙量为 3.82 kg/m³,泥沙平均中值粒径为 0.006 mm,其中粒径大于 0.025 mm 的中粗沙体积百分数约为 11.1%,充分体现了小浪底水库"淤粗排细"的泥沙调度方式。

表 6-14　调水调沙试验期间进出库水沙条件

站名	时段 (月-日 T 时:分)	流量(m³/s)		水量 (亿 m³)	含沙量(kg/m³)		沙量 (亿 t)	泥沙级配	
		最大	平均		最大	平均		d_{50} (mm)	0.025 mm 以下粒径 体积百分比 (%)
三门峡	07-05T12:30～ 07-07T06:42	2 780	1 860	2.850	0	0	0	0	
	07-07T06:42～ 07-08T24:00	5 130	1 870	2.756	446	123	0.338 4	0.029～0.041	30.7～44.9
小浪底	07-05～07-07	2 780	2 630	6.817	0	0	0		
	07-08～07-13	2 940	2 660	11.51	12.8	3.82	0.044	0.006	88.9
河堤	07-05T18:30～ 07-07T12:42				121			0.021～0.043	22.7～53.0
	07-07T12:42～ 07-09T06:00				130			0.011～0.040	25.4～73.5

二、水库淤积物颗粒级配情况

库区干流淤积物粒径沿库长变化的基本规律为距坝越近断面平均中值粒径越小。本次调水调沙试验前库区淤积物粒径分布情况是:坝前断面—HH24 断面平均中值粒径在

0.004～0.010 mm 之间,HH24—HH38 断面在 0.010～0.020 mm 之间,至 HH44 断面平均中值粒径达到 0.050 mm,至 HH50 断面平均中值粒径达到 0.100 mm。库区支流淤积物粒径分布的基本规律和干流一样,距支流入黄河口越近,断面平均中值粒径数值越小。支流河口淤积物粒径分布的具体情况是:大峪河 0.004 mm,畛水河 0.008 mm,石井河 0.005 mm,东洋河 0.004 mm,西阳河 0.008 mm,沇西河 0.010 mm,亳清河 0.010 mm。

调水调沙试验后库区淤积物粒径分布情况是:坝前断面至 HH14 断面平均中值粒径在 0.004～0.010 mm 之间,HH14—HH26 断面在 0.010～0.020 mm 之间,至 HH30 断面平均中值粒径达到 0.048 mm,HH32、HH34 断面平均中值粒径大于 0.070 mm,HH36 断面平均中值粒径又减小至 0.044 mm。库区支流淤积物粒径分布的基本规律为距河口越近,断面平均中值粒径数值越小。支流河口淤积物粒径分布的具体情况是:大峪河 0.010 mm,畛水河 0.006 mm,石井河 0.015 mm,东洋河 0.007 mm,西阳河 0.008 mm,沇西河 0.036 mm,亳清河 0.016 mm。

对比分析调水调沙试验前后库区淤积物粒径分布情况显示,粗颗粒泥沙明显地向坝前推移,库区各支流河口淤积物粒径也有不同程度的粗化现象。一般情况下,异重流形成之初,在潜入区粗颗粒泥沙大量落淤,稳定运行过程中泥沙组成也相对稳定。事实上,2004 年调水调沙试验期间库区淤积物发生了复杂的变化。首先,在库尾人工扰沙前提下,人工塑造的第一次异重流使 2003 年形成的淤积三角洲冲刷下移,本次异重流消失于 HH5 断面下游附近,有利于异重流挟带泥沙的落淤。然而,由于第二次异重流接踵而至,且势头更猛,消失于 HH5 断面下游附近的第一次异重流并没有分选落淤即被推至坝前。人工塑造的第二次异重流使 2003 年形成的淤积三角洲继续冲刷下移,至距坝约 45 km 的 HH27 断面附近趋于稳定,至距坝约 20 km 的 HH13 断面附近则基本没有了挟带而至的粗颗粒泥沙。由于三门峡水库的排沙运用,异重流挟带的泥沙颗粒较第一次过程偏细。调水调沙试验前后小浪底库区干流淤积物中值粒径沿程分布情况见图 6-13。

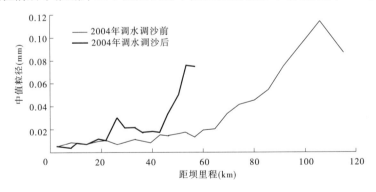

图 6-13　2004 年调水调沙前后小浪底库区淤积物中值粒径沿程分布

三、小浪底水库异重流层泥沙粒径变化

2004 年小浪底水库实测异重流最大运行里程约 54 km,部分断面异重流特征值见表 6-15。表中显示,第一次异重流过程,由于泥沙主要来自库尾淤积三角洲,因而在 HH29 和 HH17 等近库尾断面,垂线平均泥沙中值粒径虽有分选细化现象,但仍保持了相

对较粗的粒径级,HH17—HH13 断面之间由于断面开阔,分选细化效果明显,HH13 断面以下稳定在 0.010 mm 以下,几乎不再分选细化。第二次异重流过程,泥沙来自三门峡水库和库尾淤积三角洲,垂线平均泥沙中值粒径在 HH17 断面以下稳定在 0.010 mm 以下,并顺利挟带至坝前。

表 6-15　小浪底水库 2004 年异重流实测特征值

| 时间 | 断面号 | 流速(m/s) | | 含沙量(kg/m³) | | 厚度(m) | 垂线平均 d_{50} (mm) | 小于 0.025 mm 粒径体积百分比(%) |
		最大	平均	最大	平均			
7 月 5~7 日	HH29	2.24	0.046~1.110	822	4.76~199	1.00~9.40	0.010~0.024	51.8~79.2
	HH17	1.05	0.130~0.500	456	23.8~229	0.38~4.39	0.007~0.020	61.5~89.0
	HH13	0.78	0.160~0.480	540	9.44~181	1.04~2.35	0.007~0.010	78.8~90.8
	HH9	0.48	0.330	247	55.5	3.28	0.009	79.4
	HH5	0.22	0.040~0.160	556	45.2~136	0.95~1.29	0.006~0.008	78.9~92.4
	HH1							
7 月 8~13 日	HH29	2.49	0.310~1.220	750	11.3~164	1.33~11.20	0.007~0.016	71.9~88.0
	HH17	1.94	0.071~0.880	161	15.6~65.8	1.27~8.60	0.004~0.009	84.4~94.6
	HH13	0.80	0.059~0.440	695	5.24~256	0.45~8.80	0.006~0.010	84.0~91.5
	HH9	0.68	0.019~0.440	584	3.0~238	0.35~3.49	0.004~0.011	71.9~95.1
	HH5	0.73	0.150~0.360	459	57.3~170	0.71~3.85	0.005~0.010	77.3~93.4
	HH1	0.74	0.097~0.570	742	5.97~126	0.29~2.98	0.005~0.009	90.1~91.2

第四节　黄河下游泥沙级配变化

一、悬移质泥沙级配变化

本次调水调沙试验期间,小浪底水库只在第二阶段 7 月 8~10 日有少量排沙,出库泥沙较细,平均中值粒径 0.007 mm(激光粒度分析仪法,下同)。调水调沙试验期间下游各站悬移质平均中值粒径沿程变化情况见图 6-14~图 6-16。

从各站悬移质平均中值粒径沿程变化看,第一阶段、第二阶段及全过程平均中值粒径沿程变化趋势基本相同。花园口站以上河段经过沿程冲刷,悬移质粒径明显粗化,平均中值粒径明显增大,第一阶段小浪底水库下泄清水,经过沿程冲刷,至花园口站悬移质平均中值粒径为 0.044 mm;第二阶段小浪底站悬移质平均中值粒径为 0.007 mm,至花园口站悬移质平均中值粒径为 0.037 mm;全过程悬移质平均中值粒径由小浪底站的 0.007 mm 增大至花园口站的 0.042 mm。花园口—高村河段,悬移质平均中值粒径有所减小,第一阶段平均中值粒径从花园口站的 0.044 mm 减小到 0.034 mm;第二阶段平均中值粒径从花园口站的 0.037 mm 减小到 0.023 mm;全过程平均中值粒径从花园口站的 0.042 mm 减小到 0.028 mm。高村—艾山河段悬移质平均中值粒径是沿程增加的,第一阶段平均中值粒径从高村站的 0.034 mm 增加到艾山站的 0.039 mm,增加不明显;第二阶段平

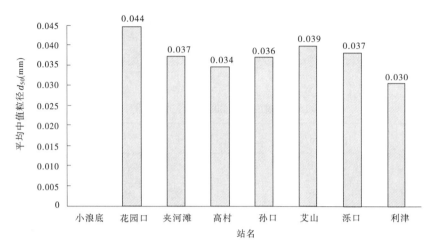

图 6-14　调水调沙试验期间悬移质平均中值粒径沿程变化(第一阶段)

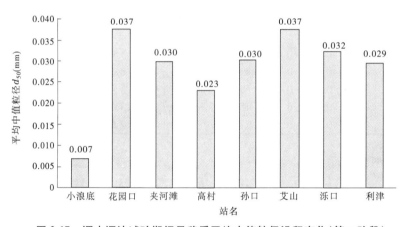

图 6-15　调水调沙试验期间悬移质平均中值粒径沿程变化(第二阶段)

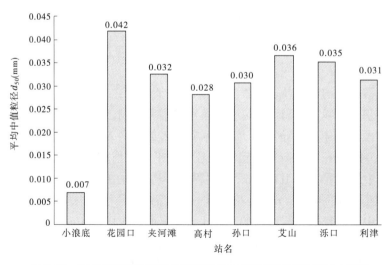

图 6-16　调水调沙试验期间悬移质平均中值粒径沿程变化(全过程)

均中值粒径从高村站的 0.023 mm 增加到 0.037 mm,增加幅度较大;全过程平均中值粒径从高村站的 0.028 mm 增加到 0.036 mm。艾山—利津河段,悬移质平均中值粒径沿程减小,第一阶段平均中值粒径从艾山站的 0.039 mm 减小到 0.030 mm;第二阶段平均中值粒径从艾山站的 0.037 mm 减小到 0.029 mm;全过程平均中值粒径从艾山站的 0.036 mm 减小到 0.031 mm。

　　黄河下游从小浪底至利津河段来讲,由于小浪底站水比较清,沿程发生冲刷,花园口站的悬移质粒径粗化是十分明显的,整个调水调沙试验过程期间,不论是第一阶段还是第二阶段都是沿程增加很快,整个试验期间悬移质平均中值粒径由小浪底站的 0.007 mm 增加到花园口站的 0.042 mm。而花园口—高村河段,悬移质平均中值粒径变化与小浪底—花园口河段相反,是沿程减小的。高村—艾山河段,平均中值粒径再次由小变大,到艾山站再次出现最大值。艾山—利津河段,平均中值粒径再次由大变小(见图 6-14~图 6-16)。

　　表 6-16 为下游各站悬移质粗泥沙($d>0.05$ mm)所占百分数沿程变化,与平均中值粒径沿程变化情况基本一致。从小浪底至利津河段来讲,悬移质粗泥沙所占百分数的变化与图 6-14~图 6-16 中泥沙平均中值粒径的变化趋势是一致的,即在整个调水调沙试验过程中,悬移质粗泥沙所占百分数由小浪底站的 4.1% 增加到花园口站的 42.9%;由花园口站的 42.9% 减小到高村站的 28.5%;从高村站到艾山站,又由高村站的 28.5% 增加到艾山站的 37.8%;而后又减少到利津站的 31.0%。悬移质泥沙组成粗细交替变化。

表 6-16　调水调沙试验期间悬移质粗泥沙所占百分数(%)

站名	第一阶段	第二阶段	全过程
小浪底		4.1	4.1
花园口	44.2	40.4	42.9
夹河滩	37.3	33.3	34.4
高村	32.8	24.4	28.5
孙口	35.0	32.1	30.9
艾山	40.4	38.5	37.8
泺口	38.4	34.4	36.0
利津	29.3	28.6	31.0

　　从图 6-17 黄河下游各站逐日平均悬移质泥沙中值粒径变化过程看,小浪底站中值粒径变化不大,从 7 月 8 日的 0.009 mm 减小到 7 月 10 日的 0.005 mm。第一阶段,花园口站以下各站日平均悬移质泥沙中值粒径变化起伏相对较小,花园口、夹河滩、高村、孙口、艾山、泺口和利津站日平均悬移质泥沙中值粒径变化范围分别为 0.038~0.048 mm、0.034~0.043 mm、0.029~0.040 mm、0.029~0.040 mm、0.033~0.043 mm、0.033~0.041 mm 和 0.021~0.028 mm;第二阶段,花园口站以下各站日平均悬移质泥沙中值粒径变化起伏相对较大,花园口、夹河滩、高村、孙口、艾山、泺口和利津等站日平均悬移质泥沙中值粒径变化范围分别为 0.008~0.054 mm、0.011~0.043 mm、0.010~0.034 mm、

$0.017 \sim 0.046$ mm、$0.022 \sim 0.045$ mm、$0.015 \sim 0.041$ mm 和 $0.013 \sim 0.054$ mm。

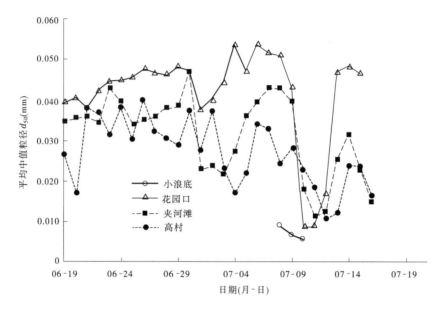

图 6-17(1)　调水调沙试验期间悬移质平均中值粒径变化过程

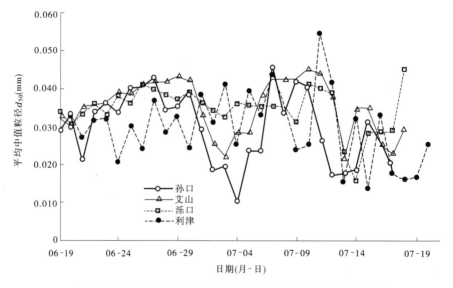

图 6-17(2)　调水调沙试验期间悬移质平均中值粒径变化过程

二、河床质组成变化

根据 2004 年 4 月和 7 月实测床沙级配资料,下游河道主槽床沙中值粒径 D_{50} 和 $D >$ 0.05 mm 泥沙体积百分数沿程变化见图 6-18 和图 6-19。可以看出,主槽床沙中值粒径 D_{50} 和 $D > 0.05$ mm 泥沙体积百分数沿程变化总体趋势是一致的,调水调沙试验之后床沙组成总体上变粗。

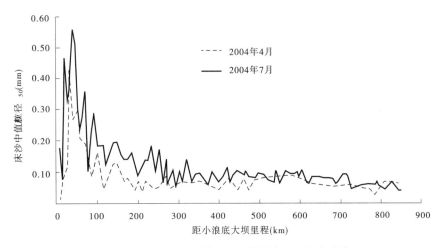

图 6-18 下游各站主槽床沙中值粒径 D_{50} 沿程变化

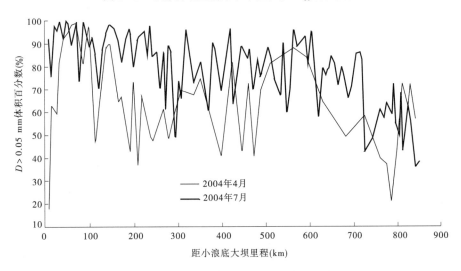

图 6-19 下游河道主槽床沙 $D > 0.05$ mm 体积百分数沿程变化

统计下游河道各河段主槽床沙中值粒径 D_{50} 和 $D > 0.05$ mm 泥沙体积百分数见表 6-17。从表中看出,调水调沙试验之后,下游河道各河段主槽床沙中值粒径变大,$D >$

表 6-17 下游河道各河段主槽河床质特征值(激光法)

河段	平均中值粒径 D_{50} (mm)		$D > 0.05$ mm 体积百分数(%)	
	2004 年 4 月	2004 年 7 月	2004 年 4 月	2004 年 7 月
花园口以上	0.163	0.272	77.6	90.8
花园口—夹河滩	0.073	0.150	63.0	91.3
夹河滩—高村	0.058	0.108	55.5	78.0
高村—孙口	0.064	0.088	66.7	78.3
孙口—艾山	0.063	0.089	61.8	78.5
艾山—泺口	0.080	0.088	80.8	82.3
泺口—利津	0.059	0.076	58.8	74.2
利津以下	0.051	0.054	51.3	55.3

0.05 mm 泥沙体积百分数增加,其中高村以上各河段床沙粗化明显,中值粒径 D_{50} 由 0.058~0.106 mm 增加到 0.108~0.272 mm, $D>0.05$ mm 泥沙体积百分数由 55.5%~77.6% 增加到 78.0%~90.8%。

第五节　小　结

(1)黄河中游洪水经三门峡水库的调节后,三门峡站于 6 月 19 日~7 月 3 日 20 时为持续的小洪水过程。三门峡水库在调水调沙试验后期有一次明显的泄流、排沙过程,三门峡站 7 月 7 日最大洪峰流量 5 130 m^3/s,最大含沙量为 7 月 7 日的 446 kg/m^3。6 月 19 日~7 月 13 日径流量为 10.88 亿 m^3,输沙量为 0.431 9 亿 t。

(2)6 月 19 日~7 月 13 日,小浪底水库下泄水量 46.8 亿 m^3,沙量 440 万 t。2004 年 6 月 19 日小浪底坝上水位为 249 m,调水调沙试验结束后水位落至 224.56 m。

(3)下游河道各河段传播时间,第一阶段,小浪底—高村河段最大流量传播时间为 56 h,高村—孙口河段最大流量传播时间为 11.5 h,艾山—利津河段最大流量传播时间为 18.6 h;第二阶段,小浪底—高村河段最大流量传播时间 22.6 h,较第一阶段缩短 33.4 h,高村—孙口河段最大流量传播时间 25.9 h,较第一阶段延长 14.4 h,艾山—利津河段最大流量传播时间 28.1 h,较第一阶段延长 9.5 h。

2004 年调水调沙试验小浪底最大流量与 2002 年基本接近,三次调水调沙试验花园口站最大流量相差不大。由于下游河道经过 2002 年、2003 年的冲刷,河道行洪能力有所提高,且 2004 年调水调沙试验下游河道未发生漫滩,所以下游河道最大流量传播时间较前两次调水调沙试验传播时间短,尤其是较 2002 年调水调沙试验下游河道最大流量传播时间大大缩短。2004 年调水调沙试验第二阶段小浪底—花园口河段传播时间较 2003 年调水调沙试验下游河道传播时间缩短 12.1 h,较 2002 年调水调沙试验下游河道传播时间缩短 32.2 h。2004 年调水调沙试验两个阶段小浪底—利津河段传播时间较 2002 年调水调沙试验下游河道传播时间分别缩短 254 h 和 271.1 h。

(4)下游各站含沙量过程也明显分为两个阶段,存在两个沙峰。第一阶段,小浪底水库清水下泄,出库含沙量为 0;第二阶段,小浪底水库有少量排沙,小浪底水文站平均含沙量 2.01 kg/m^3、最大含沙量 12.8 kg/m^3。

(5)调水调沙试验期间,小浪底站过程历时 575.7 h,水量 46.79 亿 m^3,沙量 0.044 亿 t,平均含沙量 0.94 kg/m^3。伊洛河和沁河同期来水 1.09 亿 m^3,小黑武水量 47.88 亿 m^3,沙量 0.044 亿 t,平均含沙量 0.92 kg/m^3。利津站过程历时 648 h,水量 48.01 亿 m^3,沙量 0.697 亿 t,平均含沙量 14.52 kg/m^3,含沙量沿程恢复 13.6 kg/m^3。

(6)引水引沙资料统计,2004 年调水调沙试验期间全下游实测引水量 2.30 亿 m^3,引水量主要集中在花园口站以上、花园口—夹河滩和高村—孙口河段,分别占总引水量的 21.2%、41.4% 和 21.1%。实测引沙量 117.69 万 t。

(7)小浪底水库只在第二阶段 7 月 8~10 日有少量排沙,出库泥沙较细,平均中值粒径 0.007 mm。从各站悬移质中值粒径沿程变化看,第一阶段、第二阶段及全过程平均中值粒径沿程变化趋势基本相同。

花园口站以上河段经过沿程冲刷,悬移质粒径明显粗化,中值粒径明显增大,第一阶段小浪底水库下泄清水,经过沿程冲刷,至花园口站悬移质平均中值粒径为 0.044 mm;第二阶段小浪底站悬移质平均中值粒径 0.007 mm,至花园口站悬移质平均中值粒径为0.037 mm;全过程悬移质平均中值粒径由小浪底站的 0.007 mm 增大至花园口站的0.042 mm。

(8)黄河下游花园口—高村河段,悬移质全过程的平均中值粒径从花园口站的0.042 mm 减小到高村站的 0.028 mm。高村—艾山河段,悬移质平均中值粒径是沿程增加的,全过程的平均中值粒径从高村站的 0.028 mm 增加到艾山站的 0.036 mm。艾山—利津河段,悬移质平均中值粒径沿程减小,全过程的平均中值粒径从艾山站的 0.036 mm 减小到利津站的 0.031 mm。

黄河下游小浪底—利津河段,由于沿程冲淤强度不同,悬移质粒径粗细的沿程变化是十分明显的。整个调水调沙试验过程期间,悬移质平均中值粒径小浪底站为 0.007 mm,花园口站为 0.042 mm,而利津站为 0.030 mm。下游各站悬移质中粗泥沙($d > 0.05$ mm)所占百分数的沿程变化与平均中值粒径的沿程变化情况一致。

下游河道主槽床沙中值粒径 D_{50} 和 $D > 0.05$ mm 泥沙体积百分数沿程变化趋势是一致的,调水调沙试验后床沙组成总体变粗。

从下游河道各河段主槽床沙中值粒径 D_{50} 和 $D > 0.05$ mm 泥沙体积百分数来看,调水调沙试验后,下游各河段主槽床沙的中值粒径变大,$D > 0.05$ mm 泥沙体积百分数也增加,其中高村站以上各河段床沙粗化明显,中值粒径 D_{50} 由 0.058~0.106 mm 增加到0.108~0.272 mm,$D > 0.05$ mm 泥沙体积百分数由 55.5%~77.6% 增加到 78.0%~90.8%。

第七章　小浪底水库人工异重流分析

第一节　概　况

2004年7月5日15时三门峡水库3个底孔和4台发电机组闸门同时开启,7月5日15时6分三门峡站流量达到1 960 m³/s,黄河第三次调水调沙试验人工塑造异重流第一阶段即利用三门峡水库清水下泄冲刷小浪底库区尾部三角洲泥沙正式开始。小浪底水库库尾段河谷狭窄、比降大,在水库回水末端以上HH40—HH55(距坝69~119 km)之间的库区淤积三角洲洲面相继发生沿程冲刷与溯源冲刷,从而使水流含沙量沿程增加。7月5日18时洪峰演进至HH35断面(距坝约58.51 km)附近,浑水开始下潜形成异重流,并且沿库底向前运行。受三门峡水库泄流影响,异重流强度减弱。7月7日9时左右三门峡水库进一步加大下泄流量,14时水流开始变浑,三门峡站含沙量2.19 kg/m³,流量4 910 m³/s,标志着人工塑造异重流第一阶段三门峡水库清水下泄阶段的结束,第二阶段三门峡水库泄空排沙阶段开始。7月7日异重流潜入点在HH30—HH31断面之间,7月8日上午潜入点回退到HH33—HH34之间,并于8日13时50分开始排出库外,见图7-1。

试验期间小浪底水库异重流的具体特征值见表7-1。潼关站、三门峡站、小浪底站流量、含沙量过程见图7-2、图7-3。万家寨下泄流量与三门峡水库对接过程见图7-4。异重流期间主要站日均水沙量见表7-2。

整个人工塑造异重流过程(7月5日15时~12日0时),三门峡水库下泄水量6.56亿m³,沙量0.43亿t,在人工塑造异重流第二阶段有一次明显的泄流、排沙过程,期间,三门峡站7月7日14时6分洪峰流量5 130 m³/s,最大含沙量为7月7日20时18分的446 kg/m³;小浪底水库坝前水位由233.5 m降至227.8 m,水库下泄水量14.58亿m³、沙量0.044亿t,平均含沙量3.02 kg/m³。

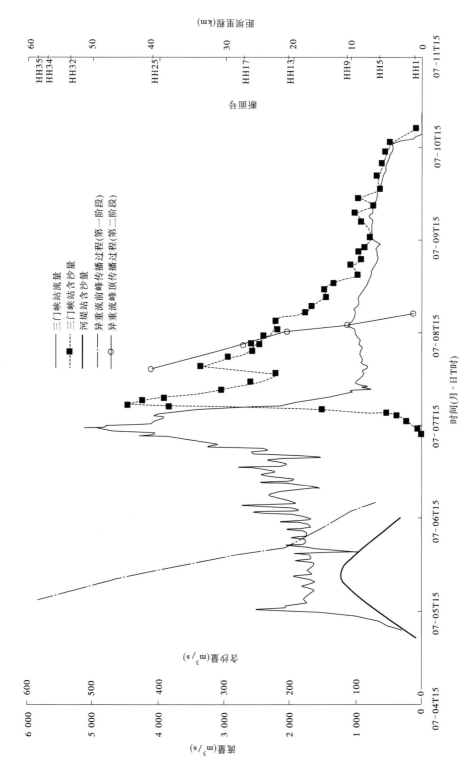

图 7-1　入库水沙条件及异重流传播过程

表 7-1　2004 年调水调沙试验期间小浪底水库异重流特征值

日期	断面	浑水厚度（m）	异重流垂线平均			异重流测点	
			流速（m/s）	含沙量（kg/m³）	中值粒径（mm）	最大流速（m/s）	最大含沙量（kg/m³）
7月5～6日	HH34	1.49～6.10	10.89～1.35	17.8～94.0	0.022～0.025	2.12	970
	HH33						
	HH29	1.00～7.40	0.046～0.97	7.37～122	0.010～0.012	1.42	822
	HH25						
	HH17	0.69～4.39	0.19～0.50	54.6～229	0.007～0.016	1.05	447
	HH13	1.04～2.35	0.16～0.48	9.44～181	0.007～0.009	0.78	540
	HH9	3.28	0.33	55.5	0.009	0.48	247
	HH5	0.95～1.29	0.04～0.16	45.2～136	0.008	0.22	556
	HH1						
	坝前						
7月7～8日	HH34						
	HH33	6.30～8.00	0.95～1.26	62.3～135	0.015～0.019	2.78	233
	HH29	3.14～11.2	0.36～1.11	4.76～199	0.009～0.021	2.49	750
	HH25	7.70～9.60	0.60～0.63	140～355	0.009～0.014	1.57	807
	HH17	0.38～8.60	0.13～0.88	15.6～33.3	0.007～0.009	1.94	456
	HH13	0.45～8.80	0.079～0.44	5.24～165	0.007～0.008	0.80	660
	HH9	0.99～2.89	0.047～0.64	76.3～183	0.007～0.010	0.89	584
	HH5	1.50	0.36	170	0.010	0.58	392
	HH1	1.68～2.49	0.33～0.57	64.0～122	0.006～0.007	0.74	514
	坝前						
7月9～10日	HH34						
	HH33	2.20～5.10	0.03～0.95	7.05～57.8	0.008～0.016	1.45	149
	HH29	1.33～6.70	0.40～0.72	11.3～106	0.007～0.009	1.12	672
	HH25						
	HH17	1.48～5.80	0.14～0.42	38.4～53.0	0.005～0.007	0.73	86.1
	HH13	0.74～4.28	0.059～0.43	38.6～256	0.006～0.008	0.64	695
	HH9	0.49～3.49	0.019～0.44	3.00～238	0.004～0.011	0.68	552
	HH5	1.48～3.85	0.17～0.36	57.3～77.6	0.005～0.010	0.73	459
	HH1	0.68～2.98	0.19～0.50	43.4～126	0.005～0.007	0.72	742
	坝前	1.48～3.42	0.15～0.42	44.9～65.1	0.005～0.006	0.82	503
7月11～12日	HH34						
	HH33						
	HH29						
	HH25						
	HH17	1.27～1.38	0.071～0.12	50.5～57.3	0.004～0.005	0.30	161
	HH13						
	HH9	0.35～1.19	0.034～0.13	8.16～92.9	0.004～0.006	0.22	428
	HH5	0.71～1.09	0.15～0.18	62.1～76.8	0.005	0.25	459
	HH1	0.35～0.59	0.12～0.13	5.97～77.4	0.004～0.006	0.21	516
	坝前						

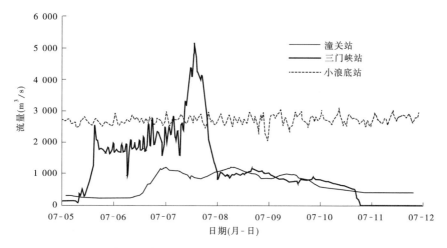

图 7-2 人工塑造异重流期间潼关、三门峡、小浪底站流量过程

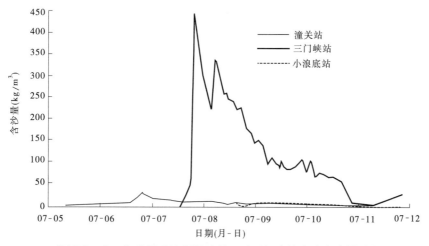

图 7-3 人工塑造异重流期间潼关、三门峡、小浪底站含沙量过程

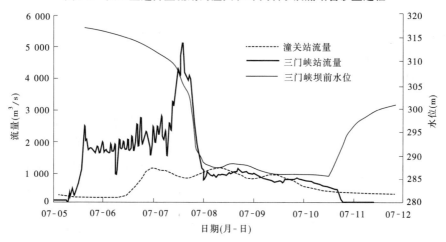

图 7-4 人工塑造异重流期间万家寨下泄流量与三门峡水库对接过程

表 7-2　人工塑造异重流期间主要站日均水沙量

日期 (月-日)	潼关站				三门峡站			
	流量 (m³/s)	输沙率 (t/s)	含沙量 (kg/m³)	水位 (m)	流量 (m³/s)	输沙率 (t/s)	含沙量 (kg/m³)	三门峡坝前水位 (m)
07-04	454	7.07	15.6	327.24	262	0	0	317.63
07-05	259	1.92	7.41	327.04	933	0	0	317.51
07-06	512	11.5	22.5	327.19	1 860	0	0	315.00
07-07	967	16.8	17.4	327.59	2 860	160	55.9	304.72
07-08	1 010	11.1	11.0	327.61	968	230	238	288.24
07-09	806	7.57	9.39	327.49	777	79.8	103	286.60
07-10	419	1.89	4.51	327.21	426	28.5	66.9	288.38
07-11	314	1.14	3.63	327.10	16.4	0.23	14.0	299.35
07-12	313	1.50	4.79	327.10	43.0	0.85	19.8	303.09
07-13	226	0.905	4.00	326.99	293	2.18	7.44	304.07
日期 (月-日)	河堤站				小浪底站			
	流量 (m³/s)	输沙率 (t/s)	含沙量 (kg/m³)	水位 (m)	流量 (m³/s)	输沙率 (t/s)	含沙量 (kg/m³)	三门峡坝前水位 (m)
07-04				235.48	2 630	0	0	235.20
07-05				234.60	2 630	0	0	233.70
07-06				233.77	2 650	0	0	233.12
07-07				234.40	2 670	0	0	233.05
07-08				234.13	2 620	4.69	1.79	233.04
07-09				233.37	2 680	29.7	11.1	231.94
07-10				232.66	2 640	14.1	5.35	230.67
07-11				231.61	2 690	1.93	0.719	229.18
07-12				231.28	2 670	0	0	226.67
07-13				231.78	1 350	0	0	224.84

第二节　传播过程

　　异重流传播速度取决于入库水沙条件及库区边界条件,较大的入库流量及含沙量可使异重流有较大的能量,边界条件复杂多变将使异重流产生较大的损失。

　　7月5日15时~6日15时为人工塑造异重流的第1天,三门峡水库下泄清水,小浪底水库日平均入库流量为1 770 m³/s,最大入库流量为2 540 m³/s(7月5日15时24分),入库含沙量为0。为保证异重流前锋传播过程的测验精度,在异重流前锋的演进阶段采用了在固定测验断面驻测的方法。图7-5为异重流前锋主流线流速、含沙量沿程传播过程。可以看出,HH34断面(距坝约57 km)7月5日18时10分观测到异重流,7月6日18时56分以后HH5断面(距坝约6.54 km)底部出现浑水层,且浑水层厚度逐渐增加,运行距离约50.46 km,运行时间约24 h 46 min,异重流前锋的平均传播速度约为0.56 m/s。由于此次形成异重流的沙主要来源于库区三角洲洲面的冲刷,该部分泥沙粒径较粗,加之向支流倒灌,异重流能量损失较大,异重流沿程衰减较快,在运行至HH13断面(距坝约20.39 km,畛水河上游约3 km)以后运行速度较慢,平均运行速度仅为0.33

m/s,且库区淤积三角洲洲面床沙粗化严重,冲刷恢复的含沙量迅速降低,不能为异重流的持续运行提供后续动力,异重流在运行至 HH5 断面下游后逐渐消失。异重流经过 HH17 断面时,最大厚度为 4.39 m,最大流速为 1.05 m/s,较其上游 29.8 km 处水面宽阔的 HH34 断面最大流速的衰减幅度为 28%。而向下进入扩散的 HH13 断面,虽然距离 HH17 断面仅为 6.8 km,最大流速的衰减幅度仍达 26%。显然,异重流通过束窄的"瓶颈"库段再进入扩散段时,能量损失较为严重。异重流在各河段的传播过程特征值见表 7-3。

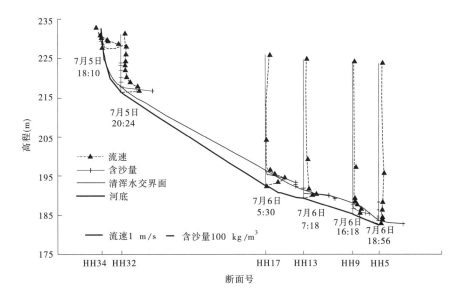

图 7-5　异重流前锋沿程传播过程(第一阶段)

表 7-3　人工塑造异重流前锋(第一阶段)沿程传播过程特征值

断面	距坝里程 (km)	测验时间 (月-日 T 时:分)	最大流速 (m/s)	平均流速 (m/s)	垂线平均 中值粒径 (mm)	异重流厚度 (m)	水深 (m)
HH34	57.00	07-05T18:10	1.46	0.89	0.024	1.49	5.7
HH32	53.44	07-05T20:24	0.98	0.78	0.015	2.16	16.7
HH17	27.19	07-06T05:30	1.05	0.50	0.016	4.39	41.0
HH13	20.39	07-06T07:18	0.78	0.48	0.009	2.35	44.0
HH9	11.42	07-06T16:18	0.48	0.33	0.009	3.28	52.6
HH5	6.54	07-06T18:56	0.08	0.04	0.006	1.29	64.6

　　在人工塑造异重流的第二阶段进行了异重流峰顶跟踪测验,取异重流平均流速最大时作为异重流峰顶。峰顶时刻异重流处于增强阶段,选取各断面增强阶段的主流线组成异重流峰顶沿程传播过程,见图 7-6,特征值见表 7-4。7月8日5时24分 HH25 断面(距坝约 41.1 km)出现异重流峰顶,最大点流速 2.49 m/s,桐树岭站 8 日 19 时 54 分观测到

本次异重流峰顶,运行距离约 39.59 km,运行时间约 14.5 h,峰顶平均传播速度约为 0.76 m/s,峰顶平均传播速度明显大于异重流前锋。

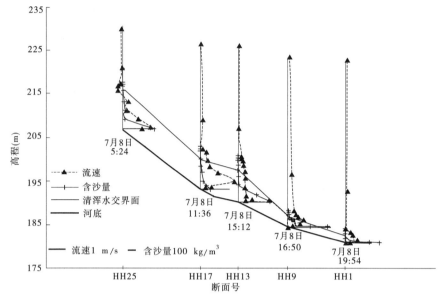

图 7-6　异重流峰顶沿程传播过程

表 7-4　异重流峰顶沿程传播过程特征值

断面	距坝里程 （km）	测验时间 （月-日 T 时：分）	最大流速 （m/s）	平均流速 （m/s）	垂线平均 中值粒径 （mm）	异重流 厚度 （m）	水深 （m）
HH25	41.10	07-08T05：24	1.57	0.63	0.009	7.7	26.7
HH17	27.19	07-08T11：36	1.94	0.88	0.008	8.0	40.0
HH13	20.39	07-08T15：12	0.80	0.44	0.008	8.8	43.7
HH9	11.42	07-08T16：50	0.89	0.64	0.010	2.9	52.7
HH1	1.32	07-08T19：54	0.74	0.57	0.006	1.9	52.0

第三节　流速及含沙量分布

一、横向分布

人工塑造异重流期间分别在 HH29、HH13、HH9 及 HH1 断面布置 3～5 条垂线进行观测,另外在 HH34、HH33、HH32、HH25、HH17 及 HH5 断面进行了异重流主流线的观测。表 7-5 反映了各断面异重流特征值及水沙因子垂线平均值横向变化情况。

表 7-5　各断面异重流特征值及水沙因子垂线平均值横向变化

项目		7月6日		7月8日		7月9日	
		主流线	非主流区	主流线	非主流区	主流线	非主流区
HH29	流速(m/s)	0.97	0.046~0.76	1.22	0.31~0.87	0.71	0.48~0.72
	含沙量(kg/m³)	74.9	23.3~122	105	49.1~164	18.6	16.1~22.9
	d_{50}(mm)	0.01	0.01~0.013	0.013	0.009~0.013	0.009	0.008~0.009
HH13	流速(m/s)	0.48	0.16~0.26	0.44		0.43	0.31~0.41
	含沙量(kg/m³)	181	9.44~68.7	145		67.8	38.6~53.1
	d_{50}(mm)	0.009	0.007~0.009	0.008		0.007	0.006~0.008
HH9	流速(m/s)	0.33		0.64		0.44	0.25~0.41
	含沙量(kg/m³)	55.5		76.3		66.8	35.9~72.9
	d_{50}(mm)	0.009		0.01		0.007	0.006~0.007
HH1	流速(m/s)			0.57	0.33~0.45	0.5	0.24~0.45
	含沙量(kg/m³)			67	64~122	98.2	100~126
	d_{50}(mm)			0.006	0.006~0.007	0.006	0.006~0.007

　　图 7-7 为 7 月 6 日、7 日及 8 日沇西河口 YX1 断面异重流流速、含沙量垂线平均值横向分布。可以看出,异重流形成之初的 7 月 6 日,干流异重流沿支流河口河底全断面倒灌,表面清水向干流流动,形成横轴环流。7 月 7 日和 8 日,入库流量的变幅较大,异重流潜入点位置在 HH33—HH30 断面之间时而上移,时而下推,沇西河口附近旋涡较多,水流流态杂乱。支流浑水面高程与干流接近时,异重流时而从中间向支流倒灌,从两侧向干流流动,时而从两侧向支流倒灌,从中间向干流流动。

二、垂向分布

　　表 7-6 列出了异重流期间各断面主流线水沙因子,大部分河段最大流速的位置靠近河底。图 7-8 所示为不同断面流速、含沙量沿垂线分布情况。由图 7-8(2)可以看出,7 月 8 日异重流峰顶阶段 HH25 断面,由于异重流流速大,水流紊动和泥沙的扩散作用使清浑水掺混剧烈,交界面附近含沙量梯度变化较小,交界面不明显,甚至出现交界面流速为负值,这种情况常发生在异重流潜入点的下游附近库段。通常情况下,由于横轴环流存在,该库段呈现表层水流逆流而上,带动水面漂浮物缓缓向潜入点聚集,呈现出在清水层上部流速为负值,清浑水交界面清晰,两种水流交界处含沙量梯度很大,异重流含沙量垂直分布较为均匀,符合异重流一般分布规律。

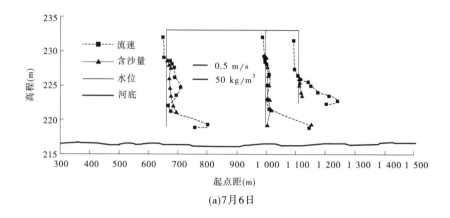

(a)7月6日

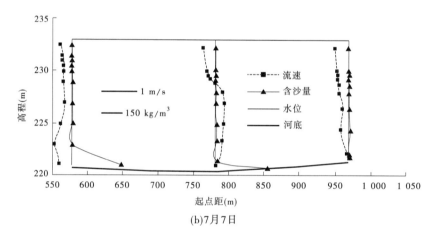

(b)7月7日

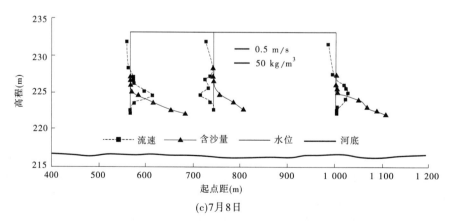

(c)7月8日

图 7-7　沁西河口 YX1 断面异重流流速、含沙量垂线平均值横向分布

表 7-6　异重流期间各断面主流线水沙因子

时间	断面	水深 (m)	异重流厚度 (m)	最大流速处		清浑水交界面	
				v_{max} (m/s)	相对水深	v (m/s)	相对水深
7月5~6日 异重流前锋	HH34	5.7	1.49	1.46	0.96	0.35	0.69
	HH32	16.7	2.16	0.98	0.98	0.88	0.93
	HH17	41	4.39	1.05	0.95	0.17	0.90
	HH13	44	2.35	0.78	0.97	0.36	0.95
	HH9	52.6	3.28	0.48	0.88	0.13	0.85
	HH5	51	1.29	0.20	0.74	0.08	0.97
7月8日 异重流峰顶	HH29	22.1	9.9	2.49	0.99	−0.05	0.55
	HH25	26.7	7.7	1.57	0.97	−0.34	0.64
	HH17	40	8	1.94	0.95	0.44	0.82
	HH13	43.7	8.8	0.80	0.96	0.38	0.81
	HH9	52.7	2.89	0.89	0.88	0.47	0.86
	HH1	52	1.9	0.74	0.98	0.54	0.97
7月9日	HH33	8.2	2.2	0.04	0.73	−0.02	0.67
	HH29	17.4	5.8	1.12	0.91	0.41	0.71
	HH17	38.4	5.8	0.73	0.94	0.46	0.89
	HH13	43.2	5.4	0.64	0.97	0.30	0.88
	HH9	52.6	3.49	0.68	0.87	0.30	0.85
	HH5	51	3.85	0.73	0.94	0.12	0.91
	HH1	51	2.9	0.54	0.96	0.33	0.94
7月10日	HH33	6	4.02	1.09	0.93	0.24	0.37
	HH29	16	3.59	0.74	0.88	0.66	0.85
	HH17	37.5	2.46	0.18	0.99	0.12	0.94
	HH13	41.5	1.29	0.29	0.98	0.09	0.96
	HH9	50.3	2.69	0.22	0.91	0.10	0.89
	HH5	50	1.89	0.26	0.95	0.14	0.94
	HH1	50	1.48	0.30	0.98	0.262	0.97

　　坝前河段的垂线最大流速随开启泄水建筑物高程的不同而变化。异重流排沙期间主要由排沙洞泄水，HH1 最大流速位置始终靠近河底，相对水深为 0.96~0.98，见图 7-8 (3)。

三、沿程变化

　　异重流在运行过程中会发生能量损失，包括沿程损失及局部损失，沿程损失包括床面及清浑水交界面的能量损失。局部损失在小浪底库区较为显著，包括支流倒灌、局部地形的扩大或收缩、弯道等因素。此外，异重流总是处于超饱和输沙状态，在运行过程中由于受阻力，流速逐渐变小，泥沙沿程发生淤积，交界面的掺混及清水的析出等，均可使异重流的流量逐渐减小，其动能亦相应减小。

　　图 7-5、图 7-6、图 7-9~图 7-11 分别给出不同时间异重流的沿程表现。相对来讲，异

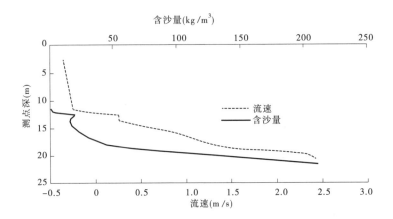

图 7-8(1)　HH29 断面流速、含沙量垂线分布(7 月 8 日)

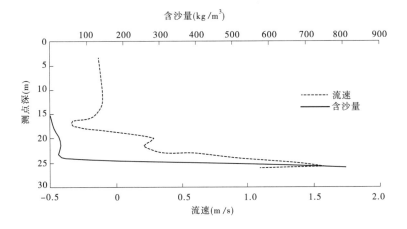

图 7-8(2)　HH25 断面流速、含沙量垂线分布(7 月 8 日)

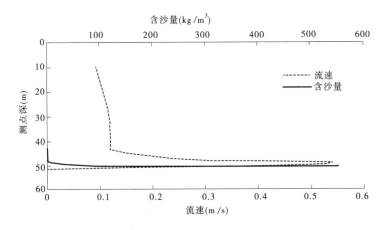

图 7-8(3)　HH1 断面流速、含沙量垂线分布(7 月 9 日)

重流潜入断面含沙量较高,使异重流在潜入时具备较大能量,沿程流速相对较大。图7-9 及 图 7-10 分别给出了 7 月 9 日和 7 月 10 日异重流的沿程表现,7 月 8 日以后处于落水

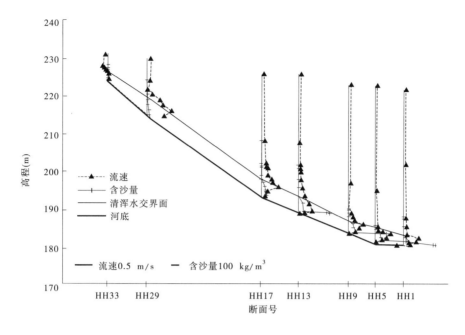

图 7-9　异重流主流线流速及含沙量沿程变化(7 月 9 日)

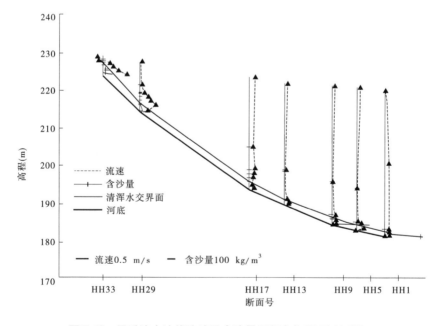

图 7-10　异重流主流线流速及含沙量沿程变化(7 月 10 日)

期,入库流量减小使异重流在潜入时及沿程流速相对较小。随着异重流的纵向演进和库区地形的影响显著,流速变化总的趋势仍是沿程逐渐递减。图 7-11 给出了异重流主流线平均流速沿程变化过程,同样也反映沿程逐渐递减这一规律。此外,与一般异重流不同,由于形成人工塑造异重流的第一阶段泥沙粒径较粗,沿程淤积较快,沿程能量损失较大,流速衰减幅度较大。图 7-12 显示了异重流淤积段库区河底纵剖面的变化情况,异重流期间库底高程持续抬升。

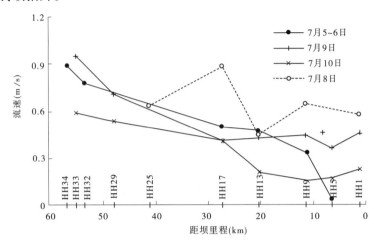

图 7-11　异重流主流线平均流速沿程变化

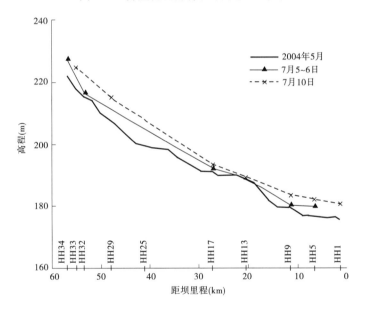

图 7-12　异重流期间库底纵剖面（主流线）

四、随时间变化

图 7-13～图 7-16 分别绘制了 HH29、HH17、HH5、沈西河口 YX1 断面主流线变化过程中实测的异重流垂线分布情况。人工塑造异重流与一般异重流的最大区别是涨落过程的不同，且受水量所限，此次人造洪峰的持续时间较短，人工塑造异重流期间各断面基本呈现异重流发生、增强、维持、消失等阶段，从图中可以看出异重流厚度、位置、流速、含沙量等因子基本表现出与各阶段相适应的特性。

（一）HH29 断面变化过程

第一阶段：7 月 6 日 6 时 54 分观测到异重流，由于三角洲洲面冲刷初期冲刷强度最

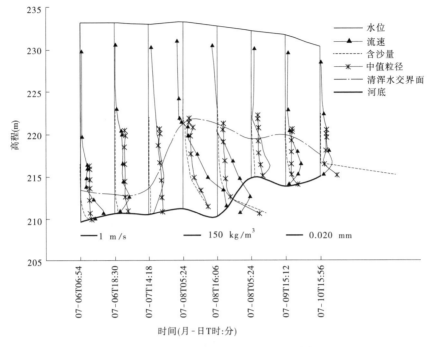

图 7-13　HH29 断面异重流垂线分布变化

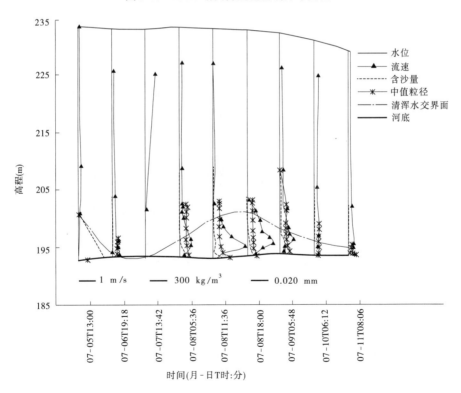

图 7-14　HH17 断面异重流垂线分布变化

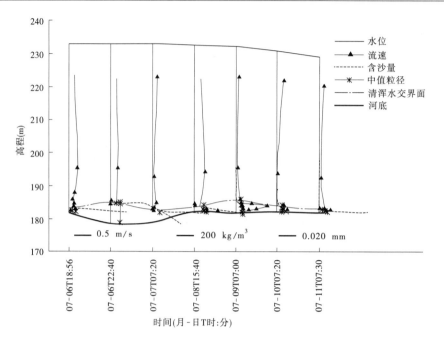

图 7-15 HH5 断面异重流垂线分布变化

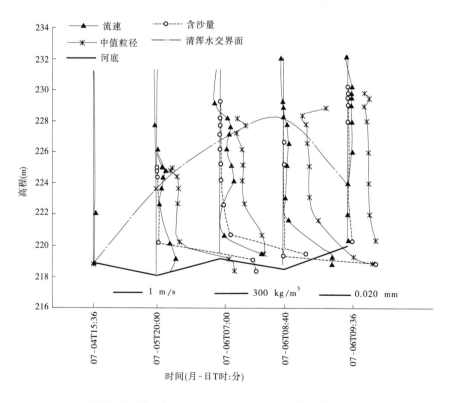

图 7-16 沁西河口 YX1 断面异重流垂线分布变化

大,恢复含沙量最高,此时也是首次异重流峰顶,至7日14时18分为首次异重流的维持阶段,流速及含沙量基本呈现衰减趋势,但由于异重流运行距离较短(异重流潜入点位于HH29断面上游8～10 km处),变化幅度不大,主流线平均流速维持在0.55～0.76 m/s,异重流厚度3.51～5 m。

第二阶段:三门峡水库加大泄量后,7月7日18时12分洪峰传播至HH29断面,至7月8日16时6分为增强阶段,最大流速稳定在1.92～2.49 m/s,异重流厚度9.4 m以上,最大流速接近河底,维持阶段22 h左右,流速、含沙量比较稳定;之后异重流能量逐渐减小,河底高程逐渐升高;10日以后为消失阶段,异重流逐渐消失,河床保持稳定。见图7-13及表7-7。

表 7-7　HH29 断面主流线各阶段变化过程要素

异重流特征值	第一阶段	第二阶段
异重流厚度(m)	3.51～5.04	3.68～9.8
交界面高程(m)	214.09～215.01	210.38～220.64
垂线平均流速(m/s)	0.55～0.76	0.48～1.11
垂线平均含沙量(kg/m³)	8.66～23.3	5.68～199
垂线平均粒径(mm)	0.011～0.012	0.008～0.021

(二)HH17 断面变化过程

图 7-14 为 HH17 断面异重流垂线分布变化图。从图中可以清楚地看出人工塑造异重流分为两个阶段,两次异重流的发生、增强、维持、消失等阶段非常明显。受八里胡同河床收束影响,异重流流速及含沙量的衰减幅度与 HH29 断面相比并不大。第一阶段,异重流最大垂线平均流速 0.5 m/s,最大厚度 4.39 m,最大平均含沙量 229 kg/m³。第二阶段,7月8日5时36分异重流产生,11时36分达到峰顶,最大流速1.94 m/s,异重流主要在底部运行,厚度在8 m以上;维持阶段最大流速保持稳定在0.69～1.55 m/s,持续时间约24 h,厚度逐渐缩减;消失阶段持续时间较长,约43 h,但流速较小,最大流速仅0.3 m/s,厚度1.27～2.46 m。本断面的粒径变化显示出随异重流由强到弱而由粗变细的过程,河床高程缓慢抬升,但变幅不大,见图7-14及表7-8。

表 7-8　HH17 断面主流线各阶段变化过程要素

异重流特征值	第一阶段	第二阶段
异重流厚度(m)	0.38～4.39	1.27～8.62
交界面高程(m)	193.76～196.61	194.71～202.09
垂线平均流速(m/s)	0.13～0.50	0.07～0.88
垂线平均含沙量(kg/m³)	23.8～229.0	15.6～65.8
垂线平均粒径(mm)	0.007～0.016	0.004～0.009

(三)HH5 断面变化过程

HH5 断面距坝约 6.54 km,第一阶段异重流运行至此时强度已经非常弱,仅维持了不足 10 h,最大流速 0.081～0.22 m/s,厚度仅 1 m 左右,清水层与浑水层流速基本相当,几乎不能维持向前运动。第二阶段异重流的强度明显增强,最大点流速 0.73 m/s,最大厚度 3.85 m,7 月 10 日 7 时 20 分后随着入库流量的持续减小异重流动能减弱,最大流速 0.19～0.26 m/s,见图 7-15 及表 7-9。

表 7-9　HH5 断面主流线各阶段变化过程要素

异重流特征值	第一阶段	第二阶段
异重流厚度(m)	0.95～1.29	0.71～3.85
交界面高程(m)	183.35～185.46	182.90～186.05
垂线平均流速(m/s)	0.04～0.16	0.15～0.36
垂线平均含沙量(kg/m³)	45.2～136.0	57.3～170.0
垂线平均粒径(mm)	0.006～0.008	0.005～0.010

(四) 沈西河口 YX1 断面变化过程

沈西河口位于干流 HH32—HH33 断面之间,距坝约 54 km,该河口断面 YX1 是异重流测验的主要辅助断面,采用主流三线法观测,观测资料较为完整。

第一阶段,异重流潜入点位于该支流沟口上游约 4 km,7 月 5 日 20 时异重流开始向支流倒灌,平均流速 0.3 m/s,厚度 6.2 m,并逐渐增强,至 6 日 9 时 36 分达到峰顶,最大点流速 1.56 m/s,最大厚度 10.5 m,以后逐渐减弱。第二阶段,沈西河口位于潜入点区,水流流态杂乱,旋涡较多,无明显主流,泥沙粒径较第一阶段明显变细。沈西河口 YX1 断面主流线各阶段变化过程要素见表 7-10。

表 7-10　沈西河口 YX1 断面主流线各阶段变化过程要素

异重流特征值	第一阶段	第二阶段
异重流厚度(m)	0.45～10.5	1.30～2.66
交界面高程(m)	218.97～229.01	224.60～233.10
垂线平均流速(m/s)	0.049～0.77	0.10～0.28
垂线平均含沙量(kg/m³)	3.2～404.0	8.37～225.0
垂线平均粒径(mm)	0.013～0.031	0.006～0.009

第四节　清浑水交界面的变化

异重流运行过程中,因清浑两种水流相互掺合而使清浑水交界面存在一定厚度,为便于表示,以含沙量为 5 kg/m³ 作为清浑水交界面。

图 7-17 和图 7-18 为不同时段清浑水交界面和异重流厚度纵向变化情况,对 HH29、HH17、HH5 及沈西河口 YX1 断面的河底、清浑水交界面、水位随时间的变化过程综合分析表明,清浑水交界面高程主要取决于异重流的水力特征,即异重流厚度及紊动强度,异重流水深大或清浑水掺混剧烈,则清浑水交界面较高,反之清浑水交界较低。与以往不同的是,此次没有对异重流排沙进行控制,异重流的运行没有受到浑水水库的影响,清浑水交界面几乎与河底平行。异重流的厚度受距坝里程和库区地形的影响显著,八里胡同

(HH17)狭窄地形使其厚度进一步增大,出狭窄库段后又有较大幅度削减,总体呈现沿程减小。

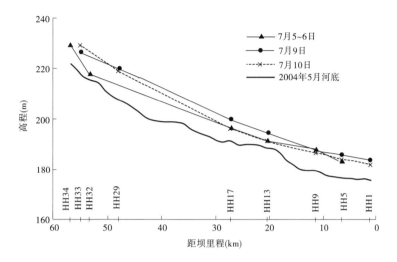

图 7-17　不同时段清浑水交界面纵向变化

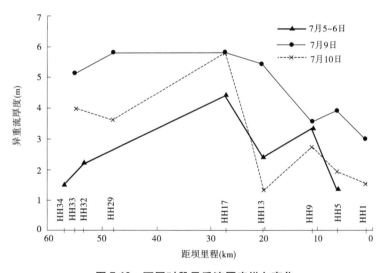

图 7-18　不同时段异重流厚度纵向变化

第五节　悬沙粒径变化及水库分组泥沙排沙比

　　7月5~7日人工塑造异重流第一阶段三门峡水库下泄清水,形成异重流的沙主要来自库区三角洲洲面的冲刷,泥沙粒径较粗,经分选落淤后 HH34 断面异重流层泥沙 d_{50} 为 $0.022~0.024\ mm,d<0.016\ mm$ 的泥沙体积百分数为 $31.4\%~39.3\%$。第二阶段初期入库泥沙主要是三门峡水库坝前漏斗中淤积的泥沙,粒径非常细,$d<0.016\ mm$ 的泥沙体积百分数为 $64.4\%~87.1\%,d>0.062\ mm$ 的泥沙体积百分数为 $1.1\%~2.5\%$,但持续时间仅 4 h。图 7-19 给出了不同时段悬沙粒径的沿程变化,测验结果表明,在距坝约 20

km 以上库段悬沙逐步细化,分选明显,以下库段悬沙中值粒径沿程变化不大。从图 7-13~图 7-16 中的 HH29、HH17、HH5 及 沇西河口 YX1 断面的泥沙粒径随时间的变化过程线看,从增强阶段开始,垂线中值粒径表现出随时间由粗变细的特征。各断面主流线悬移质中值粒径垂线变化幅度见表 7-11。

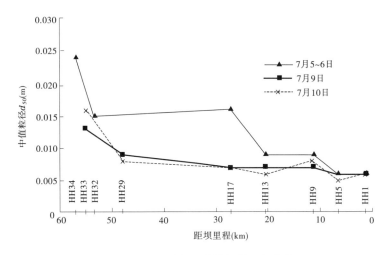

图 7-19　不同时段悬沙粒径的沿程变化

表 7-11　各断面主流线悬移质中值粒径垂线变化幅度　　　　　(单位:mm)

时间	HH34	HH29	HH17	HH13	HH9	HH5	桐树岭
7月5~6日 异重流前锋	0.014~ 0.043		0.008~ 0.039	0.007~ 0.012	0.006~ 0.013	0.005~ 0.007	
7月9日		0.008~ 0.014	0.006~ 0.011	0.006~ 0.019	0.005~ 0.011	0.006~ 0.007	0.005~ 0.007
7月10日			0.005~ 0.006	0.005~ 0.006	0.005~ 0.013	0.005~ 0.006	0.004~ 0.008

　　7月8日13时50分异重流开始排出库外,至7月11日20时停止排沙,排沙历时约78 h。7月7~14日,人工塑造异重流期间入出库沙量、不同粒径组排沙比、淤积物组成见表 7-12。细泥沙($d<0.025$ mm)、中泥沙(0.025 mm$<d<0.05$ mm)、粗泥沙($d>0.05$ mm)、全沙排沙比分别为28.0%、2.4%、0.9%、10.1%。

表 7-12　小浪底水库不同粒径组排沙情况

项目	细泥沙	中泥沙	粗泥沙	全沙
入库沙量(亿 t)	0.139	0.139	0.155	0.433
入库泥沙组成(%)	32.0	32.1	35.9	100
出库沙量(亿 t)	0.039	0.003	0.001	0.043
出库泥沙组成(%)	89.2	7.7	3.1	100
淤积量(亿 t)	0.100	0.136	0.154	0.390
淤积物组成(%)	25.6	34.9	39.5	100
排沙比(%)	28.0	2.4	0.9	10.1

由此可以看出,出库泥沙主要由细泥沙组成,细泥沙的含量接近90%,粗泥沙的含量为3.1%。与一般异重流输沙规律一致,人工塑造异重流挟带的泥沙同样主要为细泥沙。因此,可合理调度使用水库拦沙库容,多拦对下游不利的粗沙而少拦细沙,更好地发挥水库的拦沙减淤效益。

第六节　异重流持续运动至坝前的临界水沙条件分析

按照异重流期间入库水沙条件可分为洪峰型异重流和冲刷型异重流两种。2004年7月5～6日在三门峡水库下泄清水的情况下人工塑造异重流(第一阶段)的沙主要来源于小浪底库区淤积三角洲洲面的冲刷,为冲刷型异重流。因此,7月5～6日形成异重流的水沙条件为河堤站资料。

水库产生异重流并能到达坝前,除须具备一定的洪水历时之外,还须满足一定的流量、含沙量及细颗粒泥沙含量,即形成异重流的水沙过程所提供给异重流的能量足以克服异重流的能量损失。

图3-4为基于2001～2003年小浪底水库异重流资料点绘的小浪底水库入库流量与含沙量的关系。将2004年异重流观测资料一并放入可分析该关系对2004年资料的适应性。2004年7月5日15时～6日15时三门峡站流量1 770 m³/s,河堤站含沙量约76.5 kg/m³,基本位于A区与B区的临界线附近,但由于泥沙粒径太粗,细泥沙的含量不足8%,异重流未能持续运行至坝前。7月7日15时～8日15时三门峡站流量1 600 m³/s,含沙量约197.7 kg/m³,细泥沙的含量约为46%,位于A区,异重流顺利到达坝前。

由于异重流的运动特征值与潜入点断面的流量及含沙量密切相关,为进一步分析2004年人工异重流持续运行条件,选用与2004年人工塑造异重流的条件比较接近的2001年8月份异重流观测资料进行类比。2001年小浪底水库异重流潜入点位置位于HH31—HH36断面之间,汛前库区淤积三角洲顶点以下库底平均比降约为8.6‰。异重流潜入点下游附近的HH29断面2001年与2004年异重流特征值对比见表7-13。

表7-13　2001年与2004年异重流特征值对比

时　段		2004年7月		2001年8月	
库底比降(‰)		8.97		8.66	
异重流潜入点距坝里程(km)		50～60		51～60	
日均入库流量(m³/s)		670～2 615		406～2 200	
日　期		5～6日	10日	21日	27日
HH29	最大流速(m/s)	1.18	0.74	2.02	0.66
	垂线平均流速(m/s)	0.69	0.54	1.12	0.50
	最大含沙量(kg/m³)	180.0	39.1	367.0	62.7
	垂线平均含沙量(kg/m³)	40.0	11.3	188.0	39.1

　　图 7-20 分别为在入库流量、库底比降、异重流运行距离相近的情况下 2004 年 7 月 5~6 日($Q = 1\ 770\ \text{m}^3/\text{s}$)与 2001 年 8 月 21 日($Q = 2\ 200\ \text{m}^3/\text{s}$)及维持阶段 2004 年 7 月 10 日($Q = 670\ \text{m}^3/\text{s}$)与 2001 年 8 月 21 日($Q = 537\ \text{m}^3/\text{s}$)HH29 断面异重流流速及含沙量分布对比。由图 7-20(1)可知,人工塑造异重流第一阶段 2004 年 7 月 5~6 日 HH29 断面异重流平均含沙量约相当于 2001 年 8 月 21 日的 20%,故异重流能量大幅度衰减,异重流流速仅相当于 2001 年 8 月 21 日 50%,2004 年 7 月 5~6 日异重流运行至 HH5 断面下游能量消耗殆尽,即行消失。由图 7-20(2)可知,2004 年 7 月 10 日 HH29 断面异重流含沙量与 2001 年 8 月 27 日相比有一定的差值,但异重流流速略大,且处于退水期,均满足异重流持续运动至坝前的条件。进一步印证了前文中提出的处于洪水退水期,此时异

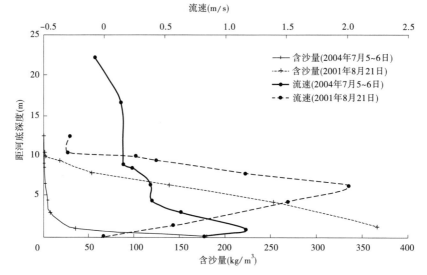

图 7-20(1)　HH29 断面异重流流速及含沙量分布对比

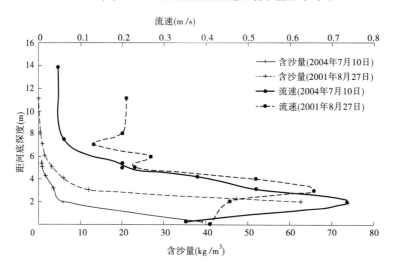

图 7-20(2)　HH29 断面异重流流速及含沙量分布对比

重流行进过程中需要克服的阻力要小于异重流前锋,维持异重流持续运动至坝前的能量要求比异重流前锋小。

第七节　小　结

(1)2004 年 7 月 5～7 日为黄河第三次调水调沙试验人工塑造异重流第一阶段。利用三门峡水库下泄清水在水库回水末端以上 HH40—HH55(距坝 69～119 km)之间的库区淤积三角洲洲面相继发生的沿程冲刷与溯源冲刷,使水流含沙量沿程增加,进而形成异重流。由于三门峡水库出库流量偏小且不稳定,泥沙较粗,含沙量衰减较快,异重流运行至 HH5 断面下游能量消耗殆尽,即行消失。

(2)2004 年 7 月 7～11 日为黄河第三次调水调沙试验人工塑造异重流第二阶段。三门峡水库泄空排沙和万家寨水库泄水冲刷三门峡库区,形成较高含沙水流,小浪底异重流潜入点位于 HH30—HH36 断面之间,并于 8 日 13 时 50 分排出库外,排沙历时约 78 h。

(3)出库泥沙主要由细泥沙组成,细泥沙的含量接近 90%。人工塑造异重流期间细泥沙、中泥沙、粗泥沙、全沙排沙比分别为 28.0%、2.4%、0.9%、10.1%。

第八章　小浪底水库冲淤效果分析

第一节　水文泥沙站网的布设

一、库区水文泥沙站网的布设

(一)库区基本水文站网

小浪底库区黄河干流原有三门峡、小浪底基本水文站,支流有东洋河的八里胡同、畛水河的仓头和亳清河的垣曲区域代表水文站。支流三站总控制面积 1 440 km²,占三小间流域面积的 25.1%。大坝截流后,随着坝前水位的抬高,库区三站的测验河段将受到库区回水的淹没和顶托。为此,在枢纽工程截流前(1996 年),三站分别上迁。

亳清河垣曲站 1996 年 6 月上迁 29.9 km,设立亳清河皋落水文站;1996 年 6 月东洋河八里胡同站停测,并在西阳河设桥头水文站;畛水河仓头站上迁 24.4 km,设石寺水文站。三站迁站后控制面积减为 580 km²,仅占区间总面积 5 734 km² 的 10.1%。小浪底水文站原测验断面位于大坝轴线上,1991 年 10 月小浪底站下迁 3.9 km,下迁后具有基本水文站和出库专用站功能。小浪底水库蓄水后正常蓄水位 275 m 回水至三门峡测流断面,三门峡仍为基本水文站,并兼有小浪底水库入库专用站功能。

(二)水位站网

三门峡—小浪底区间原在黄河干流距小浪底大坝 26.0 km 处设有八里胡同水位站,于 1996 年撤销。全库区现布设水位站 8 处,其中黄河干流 7 处、支流 1 处,共同构成库区水位控制网。

库区水位站按其功能可分为坝前水位站、常年回水区水位站和变动回水区水位站三种类型。

坝前水位站是反映水库蓄水量变化、淹没范围、水库防洪能力,推算水库下泄流量和水库调度运用的依据。坝前水位站布设在距坝 1.51 km 的桐树岭,以避开跌水影响。

常年回水区水位站主要用于观测水库蓄水水面线,研究洪水在库内的传播、回水曲线、风壅水面变化等。计在常年回水区干流设五福涧(距坝 77.28 km)、河堤(距坝 64.83 km)、麻峪(距坝 44.10 km)、陈家岭(距坝 22.43 km)及支流畛水河西庄(距坝 20.72 km)等 5 处水位站。

变动回水区水位站主要用于了解回水曲线的转折变化(包括糙率和动库容的变化)、库区末端冲淤及对周围库岸的浸没和淹没的影响。

小浪底水库变动回水区虽然距离不长,但水位变化迅速,水面比降大,在近 40 km 的河段内水位变幅达 24 m 之多。按照《水库水文泥沙观测试行办法》中"在变动回水区段内,不宜少于 3 个水位站"的规定,在白浪(距坝 93.20 km)、尖坪(距坝 111.02 km)设 2 处水位站,最大变动回水区末端水位可利用三门峡水文站水位共同构成变动回水区水位站网。各水位站距坝里程见表 8-1。

表 8-1　小浪底库区水文、水位站一览表

河名	站名	站别	距坝里程 （km）	设立及观测日期 （年-月）
黄河	三门峡(七)	水文	123.41	1974-01
黄河	尖坪	水位	111.02	1998-07
黄河	白浪	水位	93.20	1998-07
黄河	五福涧	水位	77.28	1998-07
黄河	河堤	水位	64.83	1997-07
黄河	麻峪	水位	44.10	1997-07
黄河	陈家岭	水位	22.43	1997-07
黄河	坝前	水文	1.51	1997-07
黄河	小浪底(二)	水文	坝下 3.90	1991-09
亳清河	皋落	水文	89.6	1996-06
西阳河	桥头	水文	52.5	1996-06
畛水河	石寺	水文	38.1	1996-06
畛水河	西庄	水位	20.72	1998-07

(三)水力泥沙因子站

为收集水库蓄水后的库区水力泥沙的运动输移情况、异重流运动和到达坝前水力泥沙分布与排沙关系等,在库区布设 2 处水力泥沙因子观测断面,一处设在坝前 1.51 km 处的桐树岭,另一处设在距坝 64.83 km 处的南村镇。桐树岭水力泥沙因子断面测验,主要是观测坝前各级水位情况下和不同泄水条件下的流速、含沙量纵横向分布,以便掌握坝前局部水流泥沙运动形态和边界条件变化的关系,作为优化调水、调沙、发电运行方案的科学依据。河堤水力泥沙因子断面是小浪底水库变动回水区内的水文泥沙测验站。其主要任务是:在回水影响和变动回水影响过程中观测水沙纵横向变化,控制通过断面的悬移质泥沙变化过程和泥沙颗粒级配变化,为分析研究水库的冲淤规律及其成因关系提供资料。

二、库区淤积断面布设

小浪底库区布设 174 个断面,其中干流设 56 个,平均间距为 2.20 km。以 HH40 断面为界,上段河长 54.02 km 布设 16 个断面,平均间距为 3.38 km;下段河长 69.38 km 布设 40 个断面,平均间距为 1.73 km。在 28 条一级支流、12 条二级支流上共布设淤积断面 118 个,控制河段长 179.76 km,平均断面间距为 1.52 km。

三、小浪底水库淤积断面河宽特征值

根据 1997 年 10 月 30 日实测淤积断面图确定淤积断面特征值,如图 8-1 和表 8-2 所示。从图 8-1 可以看出各断面主河槽宽一般为 200～300 m,275m 高程河宽河堤以上及八里胡同河段一般为 300～700 m,河堤至八里胡同上口及八里胡同以下一般为

1 000～3 000 m。

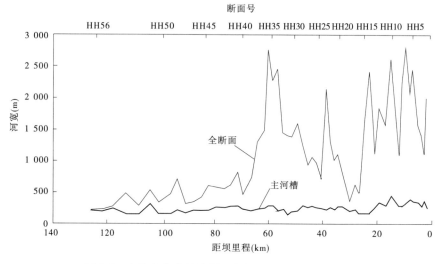

图 8-1　小浪底水库干流断面高程 275 m 河宽沿程分布

表 8-2　小浪底水库干流淤积断面特征值

断面名称	距坝里程（km）	275 m 起点距(m)			主河槽起点距(m)			
		左端点	右端点	宽度	高程	左滩唇	右滩唇	宽度
HH1	1.32	212	2 173	1 961	145	1 224	1 434	210
HH2	2.37	41	1 137	1 096	145	465	794	329
HH3	3.34	45	1 438	1 393	145	754	996	242
HH4	4.55	98	1 633	1 535	141	312	620	308
HH5	6.54	87	2 492	2 405	147	1 856	2 177	321
HH6	7.74	101	2 154	2 053	147	661	1 024	363
HH7	8.96	52	2 797	2 745	150	666	964	298
HH8	10.32	138	2 342	2 204	150	928	1 180	252
HH9	11.42	69	1 148	1 079	150	643	899	256
HH10	13.99	62	2 625	2 563	155	290	705	415
HH11	16.39	46	1 582	1 536	158	833	1 081	248
HH12	18.75	52	1 848	1 796	158	938	1 258	320
HH13	20.39	107	1 205	1 098	160	875	1 101	226
HH14	22.10	138	2 508	2 370	160	717	866	149
HH15	24.43	135	1 535	1 400	160	791	936	145
HH16	26.01	51	532	481	165	151	296	145
HH17	27.19	51	644	593	165	277	476	199
HH18	29.35	87	416	329	170	186	365	179
HH19	31.85	99	904	805	170	418	670	252

续表 8-2

断面名称	距坝里程（km）	275 m 起点距(m)			主河槽起点距(m)			
		左端点	右端点	宽度	高程	左滩唇	右滩唇	宽度
HH20	33.48	28	1 105	1 077	170	594	844	250
HH21	34.80	105	1 099	994	173	528	732	204
HH22	36.33	122	1 408	1 286	173	696	942	246
HH23	37.55	125	2 238	2 113	173	1 374	1 564	190
HH24	39.49	113	819	706	175	276	492	216
HH25	41.10	44	992	948	180	309	542	233
HH26	42.96	43	1 078	1 035	183	538	800	262
HH27	44.53	58	979	921	185	310	553	243
HH28	46.20	80	1 294	1 214	185	387	662	275
HH29	48.00	32	1 609	1 577	189	519	715	196
HH30	50.19	44	1 407	1 363	190	420	587	167
HH31	51.78	50	1 430	1 380	190	1 185	1 310	125
HH32	53.44	120	1 549	1 429	192	327	537	210
HH33	55.02	0	2 428	2 428	199	1 728	1 912	184
HH34	57.00	218	2 478	2 260	200	1 141	1 401	260
HH35	58.51	96	2 830	2734	203	1 202	1 483	281
HH36	60.13	43	1 510	1 467	203	462	689	227
HH37	62.49	144	1 430	1 286	205	621	836	215
HH38	64.83	80	812	732	205	493	676	183
HH39	67.99	69	532	463	210	296	515	219
HH40	69.39	119	922	803	220	407	678	271
HH41	72.06	− 4	601	605	220	122	390	268
HH42	74.38	− 2	538	540	220	92	334	242
HH43	77.28	5	573	568	225	202	453	251
HH44	80.23	3	603	600	230	115	320	205
HH45	82.95	120	528	408	235	160	353	193
HH46	85.76	14	347	333	237	83	289	206
HH47	88.54	13	322	309	237	73	232	159
HH48	91.51	60	767	707	240	190	401	211
HH49	93.96	37	504	467	240	271	419	148
HH50	98.43	22	349	327	245	153	307	154
HH51	101.61	63	589	526	250	171	481	310
HH52	105.85	55	331	276	255	103	251	148
HH53	110.27	137	621	484	258	281	434	153
HH54	115.13	40	309	269	265	44	286	242
HH55	118.84	29	258	229	265	47	241	194
HH56	123.41	49	259	210	275	49	259	210

注：主河槽宽度指水库蓄水前干流的水面宽度。

第二节 库区冲淤分析

一、小浪底库区总体冲淤情况

(一)库容分布情况

截至 2004 年 7 月,小浪底水库 275 m 以下库容为 112.06 亿 m³,其中干流库容为 60.85 亿 m³,左岸支流库容为 23.66 亿 m³,右岸支流库容为 27.55 亿 m³。

截至 2004 年 7 月,小浪底库区不同高程下的库容见表 8-3,库容曲线见图 8-2。

表 8-3　2004 年 7 月小浪底水库不同高程下库容　　　　(单位:亿 m³)

高程(m)	干流库容	左岸支流库容	右岸支流库容	总库容
175	0	0	0	0
180	0.11	0.01	0.01	0.13
185	0.58	0.09	0.15	0.82
190	1.32	0.19	0.39	1.90
195	2.46	0.35	0.74	3.55
200	3.86	0.57	1.19	5.62
205	5.46	0.87	1.74	8.07
210	7.30	1.25	2.40	10.95
215	9.35	1.75	3.18	14.28
220	11.60	2.35	4.09	18.04
225	14.06	3.14	5.18	22.38
230	17.04	4.15	6.39	27.58
235	20.56	5.39	7.79	33.74
240	24.63	6.85	9.40	40.88
245	29.02	8.54	11.25	48.81
250	33.69	10.47	13.39	57.55
255	38.54	12.64	15.77	66.95
260	43.64	15.01	18.36	77.01
265	49.09	17.63	21.19	87.91
270	54.84	20.51	24.26	99.61
275	60.85	23.66	27.55	112.06

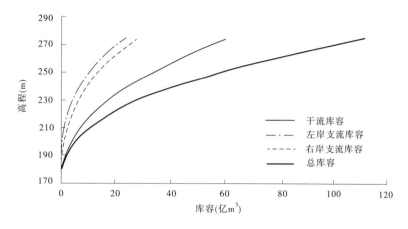

图 8-2　2004 年 7 月小浪底水库库容曲线

　　1997 年 10 月在小浪底库区施测第一次加密断面法原始库容,高程 275 m 以下库容为 127.58 亿 m³,1999 年汛前实测 275 m 以下加密断面法库容,库容为 127.46 亿 m³。到 2004 年 7 月,小浪底水库实测库容为 112.06 亿 m³,全库区累计淤积泥沙 15.52 亿 m³。库区历年库容及冲淤量的变化情况见表 8-4。

表 8-4　小浪底水库历年汛前库容

年份	干流库容 (亿 m³)	总库容 (亿 m³)	年际淤积量 (亿 m³)	累计淤积量 (亿 m³)
1997 年汛前	74.91	127.58		
1998 年汛前	74.82	127.49	0.09	0.09
1999 年汛前	74.78	127.46	0.03	0.12
2000 年汛前	74.31	126.95	0.51	0.63
2001 年汛前	70.70	123.13	3.82	4.45
2002 年汛前	68.20	120.26	2.87	7.32
2003 年汛前	66.23	118.01	2.25	9.57
2004 年汛前	61.60	113.21	4.80	14.37
2004 年调水调沙试验后	60.85	112.06	1.15	15.52

(二)库区淤积总量

　　小浪底水库 1997 年 11 月截流,1999 年 10 月开始蓄水运用,经分析、统计,自 1997 年水库截流至 2004 年调水调沙试验结束,库区冲淤量在空间和时间上的变化情况见表 8-5。

　　1997～2000 年汛前,库区淤积量很小,只有 6 300 万 m³。2000 年(水文年,下同)汛期库区淤积量急剧增大,年淤积总量达 3.82 亿 m³,而且 95% 的淤积发生在干流,支流淤积量仅 0.21 亿 m³。2001 年库区淤积量略小于 2000 年,但支流淤积量有所增大;库区总淤积量为 2.87 亿 m³,其中支流淤积量 0.37 亿 m³,占总淤积量的 12.9%。2002 年库区淤积量为 2.25 亿 m³,其中支流淤积量为 0.38 亿 m³,占总淤积量的 16.9%。2003 年由于水库汛期运用水位较高,加上汛期来沙较多,大量泥沙进入小浪底库区并且主要淤积在干流,干流淤积量为 4.62 亿 m³,占库区总淤积量的 96%。2004 年调水调沙试验期间,小浪底库区淤积量为 1.15 亿 m³,其中干流淤积量为 0.75 亿 m³,支流淤积量为 0.40 亿 m³。

表 8-5　小浪底水库历年干、支流冲淤量(断面法)　　　　(单位:亿 m³)

时　　段	干流冲淤量	左岸支流冲淤量	右岸支流冲淤量	总冲淤量
1997 年汛前～1998 年汛前	0.09	0	0	0.09
1998 年汛前～1999 年汛前	0.04	0.01	−0.02	0.03
1999 年汛前～2000 年汛前	0.47	0.04	0	0.51
2000 年汛前～2001 年汛前	3.61	0.09	0.12	3.82
2001 年汛前～2002 年汛前	2.50	0.14	0.23	2.87
2002 年汛前～2003 年汛前	1.97	0.22	0.06	2.25
2003 年汛前～2004 年汛前	4.62	0.13	0.04	4.80
2004 年汛前～2004 年调水调沙试验后	0.75	0.32	0.08	1.15
1997 年汛前～2004 年调水调沙试验后	14.06	0.95	0.51	15.52

1997 年 10 月～2004 年 7 月,小浪底库区共淤积泥沙 15.52 亿 m³,其中干流淤积 14.06 亿 m³,占总淤积量的 90.6%;支流淤积 1.46 亿 m³,占总淤积量的 9.4%。

(三)干流河底高程的变化

自 1999 年小浪底水库蓄水到 2004 年 7 月,小浪底库区干流距坝 70 km 以内的河段河底高程平均抬升 40 m 左右,其变化情况见图 8-3。

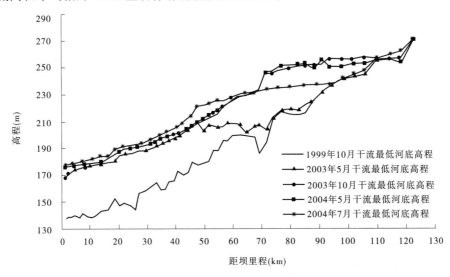

图 8-3　小浪底水库干流最低河底高程沿程变化对照

从图 8-3 可以看出,黄河第三次调水调沙试验期间,小浪底库尾淤积三角洲的形态发生了明显的变化。与试验以前相比,三角洲的顶部平均下降近 20 m,在距坝 94～110 km

的河段内,河槽的河底高程基本恢复到了 1999 年的水平,淤积三角洲的顶点向下游移动了 20 多 km。

二、调水调沙试验期间库区冲淤分析

(一)库区冲淤量及沿程分布

1. 库区冲淤量计算

小浪底库区分别在 2004 年 5 月 22 日和 7 月 22 日进行了 2 次断面地形测验,根据两次淤积测验的资料,分别计算出干流及各支流的冲淤量见表 8-6、表 8-7。

表 8-6　小浪底库区干流冲淤量(2004 年 5～7 月)　　　(单位:亿 m³)

区段	2004 年 5 月 12 日库容	2004 年 7 月 22 日库容	断面间冲淤量	累计冲淤量
HH0—HH1	1.455 1	1.443 5	0.011 6	0.011 6
HH1—HH2	0.970 7	0.963 5	0.007 2	0.018 8
HH2—HH3	0.869 1	0.860 8	0.008 3	0.027 1
HH3—HH4	1.444 0	1.427 6	0.016 4	0.043 5
HH4—HH5	3.050 5	2.998 9	0.051 6	0.095 1
HH5—HH6	1.908 9	1.878 1	0.030 8	0.125 9
HH6—HH7	2.010 2	1.988 6	0.021 6	0.147 5
HH7—HH8	2.546 5	2.509 2	0.037 3	0.184 8
HH8—HH9	1.327 0	1.300 3	0.026 7	0.211 5
HH9—HH10	3.275 0	3.204 7	0.070 3	0.281 8
HH10—HH11	3.586 2	3.535 3	0.050 9	0.332 7
HH11—HH12	2.695 6	2.652 9	0.042 7	0.375 4
HH12—HH13	1.769 5	1.738 5	0.031 0	0.406 4
HH13—HH14	1.894 1	1.865 9	0.028 2	0.434 6
HH14—HH15	2.712 7	2.673 3	0.039 4	0.474 0
HH15—HH16	0.924 9	0.909 1	0.015 8	0.489 8
HH16—HH17	0.438 9	0.430 5	0.008 4	0.498 2
HH17—HH18	0.674 0	0.658 5	0.015 5	0.513 7
HH18—HH19	0.921 5	0.897 1	0.024 4	0.538 1
HH19—HH20	1.016 4	0.995 7	0.020 7	0.558 8
HH20—HH21	0.875 8	0.858 1	0.017 7	0.576 5
HH21—HH22	0.958 7	0.934 3	0.024 4	0.600 9

续表 8-6

区段	2004年5月12日库容	2004年7月22日库容	断面间冲淤量	累计冲淤量
HH22—HH23	1.111 9	1.072 1	0.039 8	0.640 7
HH23—HH24	1.493 4	1.429 7	0.063 7	0.704 4
HH24—HH25	0.790 1	0.743 3	0.046 8	0.751 2
HH25—HH26	1.043 6	0.969 3	0.074 3	0.825 5
HH26—HH27	0.809 5	0.760 2	0.049 3	0.874 8
HH27—HH28	0.954 6	0.881 2	0.073 4	0.948 2
HH28—HH29	1.228 2	1.093 9	0.134 3	1.082 5
HH29—HH30	1.414 2	1.269 8	0.144 4	1.226 9
HH30—HH31	1.011 4	0.897 9	0.113 5	1.340 4
HH31—HH32	1.094 8	0.981 2	0.113 6	1.454 0
HH32—HH33	1.469 2	1.304 1	0.165 1	1.619 1
HH33—HH34	1.985 0	1.807 3	0.177 7	1.796 8
HH34—HH35	1.437 4	1.347 5	0.089 9	1.886 7
HH35—HH36	1.318 1	1.251 1	0.067 0	1.953 7
HH36—HH37	1.259 8	1.203 6	0.056 2	2.009 9
HH37—HH38	0.798 5	0.767 3	0.031 2	2.041 1
HH38—HH39	0.674 1	0.657 2	0.016 9	2.058 0
HH39—HH40	0.286 7	0.285 9	0.000 8	2.058 8
HH40—HH41	0.517 4	0.584 1	−0.066 7	1.992 1
HH41—HH42	0.329 2	0.430 5	−0.101 3	1.890 8
HH42—HH43	0.336 5	0.487 0	−0.150 5	1.740 3
HH43—HH44	0.311 9	0.470 4	−0.158 5	1.581 8
HH44—HH45	0.232 6	0.362 8	−0.130 2	1.451 6
HH45—HH46	0.181 9	0.296 1	−0.114 2	1.337 4
HH46—HH47	0.165 5	0.259 3	−0.093 8	1.243 6
HH47—HH48	0.239 4	0.365 1	−0.125 7	1.117 9
HH48—HH49	0.232 5	0.351 1	−0.118 6	0.999 3
HH49—HH50	0.310 9	0.456 0	−0.145 1	0.854 2
HH50—HH51	0.219 0	0.306 4	−0.087 4	0.766 8
HH51—HH52	0.274 2	0.351 5	−0.077 3	0.689 5
HH52—HH53	0.255 1	0.261 6	−0.006 5	0.683 0
HH53—HH54	0.269 2	0.244 4	0.024 8	0.707 8
HH54—HH55	0.146 7	0.115 8	0.030 9	0.738 7
HH55—HH56	0.075 6	0.062 7	0.012 9	0.751 6

表 8-7 小浪底库区干支流冲淤量(2004 年 5～7 月) （单位：亿 m³）

河流名字	2004 年 5 月 12 日库容	2004 年 7 月 22 日库容	分河冲淤量
黄河干流	61.603 4	60.851 3	0.752 1
宣沟	0.599 1	0.594 5	0.004 6
大峪河	5.581 6	5.558 1	0.023 5
土泉沟	0.515 4	0.511 3	0.004 1
白马河	0.989 4	0.984 8	0.004 6
短岭	0.098 2	0.098 5	−0.000 3
大沟河	0.654 3	0.652 0	0.002 3
五里沟	0.755 1	0.747 1	0.008 0
牛湾	0.342 2	0.341 5	0.000 7
东洋河	2.645 7	2.630 8	0.014 9
石牛沟	0.440 8	0.444 9	−0.004 1
东沟	0.319 4	0.317 9	0.001 5
大交沟	0.599 2	0.593 2	0.006 0
百灵沟	0.316 5	0.317 0	−0.000 5
西阳河	2.161 5	2.145 2	0.016 3
洛河	0.150 6	0.150 0	0.000 6
芮村河	1.499 4	1.457 3	0.042 1
安河	0.331 6	0.308 3	0.023 3
龙潭沟	0.098 6	0.092 7	0.005 9
沇西河	3.899 6	3.769 4	0.130 2
亳清河	1.390 9	1.384 2	0.006 7
板涧河	0.586 5	0.560 7	0.025 8
左岸支流合计	23.975 6	23.659 4	0.316 2
石门沟	1.642 0	1.634 2	0.007 8
煤窑沟	1.541 8	1.536 2	0.005 6
罗圈沟	0.159 0	0.158 6	0.000 4
畛水河	13.592 9	13.564 2	0.028 7
竹圆沟	1.509 6	1.502 3	0.007 3
平沟	0.238 7	0.239 4	−0.000 7
仓西沟	1.268 7	1.268 6	0.000 1
马河	0.539 8	0.539 7	0.000 1
仙人沟	0.123 8	0.124 3	−0.000 5
南沟	0.072 5	0.072 6	−0.000 1
卷子沟	0.181 5	0.180 0	0.001 5
秦家沟	0.171 7	0.170 4	0.001 3
石井河	3.902 7	3.902 4	0.000 3
东村	0.762 5	0.758 7	0.003 8
大峪沟	0.248 5	0.255 5	−0.007 0
峪里河	0.547 3	0.546 7	0.000 6
麻岭	0.272 1	0.271 1	0.001 0
宋家沟	0.056 8	0.057 1	−0.000 3
涧河	0.800 9	0.767 8	0.033 1
右岸支流合计	27.632 8	27.549 8	0.083 0
总计	113.211 8	112.060 5	1.151 3

从表8-6、表8-7中可以看出,2004年5～7月间,小浪底库区共淤积1.15亿 m³,其中干流淤积0.75亿 m³,占总淤积量的65%;左岸支流淤积0.32亿 m³,占总淤积量的28%;右岸支流淤积量很小,仅0.08亿 m³,占总淤积量的7%。按输沙率法计算,本次调水调沙试验期间的6月19日～7月13日,小浪底水库入库沙量为0.431 9亿 t,出库沙量为0.044亿 t,水库排沙比为10.2%,库区淤积量为0.387 9亿 t。

干流的淤积量全部来源于三门峡水库的出库泥沙,而支流淤积主要是由于干流泥沙倒灌的影响,并且主要发生在 HH37—HH26 断面之间左岸的几条较大支流上。

2．干流冲淤量的沿程分布

黄河第三次调水调沙试验期间,小浪底库区冲淤变化主要发生在干流,上段冲刷、下段淤积,其冲淤量的沿程分布情况见图8-4。

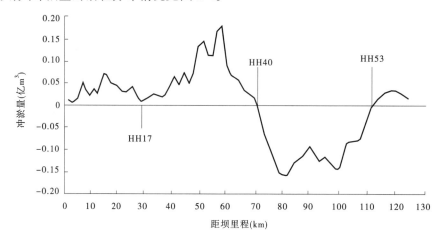

图 8-4　调水调沙试验期间小浪底干流冲淤量沿程分布

调水调沙试验结束后,小浪底库区干流的淤积部位及形态发生了较大的变化,试验前后干流最低河底高程对照见图8-5。

从图8-5可以看出,调水调沙试验期间小浪底库区干流的冲淤可大致分为3个区段。

1)HH40—HH53 断面

HH40—HH53 断面之间(距坝69.39～110.27 km)位于试验前库尾淤积三角洲的顶部,属于库区上部的窄深河段,平均河宽在400～600 m 之间,2003年汛期大量泥沙淤积在此,河底抬升达40多 m,部分河段已经侵占了设计有效库容,调整该河段的淤积形态是本次调水调沙试验的主要目的之一。

调水调沙试验期间,该河段发生了剧烈的冲刷,最大断面间冲刷量为0.16亿 m³,河段冲刷量为1.38亿 m³,河底高程平均降低20 m 左右(见图8-5),大大改善了库尾的淤积形态,恢复了被侵占的设计有效库容。

从调水调沙试验期间库区水位的变化过程可以看出,该河段的冲刷可分为两个阶段。

第一阶段在6月19～29日,冲刷主要发生在 HH41—HH48 断面之间(距坝72.06～91.51 km),由于小浪底水库加大下泄流量,库区水位降低,该河段的水面比降增大,加上三门峡水库下泄清水和库尾扰沙的综合作用,HH48 断面以下库段由下游逐渐向上游

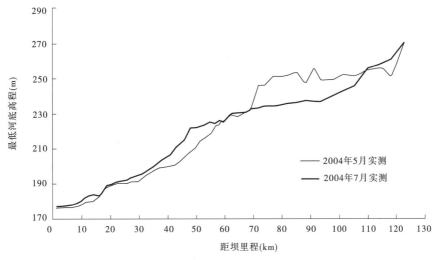

图 8-5　调水调沙试验前后干流最低河底高程对照

冲刷。

第二阶段在 7 月 7~8 日，为增加异重流的后续动力，三门峡水库加大下泄流量，7 月 7 日 14 时 6 分三门峡站流量达到 5 130 m³/s。受三门峡加大流量的影响，尖坪、五福涧和河堤水位均表现出明显的涨水过程，但白浪断面水位却呈急剧下降趋势，从 7 月 7 日 17 时至 7 月 8 日 8 时的 15 h 中，水位下降 6.52 m，表明在尖坪断面发生了剧烈的冲刷，从 7 月 8 日 8 时的小浪底水库水面线上也可以看出，水面线在白浪断面处出现了明显的下凹现象。

2）HH17—HH40 断面

HH17—HH40 断面位于距坝 27.19~69.39 km 的河段内，该河段库区水面突然展宽，库区较大的弯道多在此河段。河段左岸共有大小支流 12 条，支流数量和相应库容都占左岸支流总数的 70% 以上，河段内支流沟口众多，水流条件复杂。

调水调沙试验期间该河段共淤积泥沙 1.57 亿 m³，其中 HH29—HH34 断面之间平均断面淤积量均在 0.1 亿 m³ 以上，最大断面间淤积量为 0.18 亿 m³（HH33—HH34 断面）。从实测资料来看，自小浪底水库蓄水运用以来，在小浪底库区各个河段都存在着一个相对稳定的河底比降（或者叫做河段平衡河底比降），这个比降是各种水沙条件共同作用所形成的。不管库区发生冲刷或者淤积，河底高程抬升或者降低，一旦冲淤变化稳定后，河底比降基本上是平行的升降。形成稳定河底比降的过程称之为水库的造床过程。水库造床过程以上游的来水来沙为主要动力。

HH34—HH40 断面之间在调水调沙试验以前已经接近了稳定河底比降，因此在此区间淤积量较小。在 HH34 断面以下调水调沙试验以前河底比降较大，为达到稳定的河底比降，试验期间在上游水沙的综合作用下开始增大落淤量，并由上而下逐渐形成稳定的河底比降。当稳定河底比降向下发展到 HH29 断面时，上游水沙动力消失，水库造床过程停止，在 HH29 断面处形成淤积三角洲的顶点。HH29 断面以下的河段，淤积形态和 HH29 断面以上发生了明显的变化，泥沙以平铺的形式淤积，并逐渐接近原有的河底比降。在淤积三角洲顶点处河底比降有着明显的转折变化。

3)HH17 断面以下

HH17 断面位于干流八里胡同出口处,HH17 断面以下为近坝段的开阔河段,流速缓慢,泥沙颗粒较细,淤积方式以平铺为主。

调水调沙试验期间 HH17 断面以下共淤积 0.5 亿 m^3,平均断面间淤积量为 0.029 亿 m^3,淤积厚度较小。河底比降和调水调沙试验以前基本相同,河底高程均匀抬升 1 m 左右。

总体来看,通过调水调沙试验,小浪底库区干流的冲淤变化为上冲下淤,淤积量大于冲刷量,冲刷和淤积的分界点在试验以前的淤积三角洲的顶点处。冲刷主要表现为溯源冲刷,淤积主要表现为沿程淤积。与试验以前相比,库区的淤积形态得到很大的改善。

(二)干流淤积断面的横向变化

干流淤积断面的横向冲淤变化同样也存在以下几种形态。断面冲淤形态的变化和冲淤量的沿程分布及河底高程变化曲线有着密切的对应关系。

1.河底均匀抬升的淤积形态

在调水调沙试验结束后的淤积三角洲顶点(HH29 断面)以下至大坝的河段内,淤积断面的横向冲淤变化均以河底高程均匀抬高的形式表现出来(见图 8-6)。

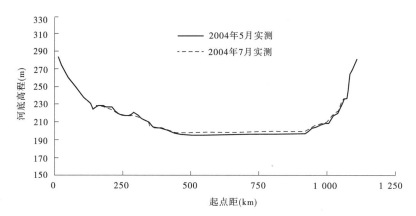

图 8-6(1)　HH2 断面调水调沙试验前后对照

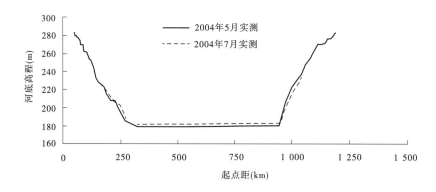

图 8-6(2)　HH9 断面调水调沙试验前后对照

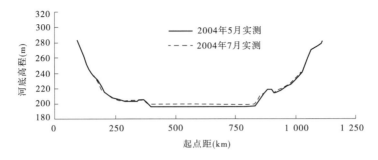

图 8-6(3)　HH21 断面调水调沙试验前后对照

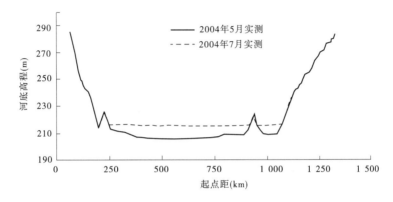

图 8-6(4)　HH28 断面调水调沙试验前后对照

　　从图 8-6 中可以看出,在 HH28 断面以下由于库区水流的流速很小,沿河流方向的作用力基本为 0,悬浮在浑水中的较细泥沙在重力的作用下自然沉降后淤积在河底,河底淤积面平坦,两岸无冲淤变化。在此河段淤积的泥沙粒径一般在 0.02 mm 以下。

　2.河道断面的淤积形态

　　HH40—HH29 断面之间是由冲刷逐渐向淤积过渡的河段,HH40 断面是冲淤平衡的分界点,HH29 断面则是淤积三角洲的顶点。该河段断面淤积形态的变化过程见图 8-7。

　　在此库段内,靠近库底的横向流速分布具有较为明显的横向梯度变化,主流区相对比较明显,主流区的流速大于非主流区的流速。库底的横向冲淤变化接近自然河道的断面冲淤变化特性。

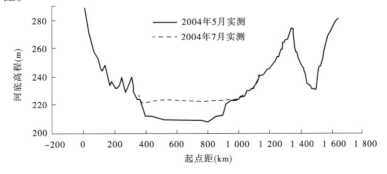

图 8-7(1)　HH29 断面调水调沙试验前后对照

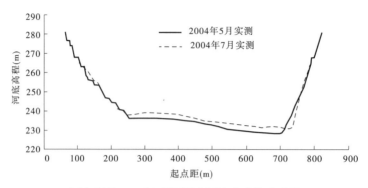

图 8-7(2)　HH38 断面调水调沙试验前后对照

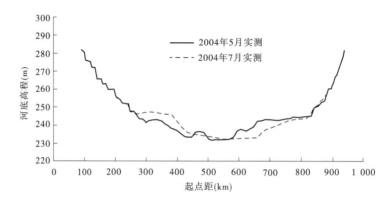

图 8-7(3)　HH40 断面调水调沙试验前后对照

　　HH29 断面基本属于河底均匀抬升的淤积形态,与上个河段十分相似。由于该断面位于淤积三角洲的顶点,上游的水沙动力接近于 0,水库的造床过程基本结束,泥沙的淤积以重力作用为主,只是靠近左岸河底的部位还有微弱的流速冲刷现象,河底基本是水平的。

　　HH38 断面比较靠近上游,断面仍然呈淤积状态,但水流的冲刷作用比较明显,河底在水流的冲刷下表现出明显的河道特性,由于左岸河底附近流速较小,河底的抬升高于右岸,同时由于弯道水流的作用,对右岸形成一定的冲刷。该断面流速对断面淤积形态的影响远大于 HH29 断面,河底泥沙的粒径也大于 HH29 断面。

　　HH40 断面处在调水调沙试验前后两条水库河底纵剖面的交会处,河底比降属于稳定的河底比降状态,是由冲变淤的临界点,因此断面的河底高程无变化,冲淤平衡。从以上三个断面的冲淤变化过程和断面淤积形态可以看出,在 HH29—HH40 断面之间断面变化是由冲淤平衡向逐渐淤积过渡的。在靠近河底的部位流速逐渐减小,河底逐渐趋于水平,到 HH29 断面后河底附近的流速基本为 0。

　　3.溯源冲刷的冲淤形态

　　HH40—HH53 断面之间属于明显冲刷的河段,并且冲刷形式是溯源冲刷,即冲刷从下游向上游逐渐发展。各断面的冲淤变化情况见图 8-8。

　　HH40—HH53 断面之间为冲刷河段,冲刷后的断面形态为典型的自然河道的断面形态。冲刷的深度从 HH40 断面开始向上游逐渐减小,到 HH53 断面冲刷基本消失。在此

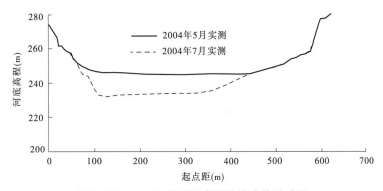

图 8-8(1) HH41 断面调水调沙试验前后对照

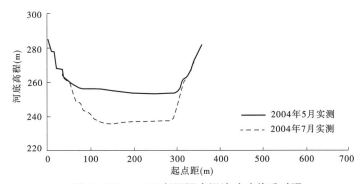

图 8-8(2) HH46 断面调水调沙试验前后对照

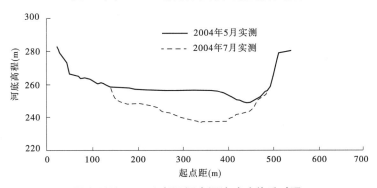

图 8-8(3) HH49 断面调水调沙试验前后对照

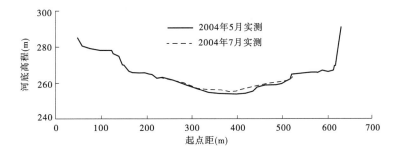

图 8-8(4) HH53 断面调水调沙试验前后对照

河段内的冲刷是溯源冲刷,HH40 断面位于调水调沙试验以前淤积三角洲前坡河底比降的转折处,在其下游比降平缓,接近稳定河底比降;在其上游比降急剧增大,并接近三角洲的顶点。

将冲淤量沿程分布和河底高程沿程变化数据点绘在一起,可以明显看出这一冲淤规律。

(三)主要支流的冲淤变化

调水调沙试验期间,库区支流共淤积 0.40 亿 m³,淤积主要分布在左岸几条较大的支流上,淤积量为 0.32 亿 m³,右岸淤积量较小仅 0.08 亿 m³。

在左岸支流中,大峪河、芮村河、安河、沇西河和板涧河的淤积量在 0.02 亿 m³ 以上,其余支流均在 0.02 亿 m³ 以下。右岸支流只有畛水河和涧河两条支流的淤积量超过 0.02 亿 m³,其余均不足 0.01 亿 m³。

1.支流纵向冲淤变化

根据调水调沙试验后的淤积测验资料,点绘了几条代表性支流的纵剖面图(见图 8-9)。

西阳河、芮村河、沇西河位于干流 HH34—HH22 断面之间左岸,现有库容 7.37 亿 m³,调水调沙试验期间共淤积 0.19 亿 m³,并且大部淤积在河口处。从图 8-9 中可以看出,3 条支流均呈现出明显的河口抬高现象,其中芮村河 1 断面河底抬高达 7.67 m,沇西河 1 断面河底抬高 6.2 m。沇西河河口拦门坎的高度为 5.93 m,西阳河河口拦门坎的高度为 3.98 m。

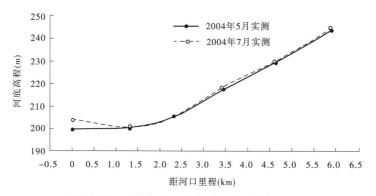

图 8-9(1)　西阳河调水调沙试验前后纵剖面对照

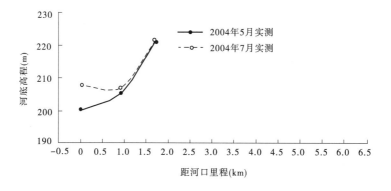

图 8-9(2)　芮村河调水调沙试验前后纵剖面对照

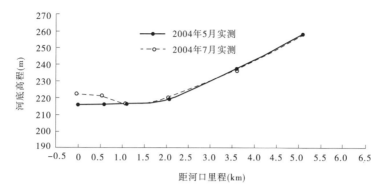

图 8-9(3)　沈西河调水调沙试验前后纵剖面对照

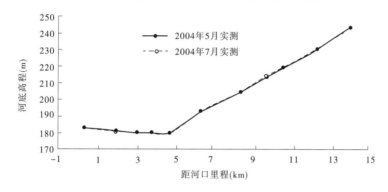

图 8-9(4)　畛水河调水调沙试验前后纵剖面对照

造成该河段支流河口抬高的主要原因是干流泥沙的倒灌。在调水调沙试验期间,通过万家寨和三门峡水库的联合调度,在小浪底库区成功地塑造了异重流,异重流的潜入点位于 HH36—HH34 断面之间,紧靠该河段的上游。异重流形成后,挟带大量的泥沙向下输送,当高含沙水流到达支流河口时,由于干流的水位高于支流水位,增大了干流至支流沟口的瞬时水面比降,部分高含沙水流进入支流。

由于支流水体的顶托作用,进入支流的高含沙水流流速迅速减小,较粗的泥沙迅速沉降,淤积在河口附近,形成河口拦门坎。从图 8-9 中可以看出,泥沙向支流淤积的范围一般在 1 km 左右,说明进入支流的高含沙水流是以扩散的形式挟带泥沙的。

在此河段右岸的峪里河和麻峪河,尽管河口断面也有淤积,但未形成河口拦门坎。HH22 断面以下左岸支流口门的变化不大。

2.支流断面的横向变化

选取几条淤积量较大的支流河口断面,点绘调水调沙试验前后断面套绘图(见图 8-10),分析试验期间支流的横向冲淤变化。

从图 8-10 中可以看出,支流断面的横向冲淤变化主要以河底的均匀抬升为主,各支流间的淤积厚度从上游向下淤递减。西阳河最大淤积厚度为 4.47 m,芮村河最大淤积厚度为 8.77 m,沈西河最大淤积厚度为 8.70 m。干流泥沙向支流倒灌时河底水流流速不大,河底接近水平。

由于大部分支流的淤积量在 0.01 亿 m³ 左右,除上述几条支流以外,其他支流断面

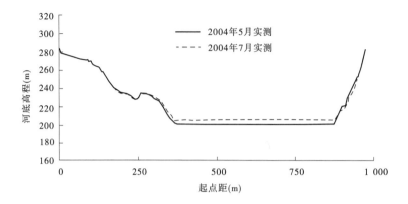

图 8-10(1) 西阳河 1 断面调水调沙试验前后对照

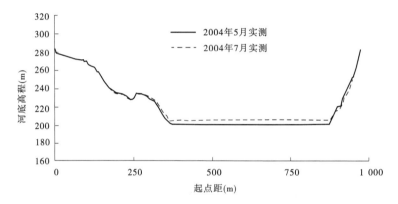

图 8-10(2) 芮村河 1 断面调水调沙试验前后对照

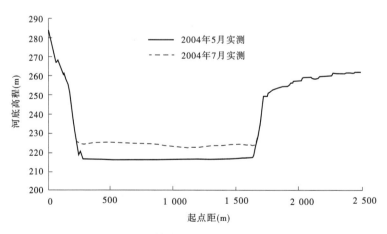

图 8-10(3) 沇西河 1 断面调水调沙试验前后对照

形态和河底高程与调水调沙试验前相比均无明显的变化。

(四)调水调沙试验期间的库容变化

截至 2004 年 7 月,小浪底水库 275 m 高程以下库容为 112.06 亿 m³,其中干流库容为 60.85 亿 m³,支流库容为 51.21 亿 m³。与调水调沙试验以前相比,干流库容减少 0.75 亿 m³,支流库容减少 0.4 亿 m³。由于试验期间库区干流的淤积部位和形态发生了很大的变化,库容沿高程方向的分配也发生了相应的变化。小浪底水库干流 275 m 高程以下各级高程间的库容变化情况见图 8-11。

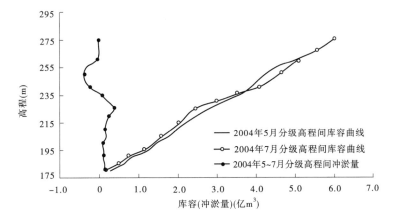

图 8-11　小浪底水库干流各级高程间库容及冲淤量分布图

从各高程级间的库容分配曲线上可以看出,调水调沙试验以后,在 235 m 高程以下库容减少 2.02 亿 m³,235～260 m 高程之间库容增加 1.29 亿 m³,260～275 m 高程之间略有淤积,淤积量为 0.02 亿 m³。从图 8-11 中可以看出,调水调沙试验有效地改善了干流的淤积形态,恢复了 2003 年汛后被侵占的设计有效库容。

支流分级库容的变化主要在左岸支流,右岸支流库容曲线无大的变化。左岸支流库容的变化发生在 225 m 高程以下,225 m 高程以上库容基本无变化。说明在此期间支流没有发生较大的洪水,造成支流库容减少的原因主要是干流泥沙的倒灌(见图 8-12)。

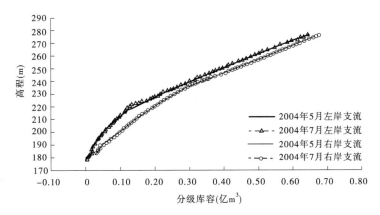

图 8-12　小浪底水库支流各级高程间库容分布

从库区不同高程之间累计冲淤量的分布来看,干、支流冲淤量均主要出现在 235 m 高程以下,支流在 235 m 高程以上累计冲淤量趋于稳定,干流累计冲淤量在 235～260 m 高程之间则急剧减小,表明在此范围内的库容是增大的(见图 8-13)。

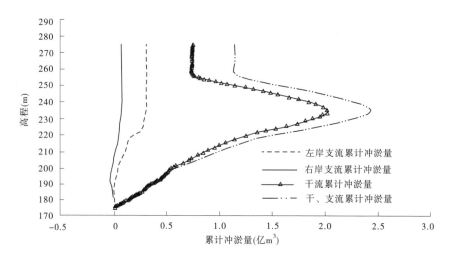

图 8-13　小浪底水库累计冲淤量分布(沿高程方向)

三、库区历年冲淤变化分析

(一)截流初期的冲淤变化

截流初期是指 1997 年 10 月截流至 1999 年 10 月开始蓄水这段时期,期间来水来沙较常年偏少,属严重枯水枯沙年份。所发生的 6 次洪水过程(除 1998 年 7 月 15 日三门峡站洪峰流量为 5 170 m³/s 的一次洪水过程外)洪峰流量都很小。

截流初期,黄河水流由自然河道改变为 3 个导流洞过水,水库以敞泄方式运用,但仍产生了非常强烈的滞洪作用,在洪水到来时形成坝前壅水,淤积主要发生在坝前 HH1—HH11 断面范围内(见图 8-14)。

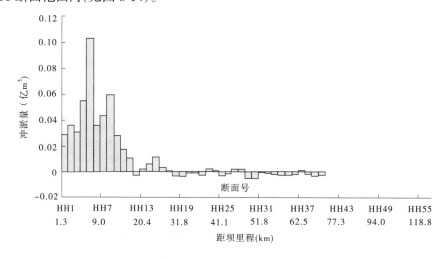

图 8-14　小浪底水库截流初期(1997 年 9 月～1999 年 9 月)干流淤积量沿程分布

(二)1999～2003 年库区冲淤变化

自 1999 年水库开始蓄水运用至 2003 年底,小浪底水库的淤积主要发生在干流,支流淤积主要发生在近坝段的几条支流的沟口附近,且主要发生在 2001 年。小浪底库区历年来干流各断面间的库容和淤积量的变化情况见表8-8和图8-15、图8-16。

表 8-8　小浪底水库干流各断面间历年累计冲淤量对照

断面	小浪底水库干流各断面间历年累计冲淤量(亿 m³)				
	1999 年汛前~ 2000 年汛前	2000 年汛前~ 2001 年汛前	2001 年汛前~ 2002 年汛前	2002 年汛前~ 2003 年汛前	2003 年汛前~ 2003 年汛后
HH1	0.013 4	0.071 7	0.057 5	0.024 3	− 0.075 7
HH2	0.035 0	0.145 6	0.101 1	0.038 2	− 0.113 6
HH3	0.058 1	0.214 9	0.134 4	0.047 9	− 0.175 4
HH4	0.100 4	0.350 7	0.199 5	0.079 0	− 0.272 5
HH5	0.185 2	0.601 8	0.337 8	0.155 9	− 0.320 1
HH6	0.219 3	0.730 6	0.418 0	0.196 5	− 0.360 8
HH7	0.248 9	0.854 8	0.506 0	0.214 9	− 0.398 8
HH8	0.296 8	0.998 4	0.634 1	0.231 1	− 0.420 5
HH9	0.320 1	1.120 6	0.728 5	0.249 1	− 0.434 9
HH10	0.326 5	1.381 4	0.907 0	0.277 8	− 0.404 9
HH11	0.336 0	1.529 3	1.029 4	0.296 6	− 0.404 9
HH12	0.349 4	1.665 3	1.230 7	0.333 5	− 0.327 2
HH13	0.352 5	1.755 8	1.402 3	0.388 0	− 0.291 0
HH14	0.361 8	1.796 8	1.562 5	0.438 0	− 0.247 4
HH15	0.380 9	1.832 1	1.758 9	0.499 3	− 0.180 4
HH16	0.390 0	1.872 3	1.834 2	0.533 4	− 0.161 5
HH17	0.394 2	1.894 6	1.878 5	0.556 3	− 0.157 2
HH18	0.401 4	1.932 3	1.945 4	0.591 0	− 0.148 3
HH19	0.409 3	1.963 7	2.032 0	0.632 4	− 0.110 7
HH20	0.411 3	1.980 8	2.112 0	0.678 4	− 0.076 0
HH21	0.414 5	2.001 5	2.171 6	0.715 9	− 0.049 1
HH22	0.420 7	2.026 0	2.245 5	0.778 7	− 0.019 2
HH23	0.421 9	2.056 2	2.321 9	0.871 4	0.021 5
HH24	0.424 5	2.094 7	2.397 9	0.982 9	0.075 7
HH25	0.424 7	2.124 1	2.437 5	1.057 5	0.102 0
HH26	0.428 7	2.147 0	2.479 8	1.149 5	0.122 5
HH27	0.433 9	2.155 7	2.506 1	1.222 9	0.132 4
HH28	0.438 1	2.172 9	2.537 9	1.331 6	0.140 2
HH29	0.439 5	2.200 3	2.583 2	1.463 1	0.151 9
HH30	0.445 6	2.222 4	2.631 4	1.584 9	0.179 6
HH31	0.448 7	2.249 0	2.675 6	1.684 0	0.230 2
HH32	0.448 9	2.287 8	2.725 6	1.801 4	0.321 9
HH33	0.447 8	2.333 0	2.790 8	1.945 1	0.472 5
HH34	0.448 5	2.413 6	2.846 4	2.078 0	0.711 1
HH35	0.451 6	2.482 8	2.856 2	2.121 8	0.920 1
HH36	0.453 6	2.636 5	2.798 6	2.139 7	1.173 5

续表 8-8

断面	小浪底水库干流历年累计冲淤量(亿 m³)				
	1999 年汛前~ 2000 年汛前	2000 年汛前~ 2001 年汛前	2001 年汛前~ 2002 年汛前	2002 年汛前~ 2003 年汛前	2003 年汛前~ 2003 年汛后
HH37	0.454 9	2.860 4	2.709 2	2.136 9	1.466 8
HH38	0.457 2	3.015 8	2.661 0	2.128 9	1.648 2
HH39	0.459 5	3.198 4	2.602 8	2.109 1	1.882 9
HH40	0.460 4	3.277 9	2.573 1	2.099 8	1.996 3
HH41	0.464 7	3.419 5	2.541 2	2.059 3	2.266 8
HH42	0.465 7	3.489 2	2.533 1	2.011 3	2.497 4
HH43	0.465 4	3.543 2	2.523 8	1.977 0	2.771 3
HH44	0.470 3	3.577 5	2.511 6	1.965 6	3.087 7
HH45	0.476 6	3.595 3	2.498 1	1.966 6	3.315 7
HH46	0.484 2	3.607 7	2.488 4	1.968 0	3.475 8
HH47	0.484 3	3.610 7	2.486 9	1.968 4	3.615 3
HH48	0.482 0	3.609 8	2.488 4	1.969 1	3.768 2
HH49	0.479 5	3.610 4	2.490 3	1.968 9	3.916 4
HH50	0.478 1	3.611 7	2.490 1	1.969 1	4.118 2
HH51	0.475 3	3.614 8	2.491 7	1.971 0	4.226 9
HH52	0.473 2	3.616 9	2.497 5	1.970 1	4.338 1
HH53	0.477 5	3.612 6	2.504 2	1.966 9	4.388 9
HH54	0.474 4	3.615 7	2.501 8	1.967 7	4.403 1
HH55	0.469 3	3.620 8	2.495 8	1.971 9	4.399 9
HH56	0.469 0	3.621 1	2.495 7	1.972 2	4.399 9

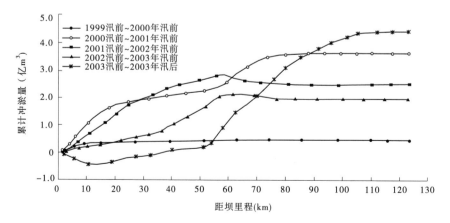

图 8-15　小浪底水库干流历年断面间累计冲淤量对照

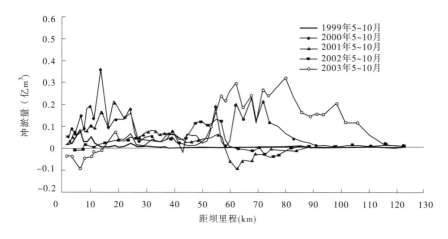

图 8-16 小浪底水库干流历年断面间冲淤量沿程分布

(三)2000～2003 年库区冲淤量沿程分布

点绘小浪底水库干流历年最低河底高程曲线见图 8-17。从图 8-17 中可以看出,总的来说,库区干流淤积三角洲的位置随库区水位的升高逐渐向上游移动,但库区异重流和水库调度对三角洲的上下移动具有一定的影响。

由于小浪底水库蓄水以来库区的泥沙主要淤积在黄河干流,其淤积量占全库淤积量的 92%。支流来水来沙很少,支流淤积主要是干流泥沙倒灌支流所致。因此,下面以黄河干流历年的冲淤量变化来分析库区淤积的沿程变化规律。

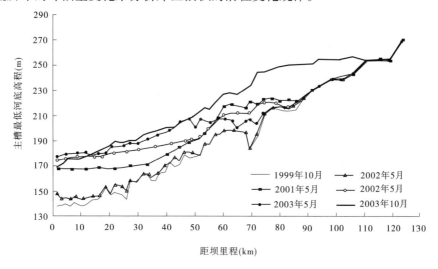

图 8-17 小浪底水库干流平均河底高程对照

1.2000 年库区冲淤量分布

1999 年 10 月 25 日小浪底水库蓄水运用,2000 年 5～11 月入库沙量 3.574 亿 t,三小间产沙量 0.034 2 亿 t,入库总沙量为 3.608 亿 t,库区产生大量淤积。2000 年 5～11 月全库淤积量 3.558 2 亿 m³,其中黄河干流为 3.367 4 亿 m³,占 94.6%;支流 0.190 8 亿 m³,占 5.4%。2000 年库区淤积主要发生在距坝 24 km(HH15 断面)以下及距坝 55～91 km

(HH33—HH47)断面之间,干流总淤积量为3.62亿m³。距坝24 km以下淤积1.83亿m³,距坝55~91 km之间淤积1.28亿m³,两段淤积量为3.11亿m³,占干流总淤积量的86%。距坝24~55 km(HH15—HH33断面)之间淤积较少,距坝91 km(HH47断面)以上无大的变化(见图8-18)。

支流淤积主要分布在石门沟、大峪河、煤窑沟、畛水河等几条较大支流沟口附近(见图8-19)。

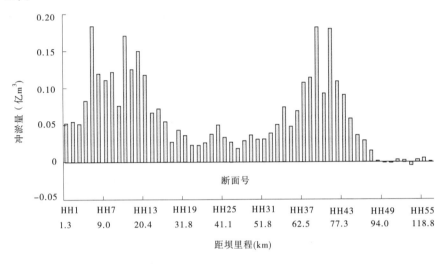

图8-18　小浪底水库2000年汛期(5~11月)干流冲淤量沿程分布

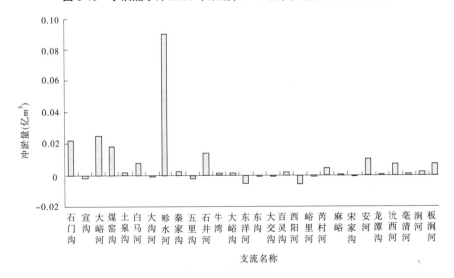

图8-19　小浪底水库2000年汛期(5~11月)各支流冲淤量分布

2.2001年库区冲淤量分布

2001年共发生4次1 000 m³/s以上的入库洪水,但入库总沙量较少,只有8月17日~9月6日之间的一场洪水输沙过程历时较长(见图8-20、图8-21)。由于2001年汛期小浪底水库发生异重流,水库排沙量大于上年,从图中可以看出,与入库过程相比,存在着相对应的出库沙量过程,使得 2001 年库区淤积量较 2000 年要小。

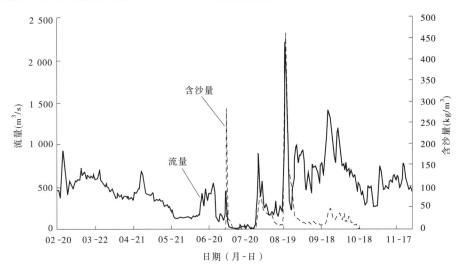

图 8-20　2001 年小浪底水库入库水沙过程

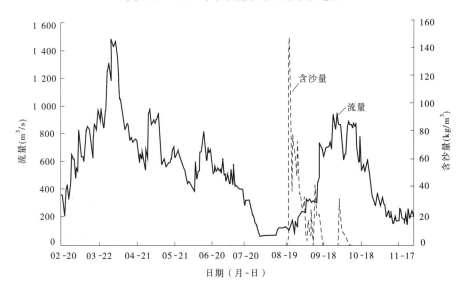

图 8-21　2001 年小浪底水库出库水沙过程

2001 年 5～11 月间实测库区淤积量为 2.7 亿 m^3,其中干流淤积 2.3 亿 m^3,占 85.3%;支流淤积 0.40 亿 m^3,占 14.7%。其冲淤量沿程分布情况见图 8-22。

2001 年淤积主要发生在距坝 58 km(HH35 断面)以下,其中大坝～距坝 24 km (HH15 断面)河段的淤积强度大于距坝 24～58 km(HH15 断面)河段的淤积强度,两段淤积量分别为 1.76 亿 m^3 和 1.09 亿 m^3。由于 2001 年汛期在小浪底库区产生了异重流,使得距坝 58～70 km(HH35—HH40 断面)之间的淤积三角洲前移至距坝 55 km(HH33 断面)附近,并在距坝 58～94 km(HH35—HH49 断面)之间发生冲刷,冲刷量为 0.35 亿 m^3。距坝 94 km 以上河段冲淤基本平衡。

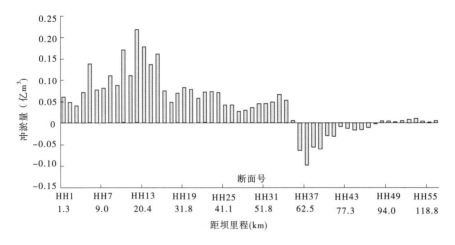

图 8-22　小浪底水库 2001 年 5～12 月干流冲淤量沿程分布

由于 2001 年汛期蓄水位较低,7 月底坝前水位最低降到 190 m 附近,对应于 8、9 月间的入库洪水,坝前水位由 200 m 上升至 215 m 左右,回水末端位置在 HH36 断面附近,干流淤积主要发生在 HH35 断面以下,HH36 断面以上发生了冲刷。支流淤积主要分布在大峪河、畛水河,见图 8-23。

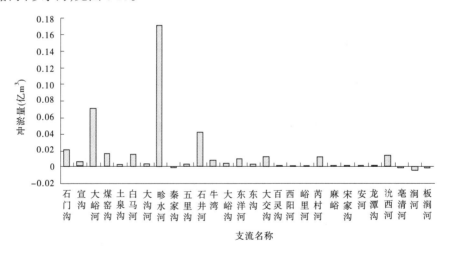

图 8-23　小浪底水库 2001 年 5～12 月各支流冲淤量分布

3.2002 年库区冲淤量分布

2002 年汛期共发生 3 次 1 000 m³/s 以上的入库洪水,其中 6 月下旬～7 月中旬的一次流量和含沙量均较大(洪峰 4 500 m³/s,沙峰 500 kg/m³)且历时较长,在库区形成异重流,但出库沙量不大(见图 8-24、图 8-25)。

对应于三次洪水过程,水库运行水位前高后低,干流淤积主要出现在库区中部 HH19—HH36 断面之间,HH37 断面以上表现为冲刷,由于前期淤积和后期冲刷总体作用的结果,HH18 断面以下淤积量较小。

2002 年淤积主要发生在距坝 35～60 km(HH20—HH36 断面)之间,淤积量为 1.40

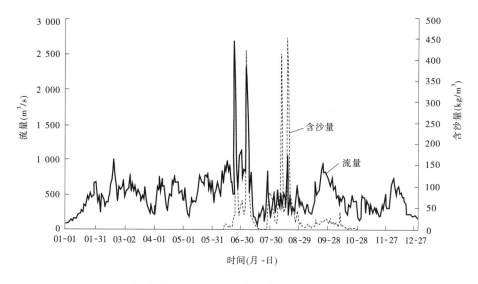

图 8-24　2002 年小浪底水库入库水沙过程

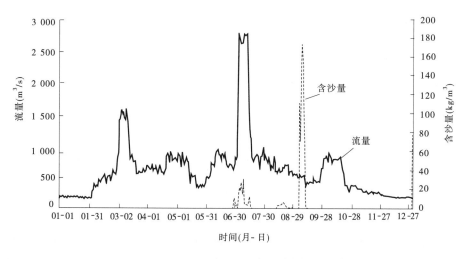

图 8-25　2002 年小浪底水库出库水沙过程

亿 m³,占干流淤积总量的 71%。2002 年调水调沙试验期间库区产生异重流,在异重流的作用下,库区中段的淤积三角洲略有前移,距坝 77 km(HH43 断面)以上冲刷基本平衡。与前两年相比,距坝 14 km(HH10 断面)以下淤积量很小,仅为 0.28 亿 m³,比 2000 年的 1.38 亿 m³ 减少 1 亿多 m³。与 2002 年调水调沙试验前相比,调水调沙试验后 HH10 断面以下平均河底高程抬升了 4 m 左右,但由于小浪底水库 2002 年 9 月的排沙运用,下泄沙量 0.36 亿 t,导致近坝段河底高程下降,年淤积量减少(见图 8-26)。

支流淤积主要出现在近坝的大峪河以及上游的沇西河,畛水河则出现一定程度的冲刷(见图 8-27)。

4.2003 年库区冲淤量分布

2003 年汛期受上游洪水的影响,入库水量较往年偏多,三门峡站入库水量过程主要集中在 8～10 月,入库沙量过程主要集中在 7～9 月。同时,由于下游河道过流能力的限

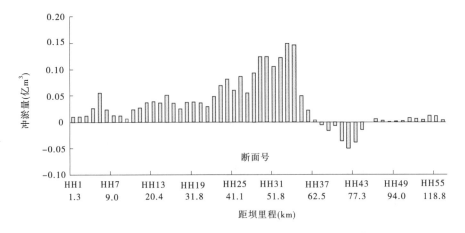

图 8-26　小浪底水库 2002 年 6～10 月干流冲淤量沿程分布

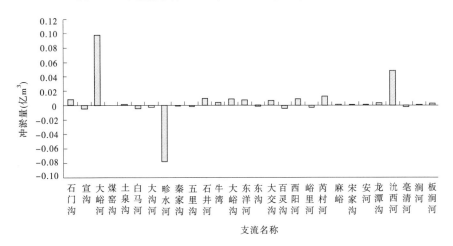

图 8-27　小浪底水库 2002 年汛期(6～10 月)各支流冲淤量分布

制,水库下泄流量多维持在 2 500 m³/s 左右,导致水库运用水位较高,库区最高水位到 10 月 15 日一度达到 265 m 以上。加上三门峡水库以上汛期来沙较多,上游泥沙淤积在小浪底库区造成淤积(见图 8-28、图 8-29)。

2003 年 5～10 月间,小浪底水库淤积量达 4.59 亿 m³(275 m 高程以下的总库容从汛前的 118 亿 m³ 减少到 113.41 亿 m³),为建库以来年度淤积量的最大值。

因库区水位较高,加上入库流量和含沙量不大,入库泥沙向坝前输移的动力不足,淤积部位主要集中在干流尾部。淤积范围为距坝 50～110 km(HH30—HH52 断面)之间(见图 8-30),该河段淤积量为 4.22 亿 m³,占干流总淤积量(4.40 亿 m³)的 96%,最大淤积厚度为 42 m(HH42 断面)。由于靠近大坝部位没有泥沙的补给,当水库开闸泄水时无法及时将尾部淤积的泥沙排出水库,靠近大坝的河段河底下切造成局部冲刷。同时,干流尾部河段河底高程的迅速抬高,造成部分支流口门的抬升,形成支流口门的拦门沙现象。

小浪底水库 2003 年汛期(5～11 月)各支流冲淤量分布见图 8-31。

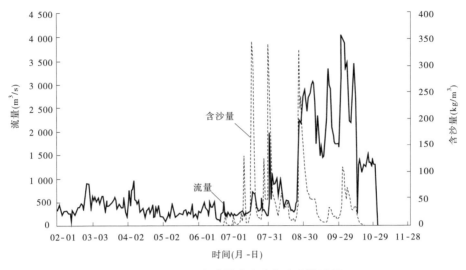

图 8-28　2003 年小浪底水库入库水沙过程

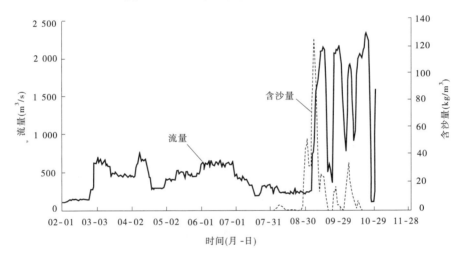

图 8-29　2003 年小浪底水库出库水沙过程

(四)历年淤积量沿高程方向的变化

从 1999 年 10 月小浪底水库开始运用到 2003 年 11 月,小浪底库区 275 m 高程以下共淤积 14.15 亿 m³。1999 年 10 月~2003 年 11 月 275 m 高程以下累计淤积量沿高程分布情况见图 8-32。

1999 年库区淤积主要发生在 180 m 高程以下,累计淤积量约 0.5 亿 m³,180 m 高程以上淤积量很小。

2000 年淤积主要分布在高程 155~235 m 之间,最大累计淤积发生在 230 m 高程处,淤积量为 3.60 亿 m³,230~235 m 高程之间略有冲刷,235 m 高程以上基本稳定。干流总淤积量为 1.86 亿 m³。

2001 年淤积主要分布在 175~225 m 高程之间,淤积沿高程的分布和上一时段相似,最大累计淤积发生在 210 m 高程处,淤积量为 3.10 亿 m³,210~225 m 高程之间略有冲

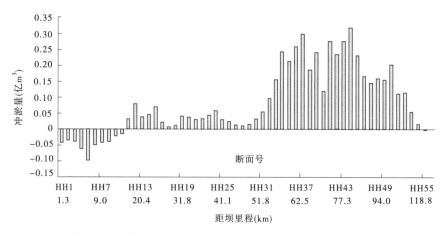

图 8-30　小浪底水库 2003 年汛期(5～11 月)干流冲淤量沿程分布

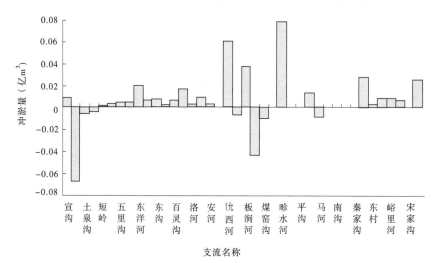

图 8-31　小浪底水库 2003 年汛期(5～11 月)各支流冲淤量分布

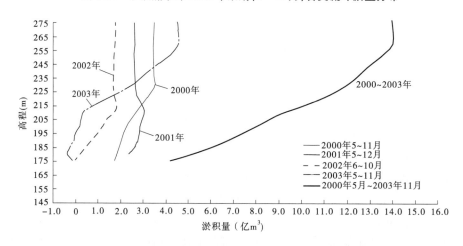

图 8-32　小浪底水库历年累计淤积量沿高程分布曲线

刷,225 m高程以上基本稳定。干流总淤积量为2.70亿 m³。

2002 年淤积仍主要分布在 175～225 m 高程之间,最大累计淤积发生在 215 m 高程处,淤积量为 1.91 亿 m³,215～225 m 高程之间略有冲刷,225 m高程以上基本稳定。干流总淤积量为 1.86 亿 m³。

2003 年淤积发生的部位较高,主要分布在 210～255 m 高程之间,最大累计淤积发生在 255 m 高程处,淤积量为 4.64 亿 m³,175～180 m 高程之间略有冲刷,255 m 高程以上基本稳定。干流总淤积量为 4.60 亿 m³。

1999 年 10 月～2003 年 11 月,淤积主要发生在 175～255 m 高程之间,最大累计淤积发生在255 m高程附近,260 m 高程以上基本稳定。库区总淤积量为 14.15 亿 m³。在各年的累计淤积量沿高程分布曲线上都存在一个明显的转折点,其高程和当年的库区最高水位接近,在该高程以下发生淤积。

小浪底水库历年汛期冲淤量沿高程的分布情况见图 8-33、图 8-34。

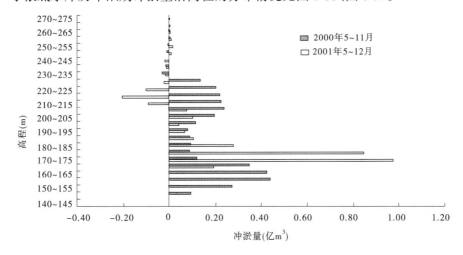

图 8-33　小浪底水库 2000 年、2001 年汛期冲淤量沿高程分布

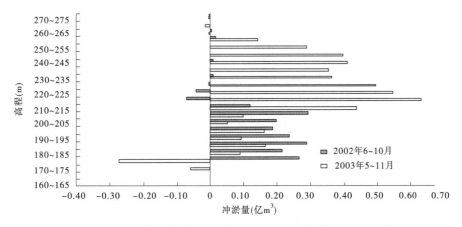

图 8-34　小浪底水库 2002 年、2003 年汛期冲淤量沿高程分布

四、淤积三角洲的发展变化过程

小浪底水库属于山区峡谷型水库,库区干流狭,河底比降大,两岸支流众多。干流库容占总库容的70%以上。水库蓄水运用后,由于上游入库泥沙的淤积,在回水末端形成淤积三角洲。淤积三角洲的位置对水库库容利用和支流拦门沙的形成有着明显的影响作用。

从1999年以来小浪底水库淤积三角洲的发展过程来看,淤积三角洲的形成和变化具有一定的规律,利用这个规律可以有效地控制和改变三角洲的形成和变化。

1999年小浪底水库蓄水后,水库运用水位逐年抬升,回水长度逐渐增大。由于水库回水的影响,改变了原来河道水力特性,断面流速迅速减小,水流挟沙能力减弱,入库高含沙水流进入库区后,挟带的较粗泥沙在水库回水末端以下形成淤积三角洲。

1999年10月~2000年5月,库区干流河底纵断面变化不大,在距坝50 km以内河底高程略有抬高;2000年5月~2001年5月,由于库区水位的抬高,在距坝35~88 km的范围内形成了明显的淤积三角洲,三角洲的顶点在距坝60 km处,顶点高程为217.91 m。三角洲的顶坡长约28 km,纵比降2.3‰。三角洲前坡长约8.3 km,纵比降约为32‰。坡顶最大淤积厚度37.09 m(见图8-35)。

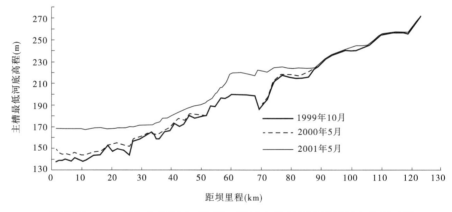

图8-35　小浪底水库1999年10月~2001年5月干流最低河底高程对照

2001年8月21~25日和8月27日~9月7日,在小浪底库区先后出现2次异重流过程,期间库区水位变化范围为204.38~217.63 m。在异重流期间,小浪底水库适时打开了排沙孔洞,异重流顺利到达坝前并排沙出库。受异重流的影响,2001年8月实测干流纵断面在距坝55.02~88.54 km范围内发生冲刷,淤积三角洲下移,高程下降,最大冲刷深度为25.3 m。距坝50 km以下河底高程抬高,坝前淤积厚度约10 m,三角洲的前坡段河底比降变小。

2001年8月~2002年5月,淤积三角洲的坡顶河段回淤,淤积厚度约20 m,淤积形态较2001年5月有所变化,主要表现为坡顶高程降低、比降增大(见图8-36)。

2002年5~8月,干流在距坝88 km以下普遍发生淤积,其中距坝62~88 km之间的淤积厚度大于距坝60 km以下,在距坝55~88 km之间形成淤积三角洲,三角洲的顶点

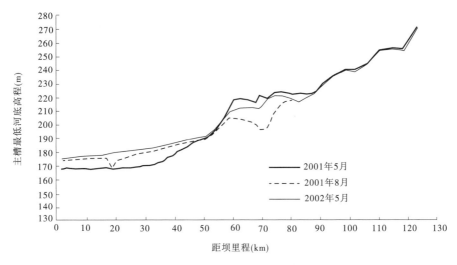

图 8-36　小浪底水库 2001 年 5 月~2002 年 5 月干流最低河底高程对照

在距坝78 m处,其上游坡段的长度大于下游坡段。在此期间,小浪底库区 7 月 7~13 日出现了一次较强的异重流过程,7 月 7 日在距坝78 km的地方观测到异重流潜入点,此时的坝前水位为233.86 m,回水末端在距坝94 km处,潜入点相距回水末端 16 km。为控制小浪底水库下泄沙量,在异重流期间水库排沙洞没有开启,异重流到达坝前后向上爬升并形成浑水水库。同时,对后续异重流产生顶托作用,减小异重流动力,降低其挟沙能力,在异重流消失的过程中,其挟带的泥沙沿程淤积。

2002 年 8 月 20 日~10 月底,三门峡水库出库沙量很小,由于入库清水的冲刷作用,干流纵断面发生了较大的调整,在距坝 60~89 km 之间发生明显的冲刷,最大冲刷深度为 20 m。在距坝 25~60 km 之间发生淤积,最大淤积厚度为 11.4 m。调整的结果是淤积三角洲向下游移动 15 km 左右,三角洲的范围增大,顶点高程下降 13.79 m,位置下移21 km,上游坡段和下游坡段的比降均有所变小。距坝 20 km 的近坝段冲淤基本平衡。

2002 年 10 月~2003 年 5 月,库区干流纵断面变化不大(见图 8-37)。

2003 年汛后小浪底水库运用水位较高,库区最高水位达 265.58 m。同时,由于 2003年秋季洪水的影响,上游洪水挟带的大量泥沙淤积在小浪底库区。2003 年 5~11 月小浪底库区共淤积泥沙4.8 亿 m³,其中4.2 亿 m³ 淤积在干流。从淤积形态来看,干流淤积的泥沙主要集中在距坝 50~110 km 的上半段,最大淤积厚度在距坝 71 km 处,河底淤高 42m。淤积三角洲的顶点较 2003 年 5 月上提约 22 km,顶点高程在 205 m 以上,部分河段已经侵占了设计有效库容。

2003 年 11 月~2004 年 5 月,干流纵断面的变化不大,在距坝 11~92 km 之间略有冲刷。

2004 年汛期,黄委开展了第三次调水调沙试验。试验期间,为降低小浪底库区尾部的河底高程、改善库尾淤积形态,在河堤以上河段开展了人工泥沙扰动试验,并在小浪底库区成功塑造了异重流。以上措施有效地改善了库尾河段的淤积形态,降低了库区的淤积高程。在距坝 70~110 km 之间河底发生了明显的冲刷,平均冲刷深度近 20 m,利用异

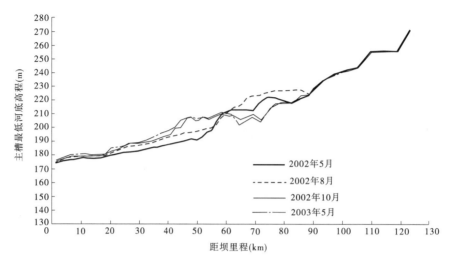

图 8-37　小浪底水库 2002 年 5 月～2003 年 5 月干流最低河底高程对照

重流的输沙特性将该河段的泥沙向下输移 30 km 左右,三角洲的顶点下移 24 km、高程降低 23.69 m,被侵占的设计有效库容全部得到恢复(见图 8-38)。

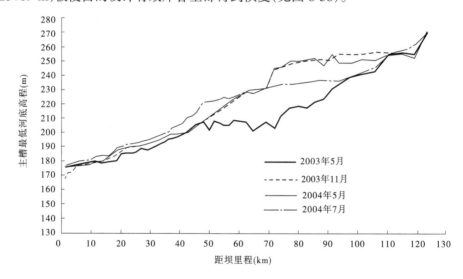

图 8-38　小浪底水库 2003 年 5 月～2004 年 7 月干流最低河底高程对照

总体来说,自 1999 年蓄水以来,小浪底库区干流纵断面的变化可分以下几个河段来讲:

(1)坝前—距坝 60 km 处。该河段从 1999 年蓄水到 2004 年 7 月,河底高程逐年抬高并只淤不冲,属于比较明显的淤积河段。

(2)距坝 60～110 km 之间。此河段河底高程变化比较复杂,是常出现回水末端的河段。河底高程有升有降,有时甚至是大冲大淤,但其冲淤变化具有一定的规律。在出现异重流的年份,如果小浪底水库在异重流期间开启排沙孔洞向外排沙,该河段河底多发生冲刷;如果小浪底水库不开启排沙孔洞,则该河段河底将发生淤积。如果当年汛期发生较大淤积,则在非汛期该河段将会出现不同程度的冲刷。

(3)110 km 以上河段。小浪底水库蓄水以来该河段冲淤基本平衡,断面形态变化不大,属于比较稳定的河段。

第三节　小　结

(1)根据断面法计算,2004 年 5～7 月间小浪底库区共淤积 1.15 亿 m³,其中干流淤积 0.75 亿 m³,占总淤积量的 65%;左岸支流淤积 0.32 亿 m³,占总淤积量的 28%;右岸支流淤积量很小仅 0.08 亿 m³,占总淤积量的 7%。

据输沙率法计算,本次调水调沙试验期间小浪底水库入库沙量为 0.431 9 亿 t,出库沙量为 0.044 亿 t,水库排沙比为 10.2%,库区淤积量为 0.387 9 亿 t。

(2)2004 年调水调沙试验中成功地塑造了人工异重流。按照有关预案,较好地控制了两次异重流的发生、发展、演进、排泄与消失的完整过程,测验资料精度较高,方法可行。

(3)由于汛后库区水位抬升较高,在进行 2004 年调水调沙试验后库区淤积测验时,已经目测到库区塌岸比较严重,特别是 HH22 断面以上两岸多为土山,第一次上水并长期浸泡,导致部分河段发生大面积塌岸现象。根据水库运用的一般规律,经历高水位运用后的落水期是库区塌岸的多发时期。由于塌岸位置一般不在断面线上,淤积测验很难观测到塌岸的数量,而库区塌岸的发生将直接影响库容量和库容沿高程方向的分布。

(4)根据近几年的资料分析,在当年汛后至次年汛前的时段里,三门峡水库下泄的清水均会对小浪底水库库尾段的淤积形态产生不同程度的调整作用。

第九章　黄河下游河道冲淤

第一节　试验期间下游河道冲淤

一、下游河道冲刷效果

(一)沙量平衡法冲淤量及沿程分布

根据实测水沙资料,考虑各河段实测引沙量,第一阶段小浪底—利津河段冲刷 0.373 亿 t,第二阶段小浪底—利津河段冲刷 0.284 亿 t,中间段小浪底—利津河段冲刷 0.009 亿 t。整个调水调沙试验期间下游河道小浪底—利津河段冲刷 0.665 亿 t,单位水量冲刷效率为 0.013 9 t/m³。

从整个调水调沙试验过程看,黄河下游各河段均为冲刷,其中小浪底—高村、高村—利津河段分别冲刷 0.316 亿 t、0.349 亿 t,各占总冲刷量的 47.5% 和 52.5%。小浪底—花园口、高村—孙口、泺口—利津河段冲刷相对较多,冲刷量分别为 0.169 亿 t、0.123 亿 t 和 0.150 亿 t,分别占总冲刷量的 25.4%、18.5% 和 22.6%。实施人工扰动的高村—孙口、孙口—艾山两河段冲刷量分别为 0.123 亿 t 和 0.075 亿 t,见表 9-1。

表 9-1　调水调沙试验期间下游河道冲淤量(沙量平衡法)　　(单位:亿 t)

河段	第一阶段	第二阶段	中间段	全过程
小浪底—花园口	-0.089	-0.076	-0.005	-0.169
花园口—夹河滩	-0.052	-0.045	-0.004	-0.101
夹河滩—高村	-0.039	-0.007	0.000 2	-0.046
高村—孙口	-0.054	-0.070	0.001	-0.123
孙口—艾山	-0.050	-0.024	-0.001	-0.075
艾山—泺口	0.001	-0.004	0.002	-0.001
泺口—利津	-0.090	-0.058	-0.002	-0.150
小浪底—高村	-0.180	-0.128	-0.008	-0.316
高村—利津	-0.193	-0.156	-0.001	-0.349
小浪底—利津	-0.373	-0.284	-0.009	-0.665

本次调水调沙试验,下游小浪底—利津河段平均冲刷 8.8 万 t/km,各河段冲淤强度见图 9-1。从图 9-1 中可以看出,花园口站以上河段、高村—孙口河段及孙口—艾山河段冲刷强度相对较大,分别为 13.05 万 t/km、10.44 万 t/km 和 11.64 万 t/km。高村站以上

河段冲刷强度沿程减小,呈沿程冲刷特性,高村—孙口及孙口—艾山两河段因实施人工扰动,冲刷强度增大。

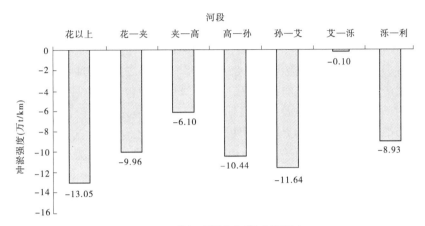

图 9-1　黄河下游各河段冲淤强度

(二)断面法冲淤量及沿程分布

根据 2004 年 4 月和 7 月实测断面资料,断面法计算成果,调水调沙试验期间下游河道小浪底—河口段冲刷 1.049 亿 t,单位水量冲刷效率为 0.021 9 t/m³,见表 9-2。

表 9-2　调水调沙试验期间下游河道冲淤量(断面法)　　　(单位:亿 t)

河段	主槽	滩地	全断面
小铁 1—花园口	-0.199	0	-0.199
花园口—夹河滩	0.037	0.002	0.039
夹河滩—高村	-0.150	-0.016	-0.166
高村—孙口	-0.195	0	-0.195
孙口—艾山	-0.029	0	-0.029
艾山—泺口	-0.129	0	-0.129
泺口—利津	-0.256	0	-0.256
利津—河口	-0.113	-0.001	-0.114
小铁 1—高村	-0.312	-0.014	-0.326
高村—河口	-0.722	-0.001	-0.723
小铁 1—利津	-0.921	-0.014	-0.935
全下游	-1.034	-0.015	-1.049

注:泥沙干容重取 1.4 t/m³。

除花园口—夹河滩河段微淤 0.039 亿 t 外,其余各河段均为冲刷,其中小浪底—高村、高村—河口河段分别冲刷 0.326 亿 t、0.723 亿 t,分别占总冲刷量的 31.1% 和 68.9%。小浪底—花园口、夹河滩—高村、高村—孙口、泺口—利津河段冲刷相对较多,冲刷量分别为 0.199 亿 t、0.166 亿 t、0.195 亿 t 和 0.256 亿 t,分别占总冲刷量的 18.9%、

15.8%、18.6%和24.5%。实施人工扰动的高村—孙口、孙口—艾山两河段冲刷量分别为0.195亿t和0.029亿t。

调水调沙试验期间下游河道均未发生漫滩。从冲淤量横向分布看,调水调沙试验期间下游河道冲刷也主要发生在主槽内,全下游标准水位下主槽冲刷1.034亿t,占全断面冲刷量的98.6%,滩地由于局部少量坍塌,冲刷0.015亿t,占全断面冲刷量的1.4%。

2004年4月下游河道断面施测时间在4月15～25日之间,2004年7月下游河道断面施测时间在7月15～25日之间,断面法冲淤计算成果中包含了4月中旬至调水调沙试验开始这段时间下游河道的冲淤量。根据水沙资料,不考虑引沙量,计算2004年4月20日～6月20日下游河道利津以上河段冲刷量为0.182亿t。扣除这一时段下游河道冲刷量,则调水调沙试验期间断面法下游河道利津站以上河段冲刷量为0.754亿t,与沙量平衡法计算成果基本一致。

综合上述分析,2004年调水调沙试验下游河道冲淤量以沙量平衡法计算成果为准。

(三)与前两次调水调沙试验下游河道冲刷情况对比

2002年首次调水调沙试验历时11天,小浪底水库平均出库流量2 741 m³/s,平均出库含沙量12.2 kg/m³,加上沁河和伊洛河同期来水0.55亿m³,进入下游的总水量为26.61亿m³、沙量为0.319亿t,平均含沙量为12.0 kg/m³。利津站平均含沙量21.6 kg/m³,下游河道含沙量沿程恢复9.7 kg/m³。试验期间,黄河下游河道冲刷量为0.362亿t,其中利津站以上冲刷0.334亿t。下游河道冲刷强度为4.4万t/km,全下游单位水量冲刷效率为0.013 6 t/m³,其中利津站以上河道单位水量冲刷效率为0.012 6 t/m³。

2003年第二次调水调沙试验历时12.4天,小浪底水库下泄水量18.25亿m³、沙量0.74亿t。通过小花间的加水加沙,相应花园口站水量27.49亿m³,沙量0.856亿t,平均含沙量为31.1 kg/m³。利津站平均含沙量44.4 kg/m³,下游河道含沙量沿程恢复13.3 kg/m³。调水调沙试验期间,下游利津以上河道总冲刷量为0.456亿t,冲刷强度为5.8万t/km,河道单位水量冲刷效率为0.016 6 t/m³。

根据沙量平衡法计算结果,2004年调水调沙试验,下游利津站以上河道总冲刷量0.665亿t,冲刷强度8.8万t/km,分别比前两次调水调沙试验下游河道冲刷强度大4.4万t/km和3.0万t/km;利津站以上河道单位水量冲刷效率为0.013 9 t/m³,稍大于2002年调水调沙试验期间下游河道单位水量冲刷效率,比2003年调水调沙试验期间下游河道单位水量冲刷效率稍小。

二、分组沙冲淤情况

根据沙量平衡法计算,下游各河段分组沙冲淤量见表9-3。

整个调水调沙试验过程期间,小浪底—利津河段,$D<0.025$ mm、$D=0.025～0.05$ mm、$D>0.05$ mm泥沙的冲刷量分别为0.276亿t、0.185亿t、0.204亿t,分别占总冲刷量的41.5%、27.8%、30.7%。第一阶段,小浪底—利津河段,$D<0.025$ mm、$D=0.025～0.05$ mm、$D>0.05$ mm泥沙的冲刷量分别为0.161亿t、0.105亿t、0.107亿t,分别占该阶段总冲刷量的43.1%、28.2%、28.7%;第二阶段,小浪底—利津河段,$D<0.025$ mm、$D=0.025～0.05$ mm、$D>0.05$ mm泥沙的冲刷量分别为0.110亿t、0.078亿t、

0.095 亿 t,分别占该阶段总冲刷量的 38.9%、27.5%、33.6%。

表 9-3　2004 年调水调沙试验期间下游河道分组沙冲淤量　　（单位:亿 t）

河段	阶段	$d < 0.025$mm	$d = 0.025 \sim 0.05$ mm	$d > 0.05$ mm	全沙
小浪底—花园口	第一阶段	-0.027	-0.022	-0.040	-0.089
	第二阶段	-0.022	-0.016	-0.038	-0.076
	中间段	-0.002	-0.001	-0.002	-0.005
	全过程	-0.051	-0.039	-0.080	-0.170
花园口—夹河滩	第一阶段	-0.024	-0.004	-0.024	-0.052
	第二阶段	-0.021	0.001	-0.024	-0.044
	中间段	-0.003	-0.000 2	-0.001	-0.004
	全过程	-0.048	-0.003	-0.049	-0.100
夹河滩—高村	第一阶段	-0.018	-0.010	-0.011	-0.039
	第二阶段	-0.012	-0.004	0.009	-0.007
	中间段	0.000 3	-0.000 01	-0.000 1	0.000 2
	全过程	-0.030	-0.014	-0.002	-0.046
高村—孙口	第一阶段	-0.013	-0.030	-0.011	-0.054
	第二阶段	-0.018	-0.032	-0.020	-0.070
	中间段	-0.000 3	-0.000 2	0.002	0.001
	全过程	-0.031 3	-0.062 2	-0.029	-0.123
孙口—艾山	第一阶段	-0.008	-0.012	-0.030	-0.050
	第二阶段	0.014	-0.009	-0.029	-0.024
	中间段	0.000 2	-0.000 3	-0.001	-0.001
	全过程	0.006	-0.021	-0.060	-0.075
艾山—泺口	第一阶段	-0.008	0.001	0.008	0.001
	第二阶段	-0.015	-0.002	0.013	-0.004
	中间段	0.001	0	0.001	0.002
	全过程	-0.022	-0.001	0.022	-0.001
泺口—利津	第一阶段	-0.063	-0.028	0.001	-0.090
	第二阶段	-0.036	-0.016	-0.006	-0.058
	中间段	-0.001	-0.000 4	-0.001	-0.002
	全过程	-0.100	-0.044	-0.006	-0.150
小浪底—利津	第一阶段	-0.161	-0.105	-0.107	-0.373
	第二阶段	-0.110	-0.078	-0.095	-0.283
	中间段	-0.005	-0.002	-0.002	-0.009
	全过程	-0.276	-0.185	-0.204	-0.665

三、河底高程变化

根据 2004 年 4 月和 7 月下游实测断面资料,计算各河段标准水位下主槽平均河底高程变化见表 9-4。经过冲刷,下游各河段主槽平均河底高程均表现为不同程度的降低,降低幅度在 0.003~0.212 m 之间,其中高村—孙口、艾山—泺口及泺口—利津河段主槽平均河底高程降低相对较多,分别降低了 0.117 m、0.146 m 和 0.212 m。

表 9-4　2004 年 4～7 月下游各河段主槽平均河底高程变化

河　　段	标准水位下主槽平均河底高程变化(m)
小铁 1—花园口	−0.020
花园口—夹河滩	−0.003
夹河滩—高村	−0.052
高村—孙口	−0.117
孙口—艾山	−0.060
艾山—泺口	−0.146
泺口—利津	−0.212
利津—河口	−0.105

注:"−"表示河底高程降低。

四、河道输沙能力变化

调水调沙试验期间,下游河道沿程冲刷,床沙粗化,河床阻力增加,各主要控制站输沙能力均有所降低。图 9-2～图 9-8 为调水调沙试验前后下游各水文站输沙率与流量的关系对比。由图中可以看出,调水调沙试验后期与前期相比较,各站同流量下的输沙能力均有所降低。表 9-5 为下游各站 2 000 m³/s 流量不同时间的输沙能力情况。

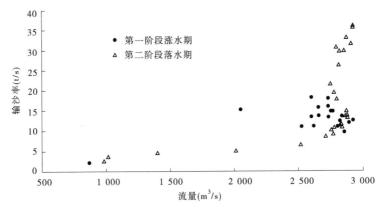

图 9-2　2004 年调水调沙试验期间花园口站输沙率与流量关系

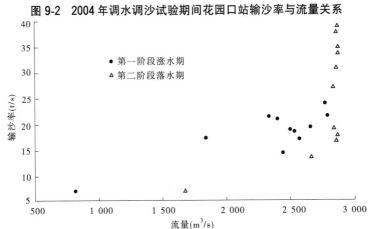

图 9-3　2004 年调水调沙试验期间夹河滩站输沙率与流量关系

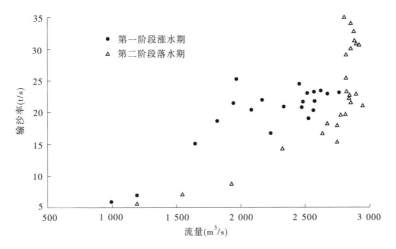

图 9-4 2004 年调水调沙试验期间高村站输沙率与流量关系

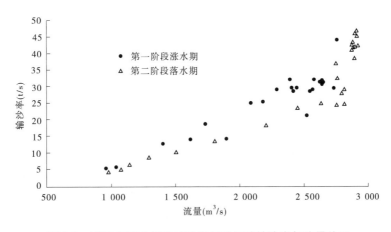

图 9-5 2004 年调水调沙试验期间孙口站输沙率与流量关系

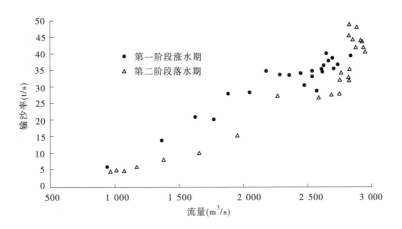

图 9-6 2004 年调水调沙试验期间艾山站输沙率与流量关系

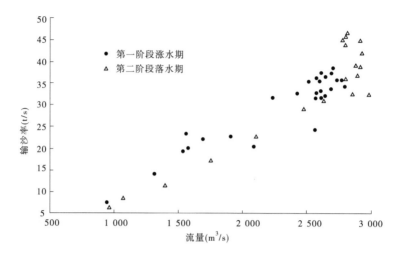

图 9-7　2004 年调水调沙试验期间泺口站输沙率与流量关系

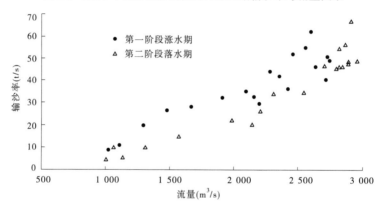

图 9-8　2004 年调水调沙试验期间利津站输沙率与流量关系

表 9-5　调水调沙试验前后下游各站同流量($Q=2\,000\ \mathrm{m^3/s}$)输沙能力

站名	输沙率(t/s)	
	第一阶段涨水期	第二阶段落水期
花园口	14.87	4.89
夹河滩	24.95	9.50
高村	18.57	9.21
孙口	19.08	15.37
艾山	27.81	16.89
泺口	21.53	21.33
利津	33.94	21.93

　　河道输沙能力的变化也可由水流挟沙力因子 v^3/h 的变化来反映。从图 9-9～图 9-12给出的调水调沙试验前后下游各水文站 v^3/h 与流量的关系对比情况看,试验后期与前期相比较,各站同流量下的水流挟沙力因子 v^3/h 均有所减小。

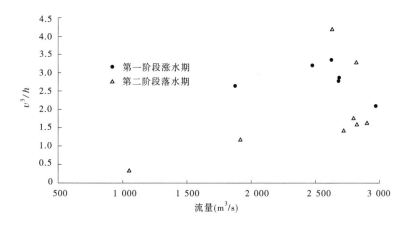

图 9-9　2004 年调水调沙试验期间花园口站 v^3/h 与流量关系

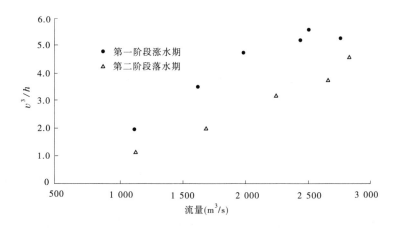

图 9-10　2004 年调水调沙试验期间孙口站 v^3/h 与流量关系

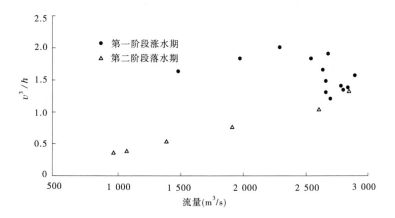

图 9-11　2004 年调水调沙试验期间艾山站 v^3/h 与流量关系

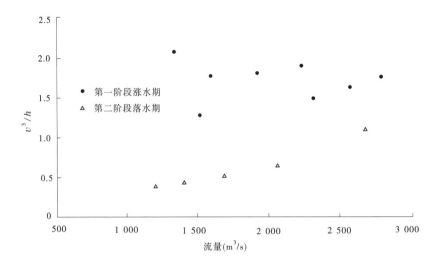

图 9-12　2004 年调水调沙试验期间泺口站 v^3/h 与流量关系

第二节　下游河道水位流量关系及过流能力变化

一、测流断面形态调整

本次调水调沙试验期间,对花园口以下 7 个水文站断面每天进行测流断面测量。各断面冲淤变化过程见图 9-13。计算各水文站调水调沙试验前后同水位下冲淤变化见表 9-6。

从断面套绘图可以看出,调水调沙试验前后各断面均发生冲刷,其中花园口、孙口、泺口、利津站冲刷较大,而冲刷主要以冲深为主,主槽宽度变化不大,花园口、孙口、艾山、泺口站深泓点明显降低,河底高程降低范围在 0.06~0.94 m,平均降低 0.32 m。

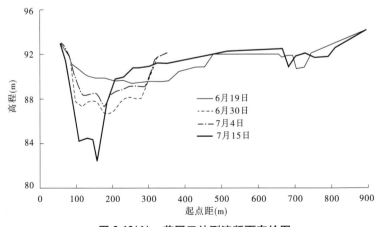

图 9-13(1)　花园口站测流断面套绘图

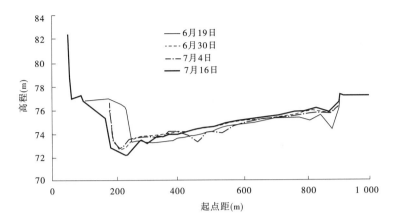

图 9-13(2)　夹河滩站测流断面套绘图

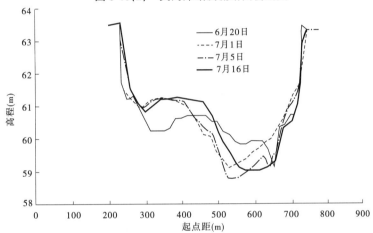

图 9-13(3)　高村站测流断面套绘图

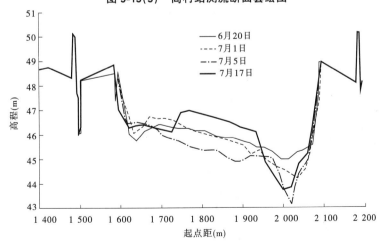

图 9-13(4)　孙口站测流断面套绘图

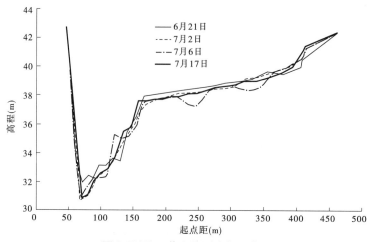

图 9-13(5)　艾山站测流断面套绘图

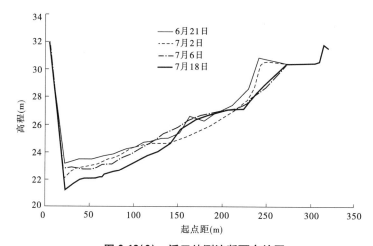

图 9-13(6)　泺口站测流断面套绘图

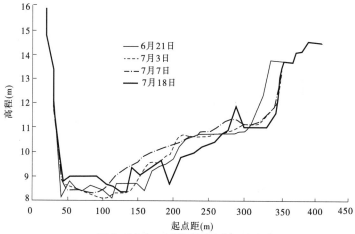

图 9-13(7)　利津站测流断面套绘图

表 9-6　各水文站调水调沙试验前后同水位下冲淤变化

| 水文站 | 水位 (m) | 同水位下面积(m²) | | 冲淤面积 (m²) | 冲淤宽度 (m) | 冲淤厚度 (m) |
		开始	结束			
花园口	94.2	2 527(6 月 19 日)	2 815(7 月 15 日)	-250.34	850	-0.29
夹河滩	77.0	1 769(6 月 19 日)	1 863(7 月 15 日)	-59.66	820	-0.07
高村	63.6	1 590(6 月 19 日)	1 562(7 月 16 日)	-55.74	515	-0.11
孙口	49.0	1 553(6 月 19 日)	1 448(7 月 16 日)	-172.42	510	-0.34
艾山	42.4	1 890(6 月 19 日)	1 886(7 月 17 日)	-24.73	417	-0.06
泺口	31.9	1 575(6 月 19 日)	1 850(7 月 17 日)	-292.70	310	-0.94
利津	14.6	1 565(6 月 19 日)	1 561(7 月 18 日)	-160.22	370	-0.43
平均				-145.12	542	-0.32

二、主槽过流能力变化

为了进一步分析黄河第三次调水调沙试验期间各水文站断面主槽过流能力变化,点绘各水文站断面 6 月小洪水、调水调沙试验两个阶段、8 月洪水四个涨水过程的水位流量关系如图 9-14 所示。可以看出,调水调沙试验两个阶段水位流量关系曲线各水文站有升有降,但 8 月洪水和 6 月小洪水相比,水位流量关系曲线均有所降低。

分析同流量($Q=2\ 000\ \mathrm{m^3/s}$)水位变化见表 9-7。可以看出,同流量水位均有不同程度降低,第一阶段与 6 月小洪水相比有升有降,平均降低 0.03 m;第二阶段与 6 月小洪水相比除夹河滩站升高 0.13 m 外,其他站均有所下降,花园口站与泺口站下降最多,分别为 0.31 m 和 0.30 m。平均降低 0.11 m;8 月洪水和 6 月小洪水相比各站均有所下降,同流量水位下降值在 0.11~0.24 m 之间,平均降低 0.17 m。因为 6 月小洪水与 8 月洪水和调水调沙试验距离较近,且其洪水期冲淤变化不大,其水位流量关系的变化可以代表整个调水调沙试验试验期的变化。

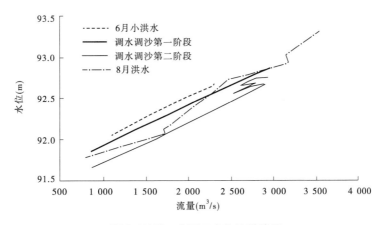

图 9-14(1)　花园口水位流量关系

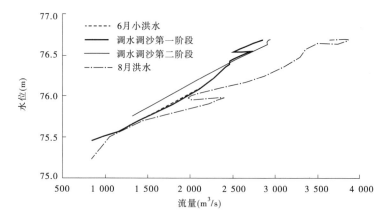

图 9-14(2)　夹河滩水位流量关系

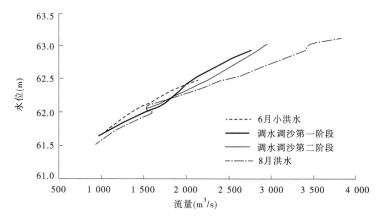

图 9-14(3)　高村水位流量关系

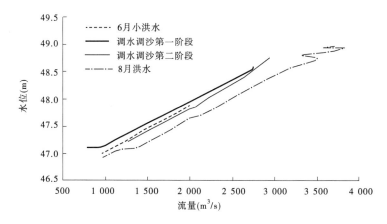

图 9-14(4)　孙口水位流量关系

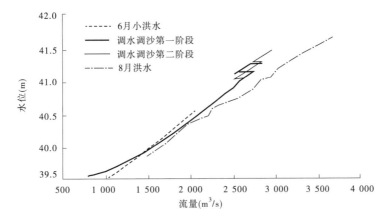

图 9-14(5)　艾山水位流量关系

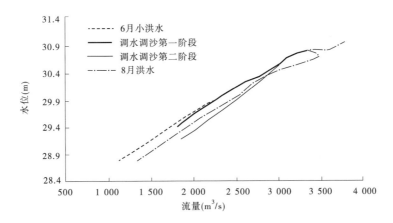

图 9-14(6)　泺口水位流量关系

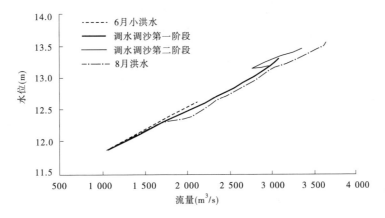

图 9-14(7)　利津水位流量关系

表 9-7　黄河第三次调水调沙试验前后各水文站同流量($Q=2\,000\,\mathrm{m^3/s}$)水位变化

(单位:m)

水文站	6月份①	第一阶段②	第二阶段③	8月份④	②-①	③-①	④-①
花园口	92.51	92.41	92.20	92.34	-0.10	-0.31	-0.17
夹河滩	76.07	76.07	76.20	75.90	0	0.13	-0.17
高村	62.41	62.40	62.31	62.27	-0.01	-0.10	-0.14
孙口	47.88	47.93	47.79	47.64	0.05	-0.09	-0.24
艾山	40.52	40.45	40.45	40.40	-0.07	-0.07	-0.12
泺口	29.90	29.88	29.60	29.68	-0.02	-0.30	-0.22
利津	12.68	12.63	12.63	12.57	-0.05	-0.05	-0.11
平均					-0.03	-0.11	-0.17

三、下游河道各河段平滩流量变化

根据各站水位流量关系曲线,经计算分析,花园口、夹河滩、高村、孙口、艾山、泺口、利津各站平滩流量分别增加约 340 $\mathrm{m^3/s}$、340 $\mathrm{m^3/s}$、210 $\mathrm{m^3/s}$、360 $\mathrm{m^3/s}$、120 $\mathrm{m^3/s}$、220 $\mathrm{m^3/s}$、110 $\mathrm{m^3/s}$,平均增加约 240 $\mathrm{m^3/s}$。

第三节　黄河口拦门沙区冲淤变化分析

黄河每年挟带一定的泥沙由河口入海,由于受到上游来水来沙和海动力的共同作用,有部分泥沙在口门附近沉积下来,形成了一个沙坎,我们称之为拦门沙。由于黄河水沙的特殊性,黄河口的拦门沙也具有独特的变化规律,同时,它的变化还对河口的演变产生较大影响。为了监测黄河调水调沙试验对黄河河口拦门沙的影响,安排了河口拦门沙区的冲淤变化监测。

自2002年首次调水调沙试验至2004年第三次调水调沙试验,黄河河口进行了前后两次河口拦门沙区水下地形及河口段河道地形测量。在726天的测量时段间隔内,进入河口的4.94亿t泥沙在径流与海动力互相消长的作用下使河口经历了蚀退—淤进—再蚀退—再淤进的过程,河口发生了重大变化,尤其是在2004年第三次调水调沙试验的最后阶段,河口从东北方向的单一顺直延伸突然在汊3断面下游5 km处出现了向东方向的出汊摆河,河口拦门沙、河口演变趋势、入海形态等完全改变,对下一步的河口承载泥沙的入海能力也产生了重要影响。通过两次黄河口拦门沙区水下地形测量期间的水沙、断面、地形资料成果对比分析,揭示了2004年调水调沙试验后河口的形态变化。

一、调水调沙试验河口拦门沙冲淤测验情况

按照调水调沙试验任务书的要求,河口拦门沙区水下地形及河口段河道地形测量在利津水文站流量小于 900 m³/s 时开始进行。拦门沙区水下地形测量的范围为河口两侧各 10 km 范围内的浅水滨海区,自海岸向外延伸 15～25 km,测绘面积 450 km²;河道内自拦门沙坎坡底开始,沿河流方向,按河道中泓线、两侧水边 3 条线向上游测至汊 3 断面,口外拦门沙中泓线测至 15 m 水深。

水下地形采用断面法施测,测线间隔 250 m,整个测区共布设 81 条测深断面,同时设立孤东、河口北烂泥、截流沟 3 个潮位站进行潮汐观测,三处潮位站均取得至少 3 天的连续观测资料。在黄河河道内设立汊 3 及河口口门 2 处水位站;在 1、11、…、81 等 9 个断面进行海底质取样,共取海底质样 98 个。断面布设见图 9-15。

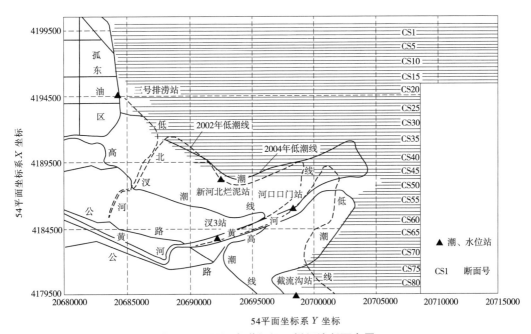

图 9-15　2004 年黄河河口拦门沙断面布置

河口段河道地形测量于 7 月 27～29 日完成,施测了两边岸线及河道中泓线,并且取河床质 11 个,测验的同时在河口口门、汊 3 河道断面设立 2 处水位站;在进行测验的同时,分别在 7 月 26～27 日、8 月 3～4 日进行了 2 次口门查勘。

二、利津水文站的基本水文情况

自 2002 年 7 月进行的首次调水调沙试验河口拦门沙区地形测验结束至本次测验时间间隔 726 天(2002 年 8 月 2 日～2004 年 7 月 29 日),利津水文站水沙情况统计见表 9-8。

表 9-8　利津水文站水沙情况统计

时　段 (年-月-日～年-月-日)	径流量 (亿 m³)	平均流量 (m³/s)	输沙量 (亿 t)	平均含沙量 (kg/m³)
2002-08-02～2003-08-31	21.655	63.613	0.034	0.001 570
2003-09～2003-11	156.349	1 988.566	3.541	0.022 648
2003-12-01～2004-06-18	94.554	547.188	0.612	0.006 472
2004-06-19～2004-07-29	43.750	1 265.914	0.607	0.013 874
总计	316.308		4.794	

从表 9-8 中可以看出,从 2002 年 8 月至 2004 年 8 月,河口地区共来水 316.308 亿 m³、来沙 4.794 亿 t,2003 年 9～11 月份来水来沙量占两次测验期间利津来水来沙量的 49.4% 和 73.9%;2004 年调水调沙试验期间河口来水来沙量占两次测验期间利津来水来沙量的 13.8% 和 12.7%。

三、河口拦门沙区冲淤变化分析

由于 2004 年调水调沙试验以前没有进行过河口拦门沙区地形本底测验,因此将 2002 年 7 月进行的河口拦门沙区地形测验作为调水调沙试验前的测验本底成果。

(一)河口拦门沙区冲淤量分析

表 9-9 统计了 2002 年 8 月与 2004 年调水调沙试验结束后两次河口拦门沙区的观测结果,范围为河口两侧各 10 km、河口纵向 15 km 左右,基本包括了河口入海泥沙的主要淤积区域。期间河口拦门沙区淤积量为 2.575 亿 m³,折合 3.605 亿 t(容重 1.4 t/m³),占期间来水来沙量 4.794 亿 t 的 75.2%。

1.不同水深区的淤积量分布

0～5 m 等深线范围淤积 0.279 亿 m³,占测验范围淤积量的 10.8%;5～10 m 等深线范围淤积量为 1.109 亿 m³,占测验范围淤积量的 43.1%;大于 10 m 等深线范围淤积量为 1.187 亿 m³,占测验范围淤积量的 46.1%。

表 9-9　横向沿等深线淤积量分布

等深线范围	0～5 m	5～10 m	>10 m	合计
淤积量(亿 m³)	0.279	1.109	1.187	2.575
占整个淤积量的百分数(%)	10.8	43.1	46.1	100

注:表中数据通过断面法计算所得,通过 DTM 三角网计算法验证无误。

2.淤积量的横向分布

CS1—CS24 断面冲刷 588.29 万 m³,CS25—CS36 断面淤积 3 265.31 万 m³,CS37—CS52 断面淤积 14 072.94 万 m³,CS53—CS75 断面淤积 8 538.48 万 m³,CS76—CS81 断面淤积 463.66 万 m³(见图 9-16)。口门以南全部淤积,而口门以北由于水深较深,大部分海区位于口门出沙方向左后方,泥沙难以到达,因此许多断面表现为冲刷。平均淤积厚度 CS48 断面最大,达 3.98 m,其次为 CS49 断面,为 3.6 m(见图 9-17)。

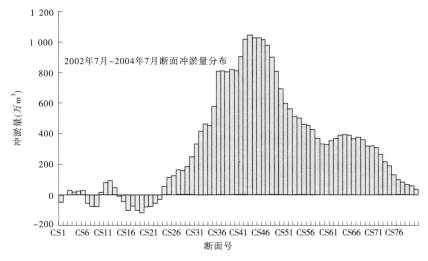

图 9-16　2002 年 7 月～2004 年 7 月断面冲淤量分布

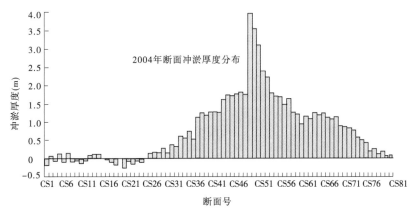

图 9-17　2002 年 7 月～2004 年 7 月断面冲淤厚度分布

(二)河口拦门沙区冲淤分布分析

根据两次地形 DTM 三角网重新处理,绘制了 2002 年 7 月～2004 年 7 月河口拦门沙区冲淤分布等值线图(见图 9-18)。由于目前河口已保持单一顺直河道行水 8 年,河口已从原来平行海岸延长了 23 km,河道比降、河口海动力、河口边界等河口形势已发生了重大变化,河口演变进程面临重大转折。在 2004 年调水调沙试验期试验间,0.607 亿 t 泥沙快速堆积入海,使河口演变进程发生较大改变。河口冲淤分布主要有以下特点:

(1)在两次河口口门前方产生一个最大淤积厚度中心,中心最大淤积厚度超过 10 m,该位置在现行口门左侧口门外 2 km 的地方,距离 2002 年 7 月口门 10 km。

(2)1～10 m 淤积区各等值线依次层层嵌套,河口拦门沙区淤积厚度超过 1 m 的范围为 54.60 km²,淤积厚度超过 5 m 范围为 13.65 km²,淤积厚度超过 7.5 m 的范围为 7.47 km²,淤积厚度超过 10 m 的范围为 0.41 km²。淤积厚度超过 1 m 的范围面积仅占河口拦门沙区面积(450 km²)的 12%,但淤积量可达 1.93 亿 m³,占到总淤积量的 75.1%。见表 9-10。

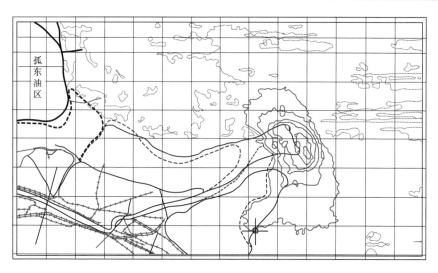

图 9-18　河口入海泥沙冲淤分布等值线

表 9-10　各等值线淤积区特征值

等值线	>1m	>2m	>3m	>4m	>5m	>6m	>7m	>8m	>9m	>10m
面积(km²)	54.60	34.72	22.08	17.54	13.65	11.21	8.89	5.85	2.57	0.41
淤积量（亿 m³）	1.93	1.66	1.35	1.2	1.03	0.89	0.75	0.52	0.25	0.04
占总体积%	75.1	64.3	52.4	46.5	39.8	34.8	28.9	20.2	9.6	1.6

(三)冲淤平衡

从 2002 年 8 月至 2004 年 8 月,河口地区(利津水文站)共来水 316.308 亿 m³,来沙 4.794 亿 t,期间利津至河口 130 km 长河道的 16 个断面(2004 年后加密至 34 个)共进行 4 次统测、2 次加测,河道总体表现为冲刷,冲刷总量为 0.324 亿 t,各部分冲淤量见表 9-11。从表 9-11 中可以看出,2002 年 8 月~2004 年 8 月,从河道进入滨海区的总沙量为 5.118 亿 t,有 71%的泥沙落在拦门沙地区,29%的泥沙在施测范围以外。

表 9-11　河口地区各部分冲淤量分布　　　　　　(单位:亿 t)

利津来沙量	利津以下河道冲淤量	拦门沙区冲淤量	施测范围外冲淤量
4.794	−0.324	3.605	1.479

(四)河口拦门沙区剖面变化特征

河口拦门沙区地形从北到南 20 km 宽度内共施测 81 个断面,同时借用 2002 年 7 月、2003 年 10 月份施测的 5 个滨海区断面来分析两年来剖面演变形态。见图 9-19~图 9-23。

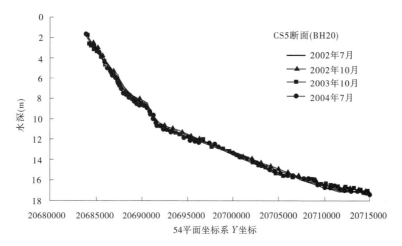

图 9-19 CS5(BH20)剖面对比

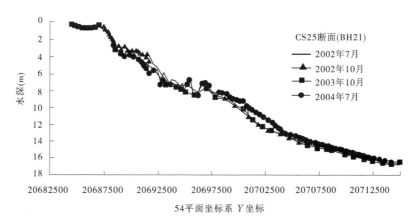

图 9-20 CS25(BH21)剖面对比

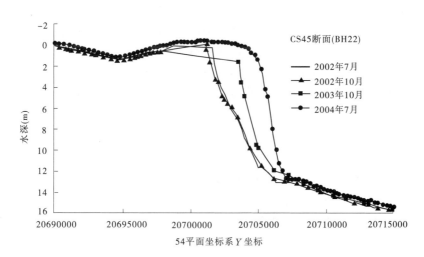

图 9-21 CS45(BH22)剖面对比

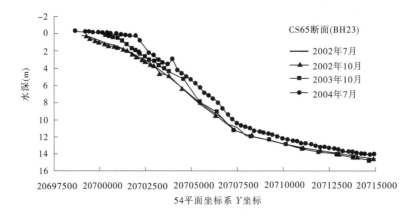

图 9-22　CS65(BH23)剖面对比

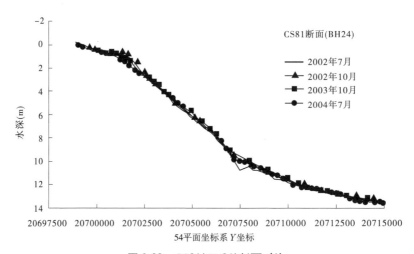

图 9-23　CS81(BH24)剖面对比

　　CS26—CS60 断面为黄河口地区,CS5、CS81 断面位于拦门沙地形南北两侧,4 次监测过程都是处于蚀退,只有 12 m 以下深水区过程有所淤积,总趋势仍处于蚀退,说明入海泥沙难以扩散到口门两侧 10 km 近岸海域;CS25、CS65 断面位于口门两侧 5 km,已反映出两次蚀退、两次淤积的冲淤变化过程,程度较弱,水下前坡前进蚀退 100~400 m;CS45 断面正位于口门沙嘴中轴线上,反映出两年来口门演进的剧烈变化过程:海岸 2002 年 7 月~10 月蚀退 200 m,2002 年 10 月~2003 年 10 月淤近 2 km,2003 年 10 月~2004 年 7 月演进 2 km。

　　滨海区断面监测时间为每年的 10 月份,断面变化不能反映两年来每次河口水沙入海过程的作用,但显示了各时段内泥沙平面与厚度的扩散程度。

　　(五)河口拦门沙区地形变化特征

　　图 9-24、图 9-25、图 9-26 分别为 2002 年 7 月、2004 年 7 月调水调沙试验以后实测的河口附近海域等深线图以及 2002~2004 年河口地形等深线套绘图,可以看出河口拦门沙区地形变化有以下特征:

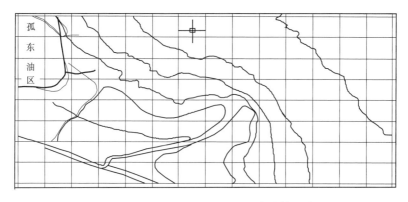

图 9-24 2002 年 7 月河口附近海域等深线

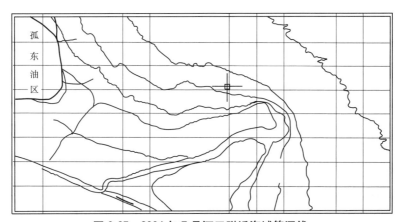

图 9-25 2004 年 7 月河口附近海域等深线

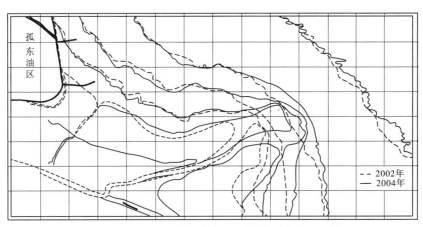

图 9-26 2002～2004 年河口附近海域等深线套绘

(1)2004 年河口口门等深线较 2002 年变密,反映了因河口入海泥沙在口门快速堆积、河口拦门沙坎顶以外的前缘急坡区变陡。

(2)根据 2002～2004 年河口附近海域等深线套绘图计算出,在这两年间河口口门区域共造陆面积约 13 km², 口门延长 2 km 以上。

第四节　黄河下游河道实体模型验证与原型观测资料对比分析

一、模型验证基本情况

(一)初始边界条件

本次实体模型验证的初始地形根据 2004 年汛前黄河下游加密大断面实测资料和河势查勘资料进行塑造,整个模型共布置了 300 个断面,其中包括模拟河段内的 166 个实测大断面,以及为提高制模精度专门内插的 134 个小断面。在小断面的内插和制模过程中,还特别关注了沿程各断面滩唇的模拟和制作,其位置和高程均根据实测汛前大断面并结合汛前河势进行内插。滩地、村庄、植被状况按 1999 年航摄、2000 年调绘的 1:10 000 黄河下游河道地形图塑制,并结合现场查勘情况给予了修正。河道整治工程按原型现状布设,特别增加了蔡集工程上延的 6 道坝和 2003 年汛末蔡集上首抢险时的一些码头。为了更加准确地模拟原型现状,对一些新修生产堤按 2004 年汛前河势查勘时了解到的情况进行了布设。

地形制作完成后,根据河工模型操作规程,又采用调水调沙试验初期最新的原型水位资料,在模型上施放 1 000 m³/s 流量对河槽进行了率定与调整。

(二)水沙过程及控制

此次模型放水试验以黄河第三次调水调沙试验过程中监测到的实际数据资料为依据,为保证试验过程的完整性和精确性,试验不仅模拟了 6 月 19 日~7 月 13 日 8 时调水调沙试验的整个过程,还模拟了 6 月 16~18 日小浪底水库的下泄过程。试验共有小浪底水库、伊洛河、沁河三个进水口,由于沁河来水较小,试验过程中为便于控制,将其来流加到伊洛河口一并考虑。模型实际施放的水沙过程见表 9-12。

表 9-12　2004 年调水调沙试验水沙过程

原型日期 2004 年 (月-日)	模型时间 2004 年 7 月 13 日 (时:分)	小浪底		伊洛河 + 沁河	
		流量 (m³/s)	含沙量 (kg/m³)	流量 (m³/s)	含沙量 (kg/m³)
06-14	09:30	1 240	0	44.7	0
06-15	09:47	1 310	0	38.0	0
06-16	10:04	2 140	0	42.5	0
06-17	10:21	2 140	0	44.6	0
06-18	10:38	733	0	38.3	0
06-19	10:55	1 810	0	33.3	0
06-20	11:12	2 550	0	39.7	0
06-21	11:29	2 420	0	40.0	0
06-22	11:46	2 580	0	37.7	0
06-23	12:03	2 430	0	30.2	0

续表 9-12

原型日期 2004 年 （月-日）	模型时间 2004 年 7 月 13 日 （时:分）	小浪底		伊洛河＋沁河	
		流量 （m³/s）	含沙量 （kg/m³）	流量 （m³/s）	含沙量 （kg/m³）
06-24	12:20	2 430	0	28.1	0
06-25	12:37	2 450	0	27.6	0
06-26	12:54	2 490	0	24.9	0
06-27	13:11	2 470	0	21.3	0
06-28	13:28	2 410	0	17.1	0
06-29	13:45	485	0	16.8	0
06-30	14:02	478	0	38.3	0
07-01	14:19	454	0	144.6	0
07-02	14:36	496	0	107.9	0
07-03	14:53	599	0	68.9	0
07-04	15:10	2 610	0	66.1	0
07-05	15:27	2 610	0	51.0	0
07-06	15:44	2 630	0	46.9	0
07-07	16:01	2 650	0	45.0	0
07-08	16:18	2 630	10.90	46.7	0
07-09	16:35	2 680	12.49	41.3	0
07-10	16:52	2 650	2.96	128.1	0
07-11	17:09	2 680	0.66	112.8	0
07-12	17:26	2 680	0	100.0	0
07-13	17:43	800	0	0	0
07-14	18:00	800	0	0	0
	18:17	结束			

　　模型尾门水位采用苏泗庄水位站的实测水位过程进行控制,见表 9-13。由于模型在试验开始前初始流量为 1 000 m³/s,试验开始后进口流量需 2 天左右才能到达苏泗庄站,故在试验开始的前 2 天,尾门水位按苏泗庄水位站 1 000 m³/s 流量时的水位控制;同时,为保证上游水流向苏泗庄传播的过程不变形,尾门控制时间在进口试验结束后延长 2 天,详见表 9-13。

　　另外需要说明的是调水调沙试验第二阶段异重流排沙时悬移质泥沙的控制问题。异重流排沙主要发生在 7 月 8～10 日,根据小浪底站的实测资料(见图 9-27),悬沙级配中值粒径在 0.005～0.008 3 mm 之间,按照模型悬沙粒径比尺 $\lambda_d = 0.81$ 换算,模型加沙时中值粒径应该为 0.006 2～0.010 2 mm,而模型黄河现有模型沙中能满足这种要求的极细沙含量极少,模型进口实际加沙采用一种级配的细沙,中值粒径为 0.012 5 mm(图 9-27中粗线已按比尺换算为原型),较原型要求明显偏粗。

表 9-13　2004 年调水调沙试验期间苏泗庄站水位

原型时间 (月-日)	原型水位(m)	控制水位(m)	原型时间 (月-日)	原型水位(m)	控制水位(m)
06-14	—	58.02	06-30	59.26	59.26
06-15	—	58.02	07-01	58.37	58.37
06-16	58.40	58.40	07-02	58.03	58.03
06-17	58.43	58.43	07-03	58.05	58.05
06-18	58.92	58.92	07-04	58.06	58.06
06-19	59.02	59.02	07-05	58.22	58.22
06-20	58.43	58.43	07-06	59.05	59.05
06-21	58.78	58.78	07-07	59.29	59.29
06-22	59.27	59.27	07-08	59.41	59.41
06-23	59.43	59.43	07-09	59.49	59.49
06-24	59.50	59.50	07-10	59.49	59.49
06-25	59.53	59.53	07-11	59.64	59.64
06-26	59.50	59.50	07-12	59.58	59.58
06-27	59.47	59.47	07-13	59.57	59.57
06-28	59.50	59.50	07-14	59.50	59.50
06-29	59.42	59.42	07-15	58.89	58.89

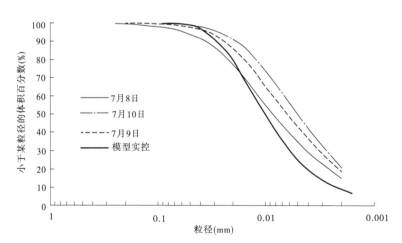

图 9-27　小浪底站原型实测悬沙级配及模型实控对比

(三)测验内容

试验主要观测、研究以下内容:

(1)沿程水位变化。观测试验过程中水位的沿程变化,分析洪峰传播过程和下游河道河床调整过程。

(2)河势变化及河道工程险情分析。观测试验过程中河势变化过程及河道整治工程靠溜变化情况,重点是易出现不利河势及畸形河湾的河段。

(3)河道冲淤及断面形态变化。根据试验过程中地形、流速、含沙量及试验前后河道地形测验资料,用输沙率法和断面法分析计算不同河段冲淤分布情况;通过对典型断面试验中断面形态调整过程的观测,分析河床纵横向变形特点。

(4)流量、流速观测。对花园口、夹河滩、高村断面的流速及断面形态变化进行详细观测,计算、分析流量沿程变化情况;对出现漫滩部位的断面形态、流速进行临时观测,计算、分析平滩流量变化情况。

(5)沿程含沙量变化。对沿程含沙量变化进行定点观测,分析沙峰传播情况,并与洪峰传播情况对比分析。

(6)不同粒径泥沙冲淤量及分布。使用激光粒度分析仪对定点含沙量的沙样和试验前后典型断面床沙的沙样进行分析,研究试验过程中悬沙粒径及试验前后床沙粒径的变化情况。结合流量观测资料,对不同河段的分组冲淤量进行计算、分析。

二、试验成果

(一)河势变化

1.试验期间河势变化

调水调沙试验第一阶段(6月19~28日)小浪底水库下泄流量在2 500 m³/s左右,同初始河势相比由于流量增大,主槽形态趋于单一,大部分心滩减小,甚至消失,河槽趋于规顺,小水期散乱的河势向好的方向发展。同时由于流量增大,水流动力作用增强,动力轴线发生外移,局部河段河势出现不同程度的下挫。

温孟滩河段位于沙质河床的最上端,自小浪底水库下泄清水以来,河床冲刷下切较为明显,滩槽高差增大,河槽对水流的约束作用较强,试验期间最大流量为2 618 m³/s时,未发生洪水漫滩现象,但受前期地形影响,局部河段仍有心滩出露。具体而言,进入模型的水流经白鹤工程入白坡弯道,在白坡工程的挑流作用下,主流入铁谢工程上首弯道。洪水期间铁谢险工全线靠河,主流基本沿原流路下行。在铁谢险工下首,大河依然向南岸坐弯使得此处滩地继续向南塌失;经此滩弯导流后,水流趋向逯村工程下首,并稍有上提,在23号坝以下靠河。河出逯村工程后,经花园镇、开仪,到达赵沟工程+11号坝,在赵沟工程前河分两股,主流北移(见图9-28),北股过流量由原来的35%增大到85%。由于赵沟工程的送溜作用减弱,其下化工、裴峪和大玉兰工程均稍有下挫。与调水调沙试验前河势相比,神堤工程前水面宽明显增加,主流顶冲位置稍下挫,由21号坝下挫至23号坝。

张王庄工程前河势变化较大,主流逐渐向张王庄工程摆动,主流横向最大摆幅在500m左右,其下至英峪山口的横河也逐渐演变为斜河,着溜点下移,山根流速较大且下泄水流刷切河槽,使顶冲点附近水深较大。大河基本沿山弯下行,出孤柏嘴后,随着流量的增加,山嘴至驾部之间的蜿蜒型河势逐步趋直,但仍有河心滩存在。驾部工程前主流基本稳定,着溜点在5号坝前后,但水面较宽,有河心滩出没。枣树沟工程靠河稳定,其下至东安工程河段主流右摆南移,东安工程脱河。主流在东安工程下首左岸滩地坐弯,滩地坍塌,其下河势上提,主流南移,横河之势趋于明显(见图9-29)。桃花峪工程靠河稳定,但送溜不力。

老田庵工程靠溜坝段较短,其下左岸滩地受主流顶冲坍塌严重,保和寨工程前主流上提至24号坝,马庄工程前由原来的多股行河演变为单股行河,主流顶冲位置稳定在20号

图 9-28　试验第一阶段赵沟工程前河势变化情况

图 9-29　试验第一阶段桃花峪工程上首河势变化情况

垛附近。花园口险工前主流上提,同时对岸边滩地发生淤积,形成单一河槽,过流稳定。

　　花园口—武庄工程河段河势稳定,洪水期无漫滩现象。大河出武庄工程后分为南、北两股,洪水期北股分流比约95%,南股汊河趋向赵口险工6~8号坝方向。赵口下延和毛庵工程仅下首三道坝靠边溜,洪水期河道展宽,但主流的摆动幅度不大,最大摆幅约200 m。

　　九堡—大张庄河段河势宽浅、散乱,洪水期浅滩、低滩部分有少量漫水,河道整治工程均不靠溜。

　　黑岗口—大宫河段河势基本稳定,无漫滩及塌岸现象。大河在大宫工程上首坐弯后折向南岸,并在王庵工程上首滩地坐弯,滩地坍塌严重,已塌过上延工程联坝延长线,危及滩区村庄的安全,而且存在一定的抄后路险情(见图9-30)。

图 9-30　试验第一阶段王庵工程上首河势变化情况

王庵—古城河段的 S 形河湾随着洪水历时的加长进一步演化,上弯顶处有少量水流漫过滩地,在古城工程前进入大河,有裁弯取直之势(见图9-31)。

图 9-31　试验第一阶段王庵—古城河段河势变化情况

府君寺—东坝头河段河势变化不大,主流稳定,基本无漫滩现象。但欧坦工程前畸形河湾湾顶位置有坍塌现象,主流右移。贯台工程前右岸冲刷较为严重,滩地坍塌,主流逐步南移。夹河滩工程全部脱河,东坝头控导工程1~5号坝段靠河,东坝头险工基本脱溜。

试验期间主流继续在杨庄险工前塌滩坐弯,部分耕地塌失,将对滩区的农业生产造成一定的影响。

受杨庄险工前河势坐弯影响,禅房工程靠溜部位稍有上提;主流出禅房工程后有所右摆,蔡集工程上延新修 6 道坝的下首 2 道坝逐渐靠溜发挥作用,蔡集工程前河势逐步趋直,工程前河心滩逐渐减小,主流向工程方向摆动。蔡集工程以下河段河势稳定,主流摆幅较小,无漫滩现象,仅局部有少量的嫩滩漫水。

小浪底水库下泄人工异重流期间的河势变化同下泄清水时基本一致,部分河段滩唇有所淤高,畸形河湾进一步演化。具体来看,赵沟工程前的河心滩消失,大河归为一股,过流平顺;张王庄—英峪山根河段已呈斜河之势,河势下挫,其下至孤柏嘴河段基本稳定;孤柏嘴—花园口河段河势变化不大,工程前原有的河心滩逐步演变为边滩,主流趋于稳定;赵口险工前心滩变化不大,主流依然居左,分流比约为 98%;毛庵和九堡下延工程的靠河情况依然不理想;九堡—大张庄河段在少量漫水后,滩唇逐步淤高,河归一股(见图 9-32),但此河段工程仍然脱河,主流蜿蜒前进;大宫工程前有少量漫水,主流下挫,其下王庵工程上首滩地继续坍塌,险情不断;王庵工程前的 S 形河湾裁弯取直之势日渐明显,上弯顶处漫滩水流的范围进一步扩大(见图 9-33),但所占的分流比依然较小,约为 2%;欧坦和贯台工程前的 Ω 形河湾经过洪水的作用,第一弯顶处滩地向下游塌岸速度较快,并有少量漫水,使第一、三弯顶的间距缩短,汛期若遇较大洪水存在裁弯取直的可能;主流在杨庄险工前继续坐弯,呈横河之势顶冲禅房工程上首;蔡集工程前河势趋于稳定,边滩基本消失,其下河势稳定,无漫滩现象。

图 9-32　调水调沙试验第二阶段三官庙河段河势变化情况

2. 与原型河势对比分析

通过调水调沙试验期间 7 月 5 日小浪底水库下泄流量为 2 610 m³/s 时卫星遥感河势与模型试验同期河势的对比,可以发现所模拟的河段整体上同原型河势基本一致,但由于

图9-33　调水调沙试验第二阶段王庵—古城河段河势变化情况

模拟技术及模拟手段的限制,仍有个别位置同原型河势存在一定的差别。具体分析如下:

铁谢—大玉兰工程河段同原型相比一致性较好,仅裴峪工程位置主流稍有下挫。

神堤—张王庄工程河段原型河势散乱,河心滩较多,而模型河势已演变为单股行河;张王庄—英峪山根河段原型仍为横河,模型已呈斜河。这说明模型试验中该段河槽下切较原型偏快,河床演变的速度也较原型为快。出现这种情况的主要原因是河床模拟制作过程中对小浪底水库运用以来该河段河床质的粗化模拟不够充分,模型床沙偏细,糙率较原型偏小,这一点在以后的模拟过程中有待提高。

孤柏嘴—花园口河段模型同原型的一致性均较好,但马庄工程对岸的边滩原型中还没有形成,分析原因可能是模型试验中此河段的淤积速度较快。花园口—赵口河段模型同原型基本一致,与航片相比略有差异的是洪水期赵口险工前嫩滩面积大于原型,因而左股的分流比模型稍小于原型。分析原因,主要是原型资料的搜集有限,在模型制作过程中,大断面间的地形仅靠经验及查河目测河势内插小断面制作,对地形的模拟存在一定的偏差。

毛庵—黑岗口河段河势散乱,主流蜿蜒前进,同原型也比较一致。王庵工程上首滩地坐弯及其下首畸形河湾的湾顶处漫水现象与原型一致性较好,这主要是由于该段断面资料较详细(有樊庄、王庵、司庄、裴楼4个新加大断面),便于模型地形的模拟,同时该河段床沙粗细与原型也比较相似。

古城—东坝头河段同原型对比基本一致,特别是欧坦—夹河滩河段畸形河湾的演变,除局部的漫水现象有一定出入外,其他基本一致。东坝头险工下首杨庄险工前的滩地坍塌与原型也比较一致,蔡集工程前的Ω形河湾的演变也非常相似。蔡集工程以下河段的控制性较好,河道单一,基本无漫滩现象,同原型相比存在较好的一致性。

通过以上对比分析可以看出,本次调水调沙试验模型试验整体上较好地模拟了原型河势的演变情况,说明模型设计可以达到游荡性河段的河型相似、河势平面变化相似,这一点在 2002 年的调水调沙试验验证试验中已得到验证。

另外值得一提的是,只要原始资料掌握得全面,初始地形制作能够与原型达到高度一致,对一些局部畸形河湾及其他典型河势的模拟和演变也基本可以达到与原型一致,如王庵上首的滩地坍塌、王庵—古城间畸形河湾的演变情况、欧坦—夹河滩间畸形河湾的演变情况、杨庄险工前的滩地坍塌、蔡集工程前 Ω 形河湾的演变等。相反,如果模拟不准,则会出现一些偏差。

(二)洪水演进

1.洪水位表现

整个试验期间铁谢—苏泗庄河段洪水均在河槽中运行。从试验沿程水位观测结果可以看出,试验河段自上而下发生了普遍的沿程冲刷,尤其是九堡以上河段河道的冲刷是明显的;九堡以下冲刷明显减弱,且模型中受试验上段床沙偏细、上游冲刷较为严重的影响,九堡以下水位表现较高。试验期间测得的各站最高水位值见表 9-14。模型实测最高洪

表 9-14 调水调沙试验期间各水尺水位最高值 (单位:m)

水尺名称	模型实测最高水位	原型实测最高水位	水尺名称	模型实测最高水位	原型实测最高水位
铁谢	117.28	117.44	九堡	85.91	
逯村	115.68	115.85	黑石	84.38	
花园镇	114.13	114.25	大张庄	83.20	83.03
开仪	112.91	113.06	黑岗口	82.65	82.52
赵沟	111.66	111.82	王庵	80.02	79.93
化工	110.75	110.79	府君寺	77.51	77.37
裴峪	109.63	109.60	夹河滩	76.85	76.73
大玉兰	108.23	108.12	东坝头	73.49	73.50
神堤	107.35	107.33	禅房	72.70	72.79
汜水口	104.04		王夹堤	70.92	70.82
孤柏嘴	102.90		大留寺	70.69	70.55
驾部	101.65	101.57	辛店集	68.96	68.79
枣树沟	100.48	100.39	周营	67.79	67.65
官庄峪	99.92		老君堂	67.18	67.04
桃花峪	96.92	96.77	于林	66.32	66.23
老田庵	95.72	95.60	霍寨	65.54	65.46
南裹头	94.43	94.29	堡城	64.94	
马庄	93.97	93.86	青庄	63.83	63.88
花园口	92.95	92.86	高村	63.00	63.02
双井	92.05	91.92	南小堤上	62.63	62.59
马渡	90.60	90.47	南小堤下	62.00	
赵口	87.83	87.69	刘庄	61.28	

水位与原型实测结果均比较接近,一般相差都在±0.16 m以内,平均误差为0.11 m,其中花园口、夹河滩、高村站模型实测值分别为92.95 m、76.85 m、63.00 m,原型实测结果分别为92.86 m、76.73 m、63.02 m。辛店集站最高洪水位68.96 m,与原型实测值相差最大为0.17 m。

2．洪水传播时间

根据调水调沙试验水沙过程,可将试验分为两个阶段:清水下泄阶段和异重流排沙阶段。表9-15列出了根据模型定点水位确定的两个试验阶段洪水的传播时间,作为对比,表中同时列出了原型洪水的传播时间。从表9-15中可以看出,清水下泄阶段洪水传播时间较短,小浪底—高村传播时间约为50 h;异重流排沙阶段洪水传播时间较长,在55 h以上。出现这种情况的原因主要是清水下泄阶段前期试验河段内流量较大,在2 000 m³/s以上,因而水流传播速度较快,而异重流排沙前期,有5天时间小浪底流量仅500 m³/s左右,水流传播相对较慢。

表9-15 调水调沙试验不同阶段洪水传播时间   （单位:h）

河段	清水下泄阶段		异重流排沙阶段	
	模型	原型	模型	原型
小浪底—花园口	20	24	23	24
花园口—夹河滩	16	14	18	16
夹河滩—高村	14	12	16	15
小浪底—高村	50	50	57	55

不论是调水调沙试验的哪个阶段,模型试验成果与原型都非常接近,差值很小。进一步分析后发现,模型试验洪水在小浪底—花园口河段的传播时间要略小于原型,而花园口以下则略大于原型,这可能与花园口以上模型床沙级配偏细、主槽糙率偏小有关。

(三)冲淤量计算及与原型对比

1．断面法冲淤量

本次试验前后进行了详细的地形测量,根据断面法计算结果(见表9-16),铁谢—高村河段河槽呈现沿程冲刷态势,其中铁谢—伊洛河口河段冲刷0.086亿t(淤积物干容重按1.4 t/m³考虑),伊洛河口—花园口河段冲刷0.074亿t,花园口—九堡河段冲刷0.044亿t,九堡—夹河滩河段冲刷0.039亿t,夹河滩—高村河段冲刷0.058亿t,铁谢—高村河段共冲刷了0.301亿t。

表9-16 铁谢—高村各河段断面法冲淤量计算结果   （单位:亿t）

河段	模型冲淤量
铁谢—伊洛河口	0.086
伊洛河口—花园口	0.074
花园口—九堡	0.044
九堡—夹河滩	0.039
夹河滩—高村	0.058
铁谢—高村	0.301

从冲淤量沿程分布上看(见图9-34),整个河段河道冲淤分布存在一定的差异,铁谢—花园口河段冲刷量比下段冲刷量多,占试验段冲刷量的一半以上,花园口以下河段冲刷力较弱。试验前后各断面在下切的同时也有一定的展宽,平滩流量明显增大,河道断面形态趋于有利。

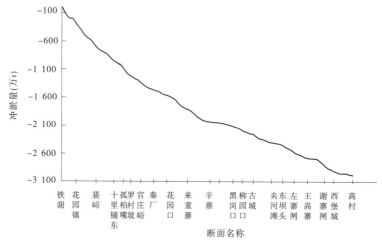

图9-34　冲淤量沿程累计分布

2.输沙率法冲淤量

根据试验过程中在花园口、夹河滩(三)、高村站进行的含沙量和流量测验资料,用输沙率法计算的试验河段的冲淤量见表9-17。可以看出,试验河段的冲淤性质与断面法一致,且冲淤总量差别不大,但冲淤量在各河段的分布上有一定差异。铁谢—高村河段共冲刷0.383 6亿t,其中铁谢—花园口河段冲刷0.256 2亿t,花园口—夹河滩河段冲刷0.093 1亿t,夹河滩—高村河段冲刷0.034 3亿t,冲刷主要发生在花园口以上河段。

表9-17　试验河段输沙率法冲淤量计算结果

河　段	河段间距(km)	冲淤量(亿t)	冲淤量(万t/km)
铁谢—花园口	103.17	−0.256 2	−24.83
花园口—夹河滩	100.80	−0.093 1	−9.24
夹河滩—高村	71.50	−0.034 3	−4.80
铁谢—高村	275.47	−0.383 6	−13.93

由各粒径组泥沙冲淤量统计表9-18可以看出,本次下游河道的冲刷以细泥沙为主,铁谢—高村河段细泥沙冲刷0.180 3亿t,占河道总冲刷量的47.0%;中沙冲刷0.100 9亿t,占河道总冲刷量的26.3%;粗沙冲刷0.102 4亿t,占河道总冲刷量的26.7%。

具体到不同河段,粗、细泥沙的冲刷量和所占比例又有较大差异:花园口以上河段粗、中、细沙冲刷比例接近,冲刷量分别占该河段总冲刷量的37.1%、30.1%、32.8%;花园口—夹河滩河段冲刷以细泥沙为主,中、粗泥沙表现为微冲,冲刷量仅占该河段总冲刷量的10.5%;夹河滩—高村河段冲刷以中、细沙为主,粗、中、细沙冲刷量分别占该河段总冲刷量的18.7%、43.7%、37.6%。

表 9-18 模型试验各粒径组泥沙冲淤量

来水量 （亿 m³）	来沙量 （亿 t）	河段	各粒径(mm)组泥沙冲淤量（亿 t）			
			＞0.05	0.05～0.025	＜0.025	全沙
45.26	0.043 7	铁谢—花园口	− 0.095 0	− 0.077 1	− 0.084 0	− 0.256 1
		花园口—夹河滩	− 0.001 0	− 0.008 8	− 0.083 4	− 0.093 2
		夹河滩—高村	− 0.006 4	− 0.015 0	− 0.012 9	− 0.034 3
		铁谢—高村	− 0.102 4	− 0.100 9	− 0.180 3	− 0.383 6

3.冲淤量与原型对比分析

1)全沙冲淤量

为了分析模型试验冲淤的相似性,我们根据调水调沙试验期间原型小浪底、花园口、夹河滩、高村站的水沙过程,用输沙率法计算了试验河段的冲淤量。表 9-19、图 9-35 为各河段原型与模型冲淤量的对比情况。可以看出,不论是在冲淤总量上还是在各河段冲淤量的分配上,模型计算结果与原型都比较一致;尤其是模型断面法计算结果,与原型差别最小;输沙率法计算结果与原型稍有差别,主要是铁谢—花园口河段冲刷量明显较原型偏大,这主要是受花园口以上河段模型床沙偏细影响所致。

表 9-19 铁谢—高村河段输沙率法冲淤量

河 段	原型（亿 t）	模型（亿 t）	
		输沙率法	断面法
铁谢—花园口	− 0.169	− 0.256	− 0.160
花园口—夹河滩	− 0.101	− 0.093	− 0.083
夹河滩—高村	− 0.046	− 0.034	− 0.058
铁谢—高村	− 0.316	− 0.384	− 0.301

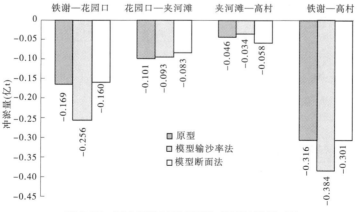

图 9-35 调水调沙试验原型与模型冲淤量对比

应该说明的是,按模型相似律的要求,模型进口加沙中值粒径应为 0.006 2~0.010 2 mm,受模型沙的限制,模型加沙粒径为 0.012 5 mm,明显偏粗。

天然河流冲泻质与床沙质分界粒径可用张红武公式计算

$$d_c = 1.276 \frac{v^{5/8}}{\sqrt{g}} \left(\frac{u_*}{\kappa h} \right)^{1/8} \tag{9-1}$$

根据黄河下游实测资料计算 d_c 约为 0.025 mm,这与用其他方法计算的 d_c 值差不多。把式(9-1)应用到模型中可推出模型的冲泻质与床沙质临界粒径公式如下

$$d_{cm} = 1.641 \frac{1}{\sqrt{\frac{\gamma_{sm} - \gamma}{\gamma}}} \frac{v_m^{5/8} h_m^{1/4} J_m^{3/8}}{g^{1/8} \kappa^{1/8}} \tag{9-2}$$

式中　　d_{cm}——模型冲泻质与床沙质分界粒径;

　　　　γ_{sm}——模型沙比重;

　　　　v_m——模型试验时水温;

　　　　h_m、J_m——模型水深、比降;

　　　　κ——卡门系数。

把模型的数值代入式(9-2)中,计算出铁谢—花园口河段 $d_{cm} = 0.019$ mm,花园口河段 $d_{cm} = 0.016\ 6$ mm,夹河滩—高村河段 $d_{cm} = 0.016\ 6$ mm。

从上面的计算可以看出,模型加沙虽然偏粗,但多数值属于冲泻质,由于冲泻质不参与主槽的造床作用,因此加沙偏粗对整个河段的冲淤量相似影响可能不大,但对冲淤分布可能存在明显的影响。关于这一点有待以后工作中进一步研究。

2)分组沙冲淤量

表 9-20 为原型调水调沙试验期间小浪底—高村河段不同粒径组泥沙的冲淤情况,与模型试验的计算成果表 9-18 对比分析,可以发现,在各河段不同粒径组泥沙的冲淤量上,模型试验与原型的定性是一致的,但由于冲淤分布的差别以及原型和模型统计粒径数值的差别(模型粒径需除以 0.81 才是原型粒径)、统计时段的差别(模型包含调水调沙试验前期的预泄过程),二者在具体数值上尚存在一定差别。

表 9-20　原型调水调沙试验期间小浪底—高村河段各粒径组泥沙冲淤量

来水量 (亿 m³)	来沙量 (亿 t)	河段	各粒径(mm)组泥沙冲淤量(亿 t)			
			>0.05	0.05~0.025	<0.025	全沙
45.26	0.043 7	铁谢—花园口	-0.078	-0.039	-0.051	-0.169
		花园口—夹河滩	-0.048	-0.004	-0.047	-0.100
		夹河滩—高村	-0.002	-0.015	-0.030	-0.047
		铁谢—高村	-0.128	-0.058	-0.128	-0.316

同样需要指出的是,模型试验中悬沙的颗分取样,在每个断面目前仅取一个位置,代表性差,无法像原型那样用定比混合法测量悬沙级配,因此分组冲淤量的计算结果与原型差别较大,这在以后的试验中需不断改进、完善。

(四)泥沙沿程变化情况

1.含沙量沿程变化情况

图 9-36 反映了小浪底—高村含沙量沿程变化情况,图 9-37 所示为各测站含沙量的变化过程。从图中可以看出,含沙量随时间的推移变化比较明显,总的来说呈现以下几方面的特点:

(1)相对较大含沙量的位置随时间推移向下游推进,河槽的冲刷自上而下逐步发展。具体来说,试验初始(6 月 14 日、6 月 16 日、6 月 18 日),含沙量在伊洛河口断面已相对较大,伊洛河口以下含沙量增幅较小,说明冲刷主要在伊洛河口以上河段;随着时间推移,含沙量在辛寨断面始达到相对较大,说明冲刷已推进到辛寨断面;在试验第一阶段的后期和第二阶段异重流排沙时含沙量沿程递增,在高村断面达到最大,说明冲刷已发展到全部试验河段。

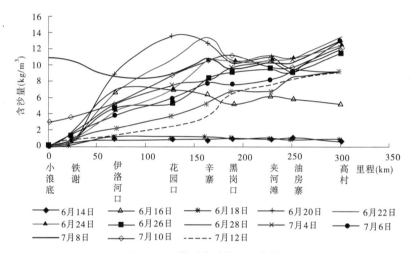

图 9-36 模型含沙量沿程变化

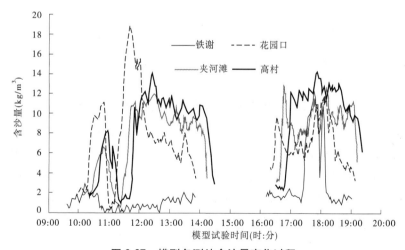

图 9-37 模型各测站含沙量变化过程

(2)伊洛河口以上河段含沙量恢复力度较大。从图 9-36 中可以看出,在试验第一阶段的大部分时间,伊洛河口以上河段含沙量的恢复力度较大,小浪底水库下泄的清水到伊洛河口断面时含沙量可达到 8 kg/m³,占整个试验河段含沙量恢复值的 50% 以上。在试验的后期,随着冲刷向下游发展,伊洛河口以上河段泥沙的恢复值才逐渐减小,约占 30% 左右。

(3)含沙量沿程恢复与流量大小密切相关。随着流量的减小,水流动力减小,沿程含沙量的恢复力度也随之减小。图 9-36 中 6 月 14 日、6 月 18 日两条曲线为流量 1 000 m³/s左右时含沙量的沿程恢复情况,其他曲线流量在 2 600 m³/s 左右,可以看出,二者差别明显。

从图 9-36 中还可以看出,在小浪底异重流排沙时,由于悬沙粒径较细且含沙量较小,夹河滩以上河段基本保持冲淤平衡,夹河滩以下河段略有冲刷。

2.含沙量变化与原型对比

图 9-38、图 9-39、图 9-40 分别列出了花园口、夹河滩、高村站原型实测含沙量过程与模型实测过程的对比情况。从图中可以看出,模型测验成果在趋势上与原型基本一致,但数值略偏大,尤其是花园口站,由于模型上花园口以上河段床沙偏细,冲刷强度较原型偏大,造成花园口站模型实测含沙量在调水调沙试验第一阶段远远大于原型,继而影响了夹河滩站含沙量过程与原型的一致性。在调水调沙试验第二阶段,花园口以上偏细的床沙,经过持续冲刷后,与原型已比较接近,因此这一阶段含沙量与原型的一致性相应也较好。

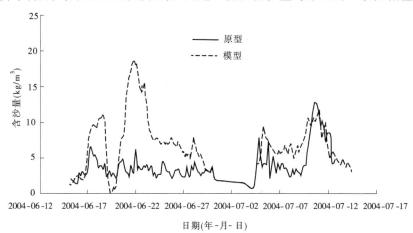

图 9-38 花园口站原型和模型实测含沙量过程对比

需要说明的是,受现有测验条件限制,模型试验中对含沙量的测验只能采用比重瓶称量法,由于比重瓶容积误差、取样人员手工操作误差等因素,采用这种方法测验时,0.1 g 重量的差别,根据模型相似律,将造成原型含沙量 3.4 kg/m³ 的误差。这对调水调沙试验中的低含沙量过程的模拟影响巨大,这也是模型与原型不一致的原因之一。

3.不同粒径组泥沙含沙量沿程恢复情况

图 9-41 所示为流量在 2 600 m³/s 左右时模型试验细、中、粗泥沙沿程的恢复情况,作为对比,图中同时点绘了原型调水调沙试验期间细、中、粗泥沙沿程的恢复情况。

从图 9-41 中可以看出,模型试验各粒径含沙量沿程恢复情况与原型基本一致,整个

图 9-39　夹河滩站原型和模型实测含沙量过程对比

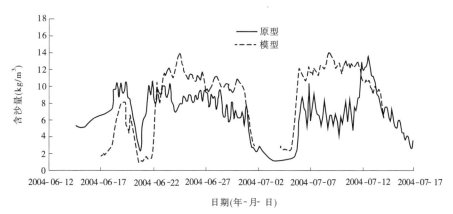

图 9-40　高村站原型和模型实测含沙量过程对比

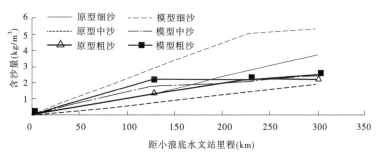

图 9-41　细、中、粗泥沙沿程恢复情况

试验河段的冲刷以细泥沙为主。从小浪底至高村,模型细泥沙含量可以从 0 恢复到 5.43 kg/m³(原型为 3.75 kg/m³),而中、粗泥沙含量仅恢复到 2.52 kg/m³、2.53 kg/m³ (原型为 2.01 kg/m³、2.26 kg/m³)。从各河段看,不同粒径泥沙的恢复也有不同:花园口以上河段各粒径泥沙恢复力度都较大;花园口以下,细泥沙含量仍继续增大,而中、粗泥沙含量基本保持不变,其恢复力度已很弱。

从图 9-41 中还可以看出,模型各粒径组泥沙恢复达到的含沙量普遍大于原型,尤其是花园口以上河段,这同样与模型中花园口以上床沙偏细有关。

4.悬沙中径变化

为了解试验过程中悬沙粒径的变化情况,对铁谢、花园口、夹河滩、高村的悬沙取样(5 min 取一个样),用光电颗分仪做颗分。

图 9-42 为试验过程中悬沙中值粒径变化与原型的对比图。从图中可以看出,模型与原型的悬沙中值粒径在变化趋势上是一致的:进口悬沙极细,中值粒径仅有 0.006 mm (模型为 0.011 mm);由于小浪底—花园口河段冲刷量较大,且粗、中泥沙所占比例相对较大,花园口悬沙中值粒径增大到 0.037 mm(模型为 0.031 mm);花园口—高村河段冲刷以细沙为主,悬沙中值粒径沿程减小,夹河滩悬沙中值粒径为 0.031 mm(模型为 0.023 mm),高村悬沙中值粒径为 0.027 mm(模型为 0.024 mm)。

同时也可以看出,模型与原型悬沙中值粒径在量值上有一定差别,这同样是模型上悬沙颗分取样代表性较差所致。

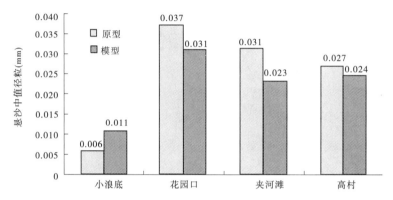

图 9-42　悬沙中值粒径模型试验成果与原型对比

(五)流量流速变化情况

1.流量变化与原型对比

受模型测量技术与时间限制,试验中无法测量流量过程,所以无法详细给出沿程各断面的流量过程。根据原型河道情况,模型共布设了铁谢、花园口、夹河滩、高村 4 个测流断面,试验过程中进行了多次断面水深、流速测量。图 9-43～图 9-45 所示分别是根据测验资料计算的花园口、夹河滩、高村站的流量与实测流量过程的对比情况。计算过程中考虑了测点流速与垂线平均流速的关系、断面位置与主流方向夹角变化等因素,并进行了相应修正。

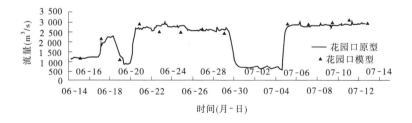

图 9-43　花园口断面模型实测流量与原型对比

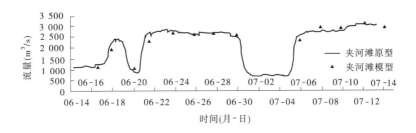

图 9-44 夹河滩断面模型实测流量与原型对比

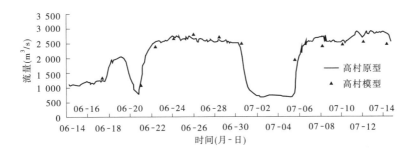

图 9-45 高村断面模型实测流量与原型对比

从图中看出,模型流量测量结果与原型实测流量总体上基本相符。进一步分析后发现,差别主要发生在流量变化时段前后,这与目前的流量测验方法有关。受量测技术限制,模型中流量测验一般是先用流速仪测验流速,再用浑水地形仪测验地形,测量一次流量一般需耗时10~15 min,这在流量变化不大的本次调水调沙试验期间,对测验精度影响不是很明显,但如果水沙条件变化较大,目前的测验方法势必影响测验精度,亟待在下一步工作中研究解决。

2.流速横向变化情况

图 9-46~图 9-48 所示分别为花园口、夹河滩、高村站的流速、水深沿横向变化情况。

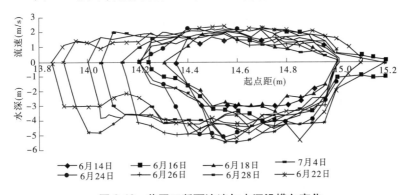

图 9-46 花园口断面流速与水深沿横向变化

从图中看出,流速横向变化梯度不大,流速一般在 1~3 m/s 范围内。流速的横向分布与水深横向变化情况一致,基本上是呈中间水深流急、两边水浅流缓的规律,流速的大

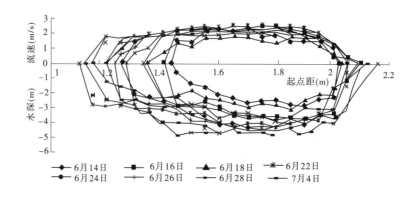

图 9-47　夹河滩断面流速与水深沿横向变化

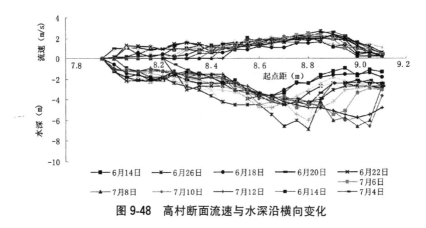

图 9-48　高村断面流速与水深沿横向变化

小还与河势的上提下挫、断面形态变化情况有关。

　　花园口断面初始遵循最大流速与最大水深一致的规律,在水流持续不断冲刷下,河槽逐步展宽下切,主流在断面以上的顶冲点有所上提,致使断面位置主流左移。由于河槽调整相对滞后,最大流速位置比最大水深偏左。

　　夹河滩断面初始最大流速与最大水深基本一致,后河势有所上提,主流向左偏离,而河槽调整相对滞后,最大水深位置仍靠右岸。

　　高村断面本次调水调沙试验河势变化很小,河槽宽度比较稳定,因此流速的变化梯度也非常小,流速基本在 2 m/s 左右,且最大流速与最大水深基本一致,但随主流的摆动,最大流速与最大水深也有所偏离。

第五节　小　结

　　(1)根据沙量平衡法计算成果,整个调水调沙试验期间小浪底—利津河段冲刷 0.665 亿 t,单位水量冲刷效率 0.013 9 t/m³。各河段均为冲刷,其中小浪底—高村、高村—利津河段分别冲刷 0.316 亿 t、0.349 亿 t,各占总冲刷量的 47.6% 和 52.4%。实施人工扰动的高村—孙口、孙口—艾山两河段冲刷量分别为 0.123 亿 t 和 0.074 亿 t。

本次调水调沙试验冲刷强度为 8.8 万 t/km,比前两次调水调沙试验下游河道冲刷强度大 4.4 万 t/km 和 3.0 万 t/km;利津站以上河道单位水量冲刷效率为 0.013 9 t/m³,稍大于 2002 年调水调沙试验期间下游河道单位水量冲刷效率,比 2003 年调水调沙试验期间下游河道单位水量冲刷效率稍小。

小浪底—利津河段,细泥沙($d<0.025$ mm)、中泥沙($d=0.025\sim0.05$ mm)、粗泥沙($d>0.05$ mm)的冲刷量分别为 0.275 亿 t、0.185 亿 t、0.205 亿 t,分别占总冲刷量的 41.3%、27.8%、30.9%。

(2)下游各河段主槽平均河底高程均表现为不同程度的降低,降低幅度在 0.003～0.212 m 之间,其中高村—孙口、艾山—泺口和泺口—利津河段标准水位下主槽平均河底高程降低相对较多,分别降低了 0.117 m、0.146 m 和 0.212 m。

(3)调水调沙试验期间,由于下游河道沿程冲刷,床沙粗化,河床阻力增加,下游河道各主要控制站同流量输沙能力均有所降低。

(4)试验期间,同流量水位下降值在 0.11～0.24 m 之间,平均降低 0.17 m。平滩流量平均增加约 240 m³/s。

(5)自 2002 年 7 月进行的首次调水调沙试验河口拦门沙区地形测验结束至本次测验时间间隔 726 天(2002 年 8 月 2 日～2004 年 7 月 29 日),共有 5.118 亿 t 的泥沙入海,其中 71% 淤积在拦门沙地区,其余部分落在拦门沙地区以外;淤积在拦门沙地区的泥沙主要在黄河口口门附近 50 km² 的范围内;拦门沙地区基本呈现口门以北冲刷、口门及口门以南淤积的分布特点。

(6)与 2002 年 7 月相比,目前河口边界发生较大变化,河道主槽明显,水深较深,口门右摆 2 km,并延伸 2 km 以上;由于河道的摆动和延伸,造陆面积 13 km² 左右。

(7)在两次河口口门前方产生一个最大的淤积厚度中心,中心最大淤积厚度超过 10 m,该位置在现行口门左侧、口门外 2 km 的地方,距离 2002 年 7 月口门 6 km。

(8)2004 年河口口门等深线较 2002 年变密,反映了因河口入海泥沙在口门快速堆积、河口拦门沙坎顶以外的前缘急坡区变陡。

(9)实体模型。根据本次调水调沙试验的实体模型验证结果,目前小浪底—苏泗庄河道模型在以下几方面的模拟上与原型比较相似:①黄河下游游荡性河段的河势变化;②洪水演进规律;③泥沙输移及河床变形。该模型满足悬移质运动相似条件,遵循河床变形的相似条件,选用郑州热电厂粉煤灰作为模型沙,使水流运动时间比尺和河床变形时间比尺基本接近,保证了水沙运移过程中的跟随性。同时在模型设计过程中采用了可同时适用于模型和原型的水流挟沙力公式确定模型含沙量比尺。从本次验证试验来看,该模型基本可以模拟泥沙沿程传播的一般规律以及泥沙在不同水流条件下的拣选特性,同时可以反映黄河下游游荡性河段河床纵、横向变形的一般规律。

在模型试验过程中和对试验结果的分析中也暴露出一些问题,主要体现在:①模型受制作技术和制作周期限制,床沙铺设无法达到和原型完全一致,造成在洪水位表现、冲淤量分布等方面与原型存在一定差别;②原型观测资料仍显不足,直接影响洪水演进、洪水漫滩及泥沙运移规律在模型试验过程中的定量准确模拟;③部分模型量测设备及测验精度还不能满足试验要求。

第十章 河势、工情、险情、漫滩分析

第一节 河势变化

一、河势流路

(一)白鹤—京广铁路桥河段

1. 白鹤—神堤河段

白鹤—神堤河段靠河较好的工程有白鹤、花园镇、开仪、赵沟、化工、裴峪、大玉兰、神堤、驾部、枣树沟等工程;少数工程靠河不理想,如白坡工程仅1~3号坝靠河,导致铁谢4号护岸一直受大溜顶冲,常年在此形成"横河"的局面短时间内难以改变,铁谢中下部靠溜欠佳。

白鹤—神堤河段河势基本流路为:连地滩来溜交汇后流经白鹤0~9号坝,在弯道水流作用下送至白坡1~5号坝,主流出白坡工程后流向铁谢工程,铁谢险工至填湾4号坝靠溜,下延4号坝靠河。逯村工程河势上提,22~36号坝靠河,较汛前不靠溜情况有所改善,31~36号坝靠主溜,大河撇过铁炉工程流向花园镇19~29号坝。

河出花园镇后流向开仪,开仪靠河坝垛明显增加,7~37号坝靠河,以下工程靠河情况为赵沟(1~15号坝)→化工(3~35号坝)→裴峪(+8~26号坝)→大玉兰(5~10号坝,12~41号坝)→神堤(12~28号坝)。

2. 神堤—京广铁路桥河段

河出神堤工程,主流走南岸,后折向北岸交汇,在张王庄弯道形成的Ω形流路仍没有改善,主流过孤柏嘴断面后折向北岸,后流向南岸坐弯进入驾部工程(3~36号坝)。河出驾部后,主流顶冲南岸滩地,后流向北岸才进入枣树沟工程,由于枣树沟上首漫水,由于送流段过短,河出枣树沟后,仅在北岸滩地上坐下微弯(东安弯道),而顺山脚流下,在寨子峪断面附近坐弯北上,而后直冲桃花峪方向而来。在调水调沙试验期间主流不时南北移动,造成桃花峪15~29号坝靠主溜、漫水,河面较宽。

(二)京广铁路桥—东坝头河段

京广铁路桥—东坝头河段靠河较为理想的工程有南裹头、东大坝下延、双井、马渡、马渡下延、黑(黑哨口,下同)下延、府君寺、东坝头险工等工程;不靠河的河道整治工程有三官庙、韦滩、柳园口、古城、常堤、欧坦、贯台等工程;九堡下延工程仅138~143号坝漫水。

京广铁路桥—东坝头河段河势基本流路为:河出铁路桥后,主流顶冲南岸滩地,滩地坍塌,后流向老田庵工程15~25号坝,出工程后主流在下游滩地坐弯坍塌,保合寨控导39~41号坝一直靠大溜,由于水情变化,河势逐渐上提到33号坝;水流在41号坝下坐微弯后送溜至南裹头险工,造成南裹头险工顶冲主坝头,且此坝常年着溜,根石走失严重,调水调沙试验期间发生险情10余次;南襄头送溜之后导向对岸马庄方向,由于南襄头险工送溜能力差,对岸马庄工程靠河不理想。花园口工程90～126号坝靠河着溜情况也相应比较稳定,河出花园口东大坝直奔对岸双井方向,由双井工程将水流平稳地导向对岸,马渡险工7～85号坝着大溜,马渡下延86～101号坝着大溜,河出马渡下延顺利将水流推向下游。武庄工程前河势汛前由于主流南移,仅2～5号坝靠溜,调水调沙试验期间主流进一步南移,1 082 m护岸、1～5号坝靠回溜,主流在武庄工程处折向赵口险工,河面逐渐变宽、散、乱,主流摇摆不定。赵口险工一般的靠河情况是6～8号坝靠边溜,9～16号、33号、35号、41号、43～45号坝漫水,在调水调沙试验期间变化不大。

在调水调沙试验期间,赵口控导工程1～4号坝一般为漫水小边溜;5～6号坝一般为边溜;7～8号坝一般为大边溜和主流。毛庵工程汛前30号坝靠溜,调水调沙试验期间大河变为两股,其中南股河占60%,河势无变化,30号坝仍然靠溜,河过辛寨断面后主流在北岸滩地坐弯,后流向九堡下延方向,九堡下延138～143号坝漫水。三官庙工程前河势与汛前相比无变化,仍为脱河。大张庄工程汛前由于主流南移,调水调沙试验期间河势变化不大,10号坝～7号垛仍然靠漫水,黑上延工程上游有边滩淤现,黑上延16～23号坝靠河。黑险工－19～41号坝、黑下延1～9号坝靠河,顺河街工程11～23号坝、29～31号坝靠河,并且着溜点比较理想、稳定,大河主流有向工程上首发展的趋势,大宫控导工程0号坝、－1～4号坝靠漫水,－1～－9号垛靠静水,古城控导工程、贯台控导工程均不靠河,大河过大宫—柳园口浮桥后成南北横河顶冲王庵上游滩地,滩地大面积塌滩,形成一大的弯道,主流坐弯较死,中小水很难出弯。主流入弯后从－14号垛背河绕过迎水面而出,给王庵上首工程防守造成很大被动,王庵—古城河段的畸形河势恶化。出王庵工程后大河以N形或S形流路倒回行河,该河段为Ω形河势,这是近年来少有的河势。古城工程脱河,府君寺5～29号坝靠河,曹岗险工24～29号坝靠河,欧坦工程脱河,常堤与贯台之间的张庄在调水调沙试验期间坍塌减轻,畸形河湾向南北两岸发展,贯台、夹河滩工程脱河,东控导＋1～3号坝、6～13号坝靠河,东险工6～28号垛靠河。

(三)东坝头至陶城铺河段

东坝头—陶城铺河段由于工程布点比较完善,河势整体上变化不大,主流摆动较小,基本沿规划流路行河。但是,在调水调沙试验期间,孙楼上首河势有恶化趋势,滩岸已塌至工程联坝延长线以外,应尽快采取措施进行完善。

东坝头—陶城铺河段河势流路为禅房工程(3～13号坝、23～39号坝)→蔡集(1～19号坝、25～35号坝)→大留寺(30～50号坝)。周营上延工程调水调沙试验期间河势为9号坝着大溜,8、10～14号坝着边溜,15～16号坝漫水,主流靠河情况无变化。周营工程调水调沙试验期间河势为33～34号坝着大溜,23～32号、35～38号坝着边溜,其余坝号不靠河,河势明显下挫。于林工程调水调沙试验试验期间河势为16号坝着大溜,14、15、17～35号坝着边溜。三合村以下河段:三合村工程(2～13号坝)→青庄险工(1～11号坝)→高村险工(13～24号坝)→南上延工程(－6～16号坝)→河撇南小堤险工→刘庄险工(16～31号坝)→连山寺工程(脱河)→苏泗庄险工(26～37号坝)→尹庄工程(3号坝)→龙长治工程(4～20号坝)→马张庄工程(13～23号坝)→营房险工(14～30号坝)→营房下延工程(46～68号坝)→彭楼险工(12～36号坝)→老宅庄工程(－2～13号坝)→桑庄险工(1～20号坝)→芦井控导工程(1～13号坝)→李桥(29～41号、45～61号坝)→邢庙险工(1～4号、6～12号坝)→郭集工程(5～25号坝)→吴老家工程(9～32号坝)→苏阁险工(11～21号坝)→杨楼工程(4～23号坝)→孙楼工程(1～23号坝)→杨集上延(-3～13号坝)→杨集险工(8～16号坝)→韩胡同工程(临4～15号、35～40号坝)→伟庄险工(-10～6号坝)→程那里险工(6～12号坝)→梁路口工程(-9～38号坝)→蔡楼工程(1～32号坝)→影唐险工(1～16号坝)→朱丁庄工程(10～28号坝)→枣包楼工程(11～28号坝)→路那里险工(22～39号坝)→河靠贺洼、姜庄、白铺、工程→张堂险工(1～8号坝),溜入对岸的丁庄工程。

(四)陶城铺以下河段

陶城铺以下河段除东明王高寨控导工程以上部分河段发生明显变化外,其他河段河势变化不大。河势有明显变化的:一是东明王夹堤控导工程,该工程常年脱河,本次调水调沙试验期间,工程上首靠溜不稳,1～6号坝时而靠水,时而靠边溜,目前1～4、6号坝靠边溜;二是东明王高寨控导工程,该工程在调水调沙试验期间溜势上提,8号、9号坝受大溜顶冲,9号坝前头迎水面发生坦石墩蛰较大险情。

(五)汊3断面以下河口段河势变化情况

第一次河口段河势查勘在7月26～27日,期间利津站流量为900～1 000 m³/s,由于流量较小,汊3断面以下河道两侧滩唇出水较高,河道主槽明显较调水调沙试验前加深。河口口门也发生较大变化,出河流由调水调沙试验前的15°调整到现在的两股出河流,其行河角度分别为90°和120°。同时在汊3断面以下5.5 km处南岸出现一处汊沟,汊沟宽度在80 m左右,水深最大处为1.0 m,流量100～150 m³/s。

第二次河口段河势查勘在8月3～4日,期间利津站流量为1 600 m³/s,汊3断面以下没有发生漫滩现象。从本次查勘结果看,河口段河道规则,河道主槽明显,与第一次相比,水流入海方向保持一致,河口段河长有所延伸,在汊3断面下游5.5 km处以下河道两岸出现十几条大大小小的汊沟,汊沟宽度从一两米到几十米不等,河口呈面流入海状态。

从口门河势的整个变化来看,本次调水调沙试验后,口门向右摆动明显,与2002年7月河势相比,其口门右摆超过2 km。

二、河势变化特点

(1)由于第三次调水调沙试验调度方案为控制小浪底水库下泄流量,确保下游河道不漫滩,受河道整治工程约束,主流位于主槽内,河势总体没有大的变化,只是随着流量的变化,靠溜、靠水坝岸相应增减,或上提下挫,但未超出正常变化范围。

(2)工程配套完善,控导主流较好的河段河势变化不大,如白鹤—铁路桥河段、东坝头—陶城铺河段,与2004年汛前河势相比较,由于大河流量增加,表现为相应的主流趋中,河面展宽,靠河长度增加,局部河势小范围内上提下挫,铁路桥—东坝头河段畸形河湾有一定的调整。

(3)个别河段河势继续向不利的方向发展。如顺河街—王庵河段河势更趋于恶化,尤其是大宫—王庵河段出现横河,致使王庵工程上首严重塌滩,河势呈入袖之势,应积极采取措施进行完善。

第二节　滩岸坍塌

调水调沙试验期间,大河流量 2 400～3 000 m³/s,含沙量较低,冲刷力较强,山东河段部分工程上首和下首滩地着溜加重,造成滩岸淘刷坍塌,但河南河段滩岸坍塌较轻。黄河下游滩岸坍塌共计 40 处,坍塌面积 80.56 hm²。其中山东河段共计有滩岸坍塌 35 处,坍塌长度 40 526 m,坍塌面积 48.25 hm²。主要位于济南、滨州、东营河段,坍塌较严重的有:惠民薛王邵滩区,相应滩桩 45 + 300～46 + 300,坍塌长度 1 000 m,坍塌面积 3.9 hm²,最大坍塌宽度 65 m;滨城区代家滩区,相应滩桩 74 + 000～77 + 000,坍塌长度 3 000 m,坍塌面积 4.29 hm²,最大坍塌宽度 18.4 m;滨城区朱全滩区,相应滩桩 82 + 000～85 + 000,坍塌长度 3 000 m,坍塌面积 4.5 hm²,最大坍塌宽度 22 m;垦利县生产村滩区,相应滩桩161 + 800～164 + 100,坍塌长度 2 300 m,坍塌面积 13.11 hm²,最大坍塌宽度 73 m。河南河段有 5 处滩岸坍塌,坍塌面积 32.31 hm²,其中王庵上首滩地因形成不利河势,受对岸滩地胶泥嘴挑溜形成横河顶冲而坍塌严重,塌滩面积 31.30 hm²,其他滩地坍塌面积较小。总之,这种滩岸坍塌均为嫩滩。也正是通过调水调沙试验,使下游河槽在向深度冲刷的同时,河槽宽度得到展宽、恢复,增大了主槽的过流能力。

第三节　工程出险

一、险情概况

第三次调水调沙试验期间,受水流冲刷作用,黄河下游河道整治工程相继出现根石走失、坦石下蛰等险情。出险较严重的工程有开仪 18 号坝、枣树沟 16 号坝、王庵 - 14 号垛、王高寨控导工程 9 号坝、芦井控导工程 7 号坝。据统计,黄河下游共有 83 处工程出险318 坝 977 次,抢险用石 10.13 万 m³、柳料 174 万 kg、铅丝 121 t、机械 7 880 台时,用工40 742 个,耗资 1 876.68 万元。其中:河南河段 41 处工程出险 213 坝 856 次,抢险用石7.16 万 m³、柳料 109 万 kg、铅丝 81 t、机械 7 448 台时,用工 28 471 个,耗资 1 427.27 万元;山东河段 42 处工程出险 105 坝 121 坝次,抢险用石 2.97 万 m³、柳料 65 万 kg、铅丝 40t、机械 432 台时,用工 12 271 个,耗资 449.41 万元。

二、出险原因

(一)大溜顶冲或边溜、回溜长时间淘刷

第三次调水调沙试验历时较长,随着大河流量的增大,工程靠溜部位增多,在河势变化大的河段,由于大溜顶冲或边溜、回溜长时间的淘刷,部分工程基础薄弱的靠溜坝岸或未经过大洪水考验的新修工程、改建工程出现了较严重的险情。出险部位突出表现在坝(岸)上、下跨角和迎水面及坝前头。如王庵控导工程因上首出现不利河势,-14 号垛临、背均受大溜冲刷,出险 98 次,抢险用石达到 13 803 m³;芦井控导工程 7 号坝调水调沙试验期间一直受大边溜冲刷且水流冲刷力强,且该坝为加高改建接长坝,无根石,基础薄弱,

发生了坦石坍塌入水的严重险情。

(二)河势流路不规顺,局部出现不利河势

由于河道整治工程不完善,河势流路与规划流路不一致,局部出现不利河势,顶冲、淘刷工程基础,出现较大或较多险情,如铁路桥—东坝头河段。

(三)水流冲刷力强,工程损坏较多

铁路桥以上河段为小浪底水库下泄水流流经的最上首河段,流势较强,青庄以下河段为河宽较窄河段,溜势集中,对工程都有较强的冲刷力,因此这两个河段出险也较多。

三、险情特点

(一)新修工程出险较多

近几年新修工程多,未经过较大洪水考验,根石基础浅、不稳定,受大溜冲刷极易出险。如裴峪、神堤、枣树沟、桃花峪、赵口控导 8 号坝、三合村、梁路口、枣包楼、吴老家、杨楼等工程。正是由于调水调沙试验,通过抢险使工程得到加固,提高了大洪水期间工程的稳定性。

(二)新结构易出现较大险情

为提高工程抗冲强度,减少其出险概率,目前许多工程新结构在黄河下游推广应用,在抗御洪水中效果显著。但由于新结构应用时间短,技术上还不够完善、成熟,部分工程受大溜冲刷,出险也较为严重。如枣树沟 16 号坝为长管袋褥垫沉排结构,出现迎水面坦石坍塌、土胎下蛰的较大险情,险情均是在没有先兆的情况下突然发生的,给防守带来一定困难。

(三)2003 年出现较多较大险情的坝垛出险较少

2003 年秋汛期间,有多处工程长时间受不利河势影响,较多坝垛多次发生险情,经过多次抢护,逐渐有了一定的基础,工程较为稳定,在第三次调水调沙试验期间较少发生险情。

第十一章　泥沙扰动效果分析

第一节　库区泥沙扰动效果

一、扰动引起河段冲淤变化

扰沙作业前后小浪底水库干流冲淤分布计算结果见表 11-1～表 11-3。

表 11-1　小浪底水库干流扰动河段下游淤积量分布计算结果

时段：2004 年扰沙作业前至扰沙作业后

计算区段	计算高程 （m）	上次计算 高程库容 （亿 m³）	本次计算 高程库容 （亿 m³）	本次计算 淤积体积 （亿 m³）	累计淤积体积 （亿 m³）
HH 0—HH 1	275	1.455 0	1.443 0	0.012 0	0.012 0
HH 1—HH 2	267	0.853 1	0.845 6	0.007 5	0.019 5
HH 2—HH 3	274	0.856 8	0.848 6	0.008 2	0.027 7
HH 3—HH 4	275	1.444 0	1.428 0	0.016 0	0.043 7
HH 4—HH 5	273	2.973 0	2.920 0	0.053 0	0.096 7
HH 5—HH 6	251	1.312 0	1.281 0	0.031 0	0.127 7
HH 6—HH 7	275	2.010 0	1.988 0	0.022 0	0.149 7
HH 7—HH 8	272	2.447 0	2.410 0	0.037 0	0.186 7
HH 8—HH 9	267	1.187 0	1.160 0	0.027 0	0.213 7
HH 9—HH 10	274	3.230 0	3.158 0	0.072 0	0.285 7
HH 10—HH 11	274	3.529 0	3.475 0	0.054 0	0.339 7
HH 11—HH 12	275	2.695 6	2.652 9	0.042 7	0.382 4
HH 12—HH 13	275	1.769 0	1.738 0	0.031 0	0.370 7
HH 13—HH 14	271	1.779 0	1.751 0	0.028 0	0.398 7
HH 14—HH 15	273	2.626 0	2.586 0	0.040 0	0.438 7
HH 15—HH 16	275	0.924 9	0.908 7	0.016 2	0.454 9
HH 16—HH 17	274	0.432 7	0.424 0	0.008 7	0.463 6
HH 17—HH 18	273	0.654 8	0.638 6	0.016 2	0.479 8
HH 18—HH 19	267	0.814 0	0.789 7	0.024 3	0.504 1
HH 19—HH 20	267	0.895 5	0.874 0	0.021 5	0.525 6
HH 20—HH 21	274	0.862 6	0.844 3	0.018 3	0.543 9
HH 21—HH 22	255	0.648 9	0.624 0	0.024 9	0.568 8
HH 22—HH 23	275	1.112 0	1.072 0	0.040 0	0.608 8
HH 23—HH 24	273	1.441 0	1.378 0	0.063 0	0.671 8
HH 24—HH 25	275	0.790 1	0.743 1	0.047 0	0.718 8
HH 25—HH 26	272	0.988 6	0.915 3	0.073 3	0.792 1
HH 26—HH 27	275	0.809 7	0.759 8	0.049 9	0.842 0

续表 11-1

计算区段	计算高程 (m)	上次计算 高程库容 (亿 m³)	本次计算 高程库容 (亿 m³)	本次计算 淤积体积 (亿 m³)	累计淤积 体积 (亿 m³)
HH 27—HH 28	263	0.746 8	0.674 0	0.072 8	0.914 8
HH 28—HH 29	274	1.203 0	1.068 0	0.135 0	1.049 8
HH 29—HH 30	261	0.987 8	0.843 8	0.144 0	1.193 8
HH 30—HH 31	264	0.780 1	0.667 4	0.112 7	1.306 5
HH 31—HH 32	260	0.758 5	0.645 2	0.113 3	1.419 8
HH 32—HH 33	275	1.468 0	1.304 0	0.164 0	1.583 8
HH 33—HH 34	275	1.984 0	1.807 0	0.177 0	1.760 8

表 11-2　小浪底水库干流扰动河段淤积量分布计算结果

时段：2004 年扰沙作业前至扰沙作业后

计算区段	计算高程 (m)	上次计算 高程库容 (亿 m³)	本次计算 高程库容 (亿 m³)	本次计算 淤积体积 (亿 m³)	累计 淤积体积 (亿 m³)
HH 34—HH 35	270	1.253 0	1.164 0	0.089 0	1.850 0
HH 35—HH 36	274	1.285 0	1.218 0	0.067 0	1.917 0
HH 36—HH 37	275	1.260 0	1.204 0	0.056 0	1.973 0
HH 37—HH 38	275	0.798 3	0.767 4	0.030 9	2.003 9
HH 38—HH 39	275	0.673 8	0.657 2	0.016 6	2.020 5
HH 39—HH 40	258	0.145 7	0.144 7	0.001 0	2.021 5

表 11-3　小浪底水库干流扰动河段上游淤积量分布计算结果

时段：2004 年扰沙作业前至扰沙作业后

计算区段	计算高程 (m)	上次计算 高程库容 (亿 m³)	本次计算 高程库容 (亿 m³)	本次计算 淤积体积 (亿 m³)	累计 淤积体积 (亿 m³)
HH 40—HH 41	275	0.517 1	0.584 1	− 0.067 0	1.954 0
HH 41—HH 42	275	0.329 1	0.431 0	− 0.101 9	1.852 1
HH 42—HH 43	274	0.320 4	0.471 4	− 0.151 0	1.701 1
HH 43—HH 44	266	0.164 7	0.323 0	− 0.158 3	1.542 8
HH 44—HH 45	272	0.192 2	0.322 3	− 0.130 1	1.412 7
HH 45—HH 46	270	0.131 2	0.245 6	− 0.114 4	1.298 3
HH 46—HH 47	273	0.147 6	0.241 6	− 0.094 0	1.204 3
HH 47—HH 48	264	0.089 7	0.215 3	− 0.125 6	1.078 7
HH 48—HH 49	265	0.096 3	0.214 9	− 0.118 6	0.960 1
HH 49—HH 50	275	0.310 7	0.456 4	− 0.145 7	0.814 4
HH 50—HH 51	275	0.219 2	0.306 3	− 0.087 1	0.727 3
HH 51—HH 52	275	0.274 2	0.351 5	− 0.077 3	0.650 0
HH 52—HH 53	275	0.254 7	0.261 6	− 0.006 9	0.643 1
HH 53—HH 54	274	0.251 3	0.226 5	0.024 8	0.667 9
HH 54—HH 55	274	0.137 6	0.106 7	0.030 9	0.698 8
HH 55—HH 56	275	0.075 3	0.062 6	0.012 7	0.711 5

　　从表 11-1~表 11-3 可以看出,距坝 70 km 以下基本是淤积的,以上基本是冲刷的。临近三门峡大坝约 10 km 有少量淤积。

　　扰沙前后,HH40—HH53 断面间发生强烈冲刷,共冲刷泥沙 1.38 亿 m³。作业河段下游至坝前淤积泥沙 1.76 亿 m³,作业河段淤积泥沙 0.18 亿 m³。

　　从淤积分布情况看,主要淤积的部位是三门峡水库大流量泄流时小浪底水库的回水末端上、下区段,说明回水末端的淤积是严重的。

二、扰动引起断面形态调整

　　扰动引起的断面形态变化见图 11-1~图 11-6。

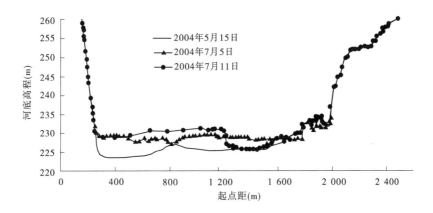

图 11-1　小浪底水库扰动前后 HH35 断面变化

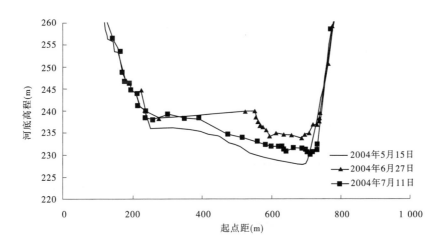

图 11-2　小浪底水库扰动前后 HH38 断面变化

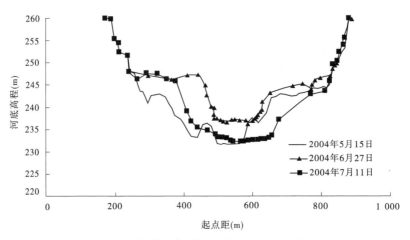

图 11-3　小浪底水库扰动前后 HH40 断面变化

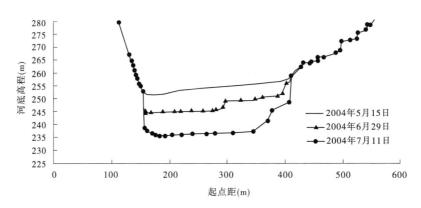

图 11-4　小浪底水库扰动前后 HH45 断面变化

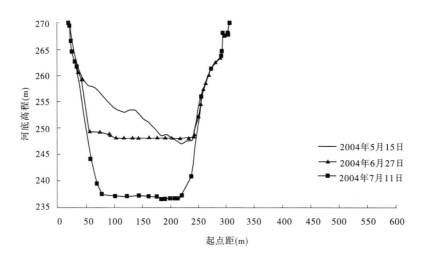

图 11-5　小浪底水库扰动前后 HH47 断面变化

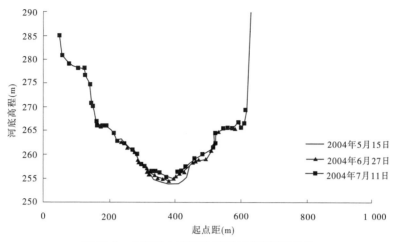

图 11-6　小浪底水库扰动前后 HH53 断面变化

由于前一阶段作业在 HH38 断面上游,因此 HH38 断面的淤积与 HH35 断面的淤积相似,均为平行淤积。在第一阶段将结束时,作业位置下移,HH38 断面处于扰动范围内,根据河势情况,集中力量在右岸作业。从断面图上看,通过扰动使右岸深槽产生。

HH35 断面位于异重流潜入点上游,从断面形态变化看,整个泥沙扰动期间断面处于淤积状态。前一阶段扰动在上游作业,断面为平行淤积。后一阶段,通过该河段扰动作业,断面右岸部分出现深槽,对集中水流、增大流速、促使异重流形成有利。

HH40 断面前期由于下游淤积延伸,断面呈淤积状态,当断面主槽形成后,该断面亦相应冲刷,形成主槽。后一阶段,该断面在有利的断面形态及较大流量的作用下,将第一阶段淤积泥沙全部冲走。

HH45 断面和 HH47 断面是一种典型的冲刷过程,两断面平均冲刷深度在 20 m 左右。

HH53 断面在整个调水调沙试验过程中略有淤积。

三、扰动船上下游断面垂线含沙量变化

扰动期间在扰动船的上下游断面同时进行了垂线含沙量的观测对比(见图 11-7～图 11-11)。从图中可以看出,通过扰动,使沉积在河床的泥沙冲起,增大了水流的含沙量。扰动船上下游断面的垂线含沙量可增大 10 kg/m³,最大可增大 30 kg/m³ 以上。

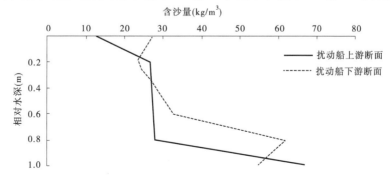

图 11-7　6 月 28 日 10 时扰动船上下游断面垂线含沙量对照

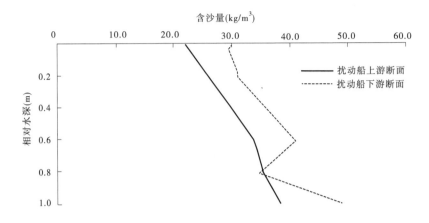

图 11-8　6 月 28 日 12 时扰动船上下游断面垂线含沙量对照

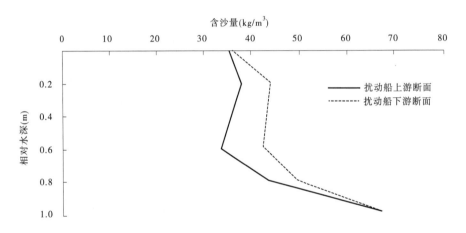

图 11-9　6 月 28 日 16 时扰动船上下游断面垂线含沙量对照

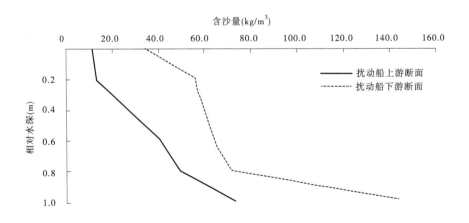

图 11-10　7 月 6 日 10 时扰动船上下游断面垂线含沙量对照

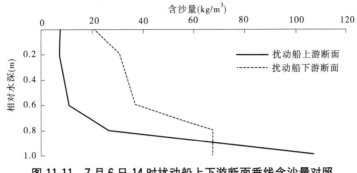

图 11-11 7月6日14时扰动船上下游断面垂线含沙量对照

四、颗粒级配变化

(一)扰动前后垂线颗粒级配变化

图 11-12 所示为 6 月 22 日进行的冲刷前后扰动部位下游监测断面垂线颗粒级配观测结果。冲刷前,0.8 测点颗粒级配比 0.6 测点偏粗,较粗部分的曲线在上方。冲刷后粗沙部分曲线更向上方偏移,0.6 与 0.8 测点颗粒级配曲线基本重合,说明扰动后垂线上泥沙分布相对均匀。由于本次试验观察在扰动位置取样,扰动后水流尚未进行分选,所以取样结果 0.6 与 0.8 差异不大。

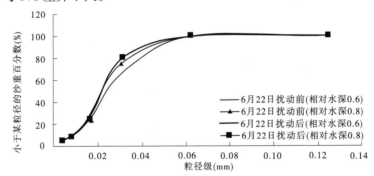

图 11-12 小浪底库尾扰动冲刷垂线颗粒级配对比

图 11-13 所示为 7 月 7 日扰动效果监测断面扰动前后的垂线颗粒级配情况。从图上可以看出:扰动前泥沙组成较细,曲线在上方;扰动后泥沙变粗,曲线在下方。

图 11-14 所示为 7 月 7 日监测断面扰动前后垂线颗粒级配情况。从图上可以看出:扰动前泥沙组成较细,曲线在上方;扰动后泥沙变粗,曲线在下方。这与图 11-13 的情况相同。

6 月 22 日取样位置位于射流管嘴射流所在断面,其他时间取样在射流管嘴断面下游 10~20 m 的位置。所以,图 11-13 与图 11-14 有较大的差异。

(二)不同输移距离颗粒级配变化

扰动泥沙在输移过程中、粗沙最易沉降。图 11-15 所示是 6 月 22 日扰动后泥沙不同输移距离颗粒级配变化观测结果。从图上可以看出,观测输移距离近时,泥沙组成较粗;观测输移距离远时,由于粗沙沉降,使泥沙组成变细。

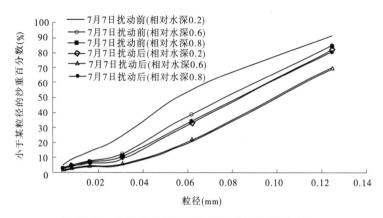

图 11-13 小浪底扰动冲刷前后垂线颗粒级配对比

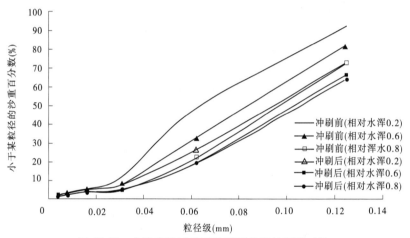

图 11-14 小浪底扰动冲刷前后垂线颗粒级配对比

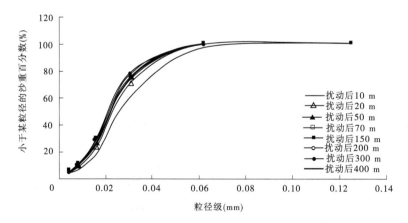

图 11-15 6 月 22 日小浪底扰动后泥沙输移观测结果

(三)扰动对沿程颗粒级配的影响

图 11-16 所示为扰动前、扰动第一阶段结束、扰动施工结束三次河床质颗粒级配观测

结果。扰动前,河床质颗粒级配沿程变化是一条比较规律的曲线,坝前泥沙中值粒径较小,基本在 0.01 mm 以下,距坝里程 65 km 以上粒径明显开始变粗。

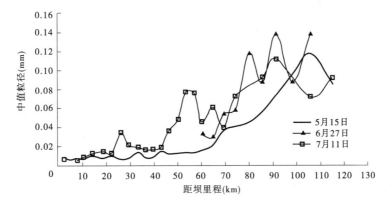

图 11-16　小浪底水库沿程中值粒径变化

图 11-17~图 11-24 所示为库区淤积物沿程泥沙各粒径级沙重百分数变化情况。

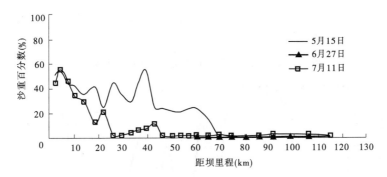

图 11-17　小浪底水库沿程小于 0.004 mm 粒径沙重百分数变化

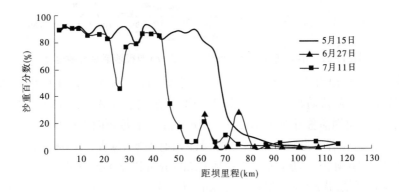

图 11-18　小浪底水库沿程小于 0.008 mm 粒径沙重百分数变化

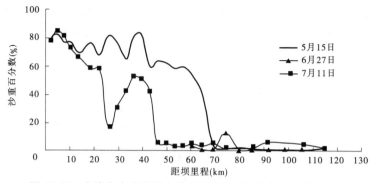

图 11-19　小浪底水库沿程小于 0.016 mm 粒径沙重百分数变化

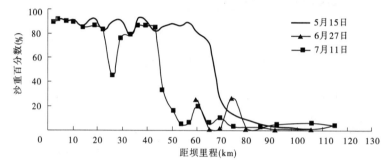

图 11-20　小浪底水库沿程小于 0.032 mm 粒径沙重百分数变化

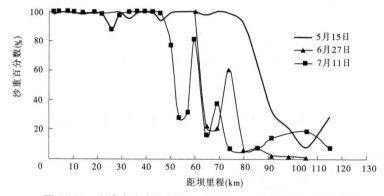

图 11-21　小浪底水库沿程小于 0.062 mm 粒径沙重百分数变化

从图 11-17 中可以看出,扰动施工前距坝 70 km 以上基本不存在粒径 0.004 mm 以下的泥沙,扰动第一阶段后距坝 60 km 以上仍不存在粒径 0.004 mm 以下的泥沙。扰动施工结束后,细沙向坝前移动排出库外,距坝 70 km 以下各断面粒径 0.004 mm 以下的泥沙普遍减少。上游粒径 0.004 mm 以下的泥沙稍有增加,应是三门峡水库排沙的原因。从图 11-17 上看,距坝 25～70 km 河段粒径 0.004 mm 以下的泥沙明显减少。

由图 11-20 可见,扰动施工后距坝 45 km 以上小于 0.032 mm 粒径的泥沙很少。从图 11-21～图 11-24 可以看出,距坝 50 km 以下基本为粒径小于 0.125 mm 的泥沙,距坝 60 km 以下基本为粒径小于 0.25 mm 的泥沙。从整个库区来讲,河床质基本都在 0.5 mm 以下。

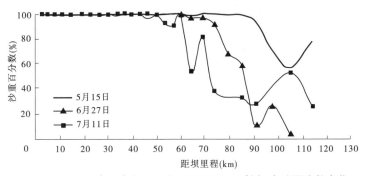

图 11-22　小浪底水库沿程小于 0.125 mm 粒径沙重百分数变化

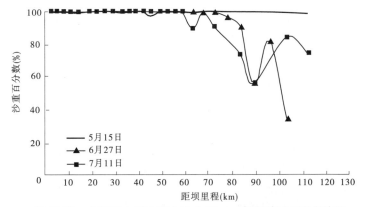

图 11-23　小浪底水库沿程小于 0.25 mm 粒径沙重百分数变化

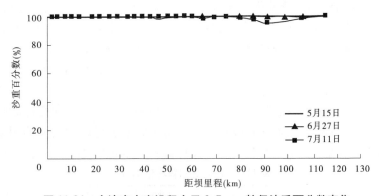

图 11-24　小浪底水库沿程小于 0.5 mm 粒径沙重百分数变化

第二节　下游泥沙扰动效果分析

一、扰沙量计算

黄河下游扰动共分两个阶段:第一阶段为 6 月 22 日 12 时～30 日 8 时,计 188 h;第二阶段为 7 月 7 日 7 时～13 日 6 时,计 143 h。两个阶段总计 331 h。射流扰沙量的确定结合潼关射流清淤现场试验效果和黄委黄科院射流冲刷室内试验成果,扰动抽沙能力利用现场实际观测结果计算。根据两个河段投入的设备数量和性能,不考虑由于扰动额外增加的冲刷量,计算实际扰起的泥沙量为 164.13 万 m^3,其中徐码头河段扰沙 93.79 万 m^3,雷口河段扰沙 70.34 万 m^3。

二、平滩流量变化

利用汛前大断面,并结合第三次调水调沙试验前各河段的冲淤情况,分析计算扰沙前徐码头上下 20 km 河段平滩流量平均为 2 350 m^3/s,其中徐码头断面最小为 2 260 m^3/s;雷口上下 10 km 河段平滩流量平均为 2 460 m^3/s,其中雷口断面最小为 2 390 m^3/s。试验过程中扰沙河段始终未出现漫滩,但在 7 月 12 日苏阁—杨楼河段局部出现平滩现象,其他河段因滩沿较高,河面距滩沿顶约 0.5 m(如吴老家工程对岸滩沿),7 月 11 日 12 时和 7 月 12 日 9 时 36 分,邻近的高村水文站流量均为 2 870 m^3/s,因此扰沙河段的平滩流量约为 2 900 m^3/s。说明扰沙前后平滩流量增加了 440~550 m^3/s,扰沙和调水调沙试验水流共同作用,使两卡口段过流能力得到增大,不利的边界条件得到改善。扰沙河段平滩流量增加值大于黄河下游各河段平滩流量平均增加值 200~300 m^3/s。

三、河道冲淤变化

根据黄河第三次调水调沙试验前后加测的徐码头河段断面资料计算各断面冲淤情况如表 11-4 所示。从表中可以看出,扰沙河段发生明显冲刷,处于扰沙范围内的 4 个断面平均冲刷 135 m^2,位于山东扰沙河段的雷口断面冲刷 104 m^2。徐码头 2—HN4 的 5 km 河段平均冲刷面积 250 m^2,冲刷泥沙 139.15 万 m^3,主槽冲刷深度 0.13~1.57 m,平均冲刷深度 0.66 m,雷口断面主槽冲刷深度 0.33 m,均大于扰沙上下河段过渡段的平均值。为分析扰沙效果,利用数学模型对不进行扰沙进行了对比计算,高村—孙口河段平均冲刷面积为 75 m^2,可见,扰沙使徐码头河段断面面积净扩大约 60 m^2。

根据上述计算,从整个调水调沙试验过程看,实施人工扰动的高村—孙口、孙口—艾山两河段冲刷量分别为 0.123 亿 t 和 0.075 亿 t。本次调水调沙试验下游小浪底—利津平均冲刷强度 8.7 t/km,花园口以上、高村—孙口及孙口—艾山河段冲刷强度相对较大,分别为 13.1 万 t/km、10.4 万 t/km 和 11.8 万 t/km,高村以上河段冲刷强度沿程减小。可以看出,实施人工扰动的高村—孙口及孙口—艾山两河段冲刷强度增大。

表 11-4　徐码头河段冲淤情况

断面	间距(m)	冲淤面积(m^2)	河宽	冲深(m)	冲淤量(万 m^3)
徐码头 2		−300	230	−1.30	
	1 000				−22.00
HN1		−140	420	−0.33	
	900				−11.70
HN2		−120	470	−0.26	
	700				−9.45
HN3		−150	420	−0.36	
	1 200				−48.60
苏阁		−660	420	−1.57	
	1 200				−47.40
HN4		−130	1 000	−0.13	
徐码头 2—HN4	5 000	−250	493	−0.66	−139.15

利用黄科院"黄河下游河道泥沙冲淤数学模型"和"下游河道洪水演进及河床冲淤演变数学模型"分别进行了计算。计算起始地形为 2004 年汛前大断面资料,下游典型站悬沙和床沙资料及各河段引水资料采用实测值,模型计算时段采用调水调沙试验时期 6 月 19 日~7 月 12 日共 24 天时间,出口采用利津站调水调沙试验期实测水位流量关系曲线。数模计算结果表明,本次扰沙试验使高村以下河道多冲刷 41 万 m³,约占扰沙总量的 25%,即约有 1/4 的被扰动起的泥沙可以远距离输移入海。由于本次扰沙实测悬移质泥沙粒径较粗,扰动起的泥沙远距离输移入海的比例略小于扰沙方案设计值 30%。

四、扰沙河段含沙量及颗粒级配变化

(一)含沙量变化

黄河第三次调水调沙试验期下游各站含沙量沿程得到恢复(见表 11-5)。第一阶段,花园口站平均含沙量 3.88 kg/m³,高村站平均含沙量 8.14 kg/m³,利津站平均含沙量 15.74 kg/m³,利津以上河段平均含沙量恢复 15.74 kg/m³。第二阶段,花园口站平均含沙量 5.27 kg/m³,高村站平均含沙量 7.54 kg/m³,利津站平均含沙量 13.85 kg/m³,利津以上河段平均含沙量恢复 11.84 kg/m³。第一阶段,花园口以上及艾山—利津河段含沙量恢复相对较多;第二阶段,花园口以上、高村—孙口及艾山—利津河段含沙量恢复相对较多。整个调水调沙试验期间,下游利津以上河段含沙量恢复 13.60 kg/m³。从表 11-5 中可以看出,两个阶段高村—孙口、孙口—艾山河段含沙量恢复值平均为 2.42 kg/m³ 和 1.60 kg/m³,均大于上下的夹河滩—高村和艾山—泺口河段的 1.09 kg/m³ 和 0.13 kg/m³。因此,扰沙使两河段的含沙量恢复值有所增大。

表 11-5　黄河第三次调水调沙试验下游各站含沙量变化　　　(单位:kg/m³)

项目		小浪底	花园口	夹河滩	高村	孙口	艾山	泺口	利津
第一阶段		0	3.88	6.22	8.14	10.16	12.15	12.26	15.74
第二阶段		2.01	5.27	7.28	7.54	10.36	11.57	11.71	13.85
含沙量增加值	第一阶段		3.88	2.34	1.92	2.02	1.99	0.11	3.48
	第二阶段		3.26	2.01	0.26	2.82	1.21	0.14	2.14
	平均		3.57	2.18	1.09	2.42	1.60	0.13	2.81

(二)颗粒级配变化

从各站悬移质平均中值粒径沿程变化看(见表 11-6),第一阶段、第二阶段及全过程平均中值粒径沿程变化趋势基本相同。花园口—高村、艾山—利津河段悬移质平均中值粒径沿程均有所减小。高村—艾山河段悬移质平均中值粒径是沿程增加的,第一阶段平均中值粒径从高村的 0.034 mm 增加到艾山的 0.039 mm;第二阶段悬移质平均中值粒径从高村的 0.023 mm 增加到 0.037 mm,增加幅度较大;全过程悬移质平均中值粒径从高村的 0.028 mm 增加到艾山的 0.036 mm。从此也可以得出,由于河床泥沙较粗,扰动后悬移质中值粒径增大,也说明了扰沙的效果。

表 11-6　黄河第三次调水调沙试验下游各站悬移质平均中值粒径变化　(单位:mm)

项目	花园口	夹河滩	高村	孙口	艾山	泺口	利津
第一阶段	0.044	0.037	0.034	0.036	0.039	0.037	0.030
第二阶段	0.037	0.030	0.023	0.030	0.037	0.032	0.029
全过程	0.042	0.032	0.028	0.030	0.036	0.035	0.031

同时,从下游各站悬移质粗泥沙($d > 0.05$ mm)所占百分数的沿程变化看,与平均中值粒径沿程变化情况基本一致。整个调水调沙试验期间,悬移质粗泥沙所占百分数由高村站的 28.5% 增加到孙口站的 30.9%、艾山站的 37.8%,悬移质泥沙组成明显变粗,高村—艾山沙段粗泥沙($d > 0.05$ mm)增加 350 万 t。

五、河槽形态变化

套绘两个扰沙河段实测大断面变化如图 11-25～图 11-32 所示,可以看出,各断面均发生冲刷。主槽宽度除雷口断面有所展宽外,其余没有大的变化。计算两扰沙河段各断面河宽、水深、河相关系如表 11-7 所示,可以看出,除大田楼断面外,扰沙后平滩水深增大,河相系数减小,断面趋于窄深。

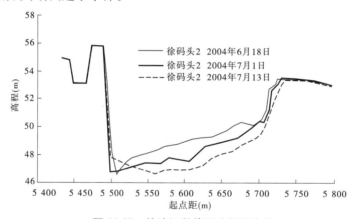

图 11-25　扰沙河段徐码头断面变化

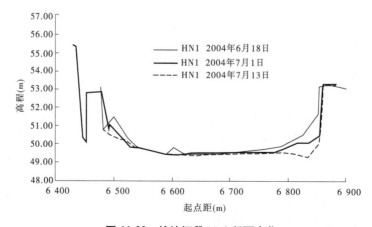

图 11-26　扰沙河段 HN1 断面变化

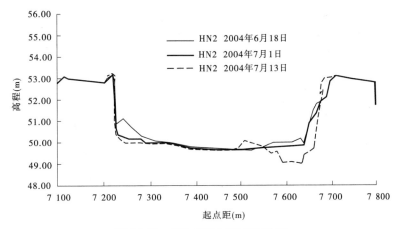

图 11-27 扰沙河段 HN2 断面变化

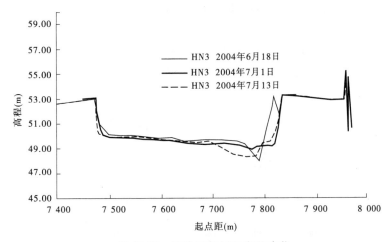

图 11-28 扰沙河段 HN3 断面变化

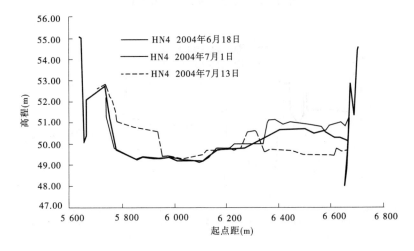

图 11-29 扰沙河段 HN4 断面变化

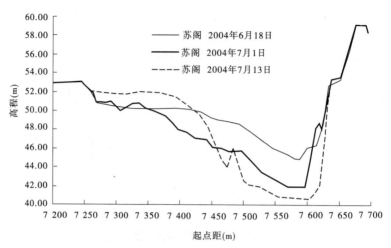

图 11-30 扰沙河段苏阁断面变化

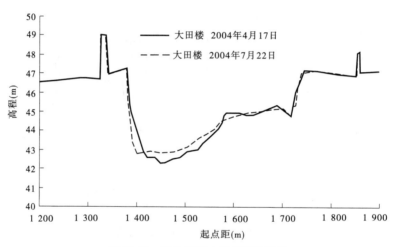

图 11-31 扰沙河段大田楼断面变化

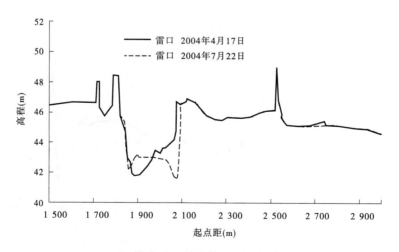

图 11-32 扰沙河段雷口断面变化

表 11-7　扰沙河段各断面河宽、水深、河相关系变化

断面	扰沙前			扰沙后			河相系数减小幅度（%）
	河宽 B(m)	水深 H(m)	$B^{0.5}/H$	河宽 B(m)	水深 H(m)	$B^{0.5}/H$	
徐码头 2	230	3.78	4.01	230	5.09	2.98	25.74
HN1	410	2.83	7.15	420	3.10	6.61	7.60
HN2	490	2.69	8.23	470	3.06	7.08	13.90
HN3	430	2.60	7.98	420	3.02	6.79	14.91
苏阁	450	3.58	5.93	420	5.40	3.80	35.95
HN4	1 000	2.82	11.21	1 000	2.95	10.72	4.41
大田楼	384	3.12	6.28	384	3.08	6.36	−1.30
雷口	309	3.23	5.44	310	3.55	4.96	8.87

第三节　小　结

(1)库尾扰动对人工塑造异重流的作用。库尾扰动对人工塑造异重流的作用可分三个方面:一是通过库尾扰动可改善断面形态,有利于水流在潜入点以上集中,增大流速,有利于异重流的形成;二是通过库尾扰动可改善河道纵向形态,减少水流能量损失,有利于异重流潜入;三是扰动使潜入点以上河床泥沙疏松,有利于被水流冲起挟带,产生异重流。

(2)库尾扰动效果。实测资料表明,库区扰动河段河床发生冲刷,扰动作业河段下游的河床发生淤积。作业前后的垂线含沙量发生明显的变化,扰动能促使河床泥沙的输移。

从河床纵剖面图看,库尾占用有效库容的淤积泥沙全部冲掉,通过库尾扰动及水流自然冲刷,库尾三角洲被一举扫平,三角洲顶点由距坝 70 km 下移至距坝 47 km,下移 23 km。三角洲洲面比扰动前下降 4 m 左右。扰动过程中,由于上游来沙造成淤积,三角洲顶部升高 3 m 左右,扰动施工第二阶段三角洲洲面实际冲刷约 7 m。

(3)黄河下游两个卡口河段通过人工扰动,改善了河槽的断面形态,断面向窄深方向发展;扰沙和调水调沙试验水流的共同作用使平滩流量增大了 $440\sim550$ m³/s,扩大了现有河槽的过流能力,使过流面积、平滩流量最小的"瓶颈"河段河道边界条件得到了进一步改善;扰沙给水流补充了一部分泥沙,利用调水调沙试验水流的输沙潜力,可多输沙入海,特别是将扰动河床上的粗沙带入大海,可进一步提高河道的输沙能力。通过分析可以得出,在水流具有一定富余能量的条件下,在过流能力较弱的局部河段辅以人工扰动是可行的。

(4)人工扰沙试验使各种扰沙设备扰沙效果和适应能力得到进一步验证,取得了大量的测验数据,为今后开展泥沙扰动作业提供了经验。

(5)通过本次库尾泥沙扰动施工,充分认识到小浪底水库水沙及河床边界变化的特殊性和复杂性,认识到客观条件对施工设备的特殊要求,应进一步改造扰动设备。

第十二章　认识与启示

一、丰富和发展了调水调沙试验的运用模式

黄河首次调水调沙试验是以小浪底水库蓄水为主，结合三门峡以上河道中小洪水进行的。在保证试验目标实现的前提下，兼顾了在坝前形成天然铺盖，减小小浪底大坝的渗漏量。

黄河第二次调水调沙试验是通过以小浪底水库为主的四库水沙联合调度，有效地利用小花区间的清水，与小浪底水库下泄的较高含沙量水流在花园口实现水沙"对接"。

黄河第三次调水调沙试验主要依靠水库蓄水，充分而巧妙地利用自然的力量，通过精确调度万家寨、三门峡、小浪底等水利枢纽工程，在小浪底库区人工塑造异重流，辅以人工扰动措施，调整其淤积形态，同时加大小浪底水库排沙量；利用进入下游河道水流富余的挟沙能力，在黄河下游"二级悬河"及主槽淤积最为严重的河段实施河床泥沙扰动，扩大主槽过流能力。

二、对小浪底水库的减淤运用取得了新的认识

（1）影响水库淤积形态的主要因素有来沙组成、来沙量多少、库区地形、水库运用方式等。在多沙河流的水库运用中，水库淤积有多种形式，如锥体淤积、带状淤积、三角洲淤积或混合交替淤积等，但在自然淤积过程中，水库淤积形态会显著改变库区地形的边界，当形成不利地形时会影响水库排沙，加重水库淤积。由于小浪底水库特殊的库区地形条件，水库调度运用中，淤积部位较高的泥沙（距坝 65 km 以上，包括设计平衡纵剖面以上长期有效库容内淤积的部分）可借助自然力量和人工措施通过调水调沙加以调整改善，在适当的时机使其下移至坝前或有计划地排出库外。在小浪底水库拦沙初期乃至中期，相当于一部分长期有效库容可以重复利用，做到"侵而不占"，大大地增强了小浪底水库运用的灵活性，对水库调度运用意义重大。

（2）库区淤积三角洲顶坡段淤积物粒径相对较粗，但经过精心调度，经过中游水库群的联合调度仍能形成异重流，并持续运行相当长的距离。这将为今后小浪底水库拦沙期运用中利用异重流规律，通过调度达到水库排沙，部分恢复拦沙库容探索了一条有效的途径，使小浪底水库拦沙年限的延长成为可能。

（3）水库群的水沙联合调度在黄河治理开发中具有广阔的应用前景，但其中仍有许多关键技术问题有待进一步探索研究。

三、对人工塑造异重流进行了有益的探索和实践

随着首次人工塑造的异重流成功到达坝前并排出库外，黄河第三次调水调沙试验中难度最大、科技含量最高的成果呈现在世人面前。它标志着我国水利科学家已经初步掌

握了水库异重流规律并能熟练地运用到治黄实践中。本次调水调沙试验既是对人工塑造异重流产生、运行等规律运用的一次成功尝试,也是对黄河异重流运动规律研究的一次实际检验。

四、"三条黄河"联动,全面体现了高科技治河新理念

试验前期开展了大量的专题研究和科学论证,就试验中的关键技术问题进行了广泛的技术咨询,力求实现科学决策。现代化测验设备和技术为试验提供了实时信息。在本次调水调沙试验中,利用振动式测沙仪、多普勒流速仪及激光粒度仪等现代化测验设备,及时取得了"原型黄河"的测验数据,为调度决策提供了实时信息依据;泥沙数学模型分析计算及实体模型试验成果,为坝区水流流态分析、下游扰沙河段水沙运行规律的研究、人工扰沙监控指标的确定及实时调度系统的研究提供了技术支撑。

本次试验的重要方案是,由数学模型计算提出建议方案,经实体模型验证、修订后在"原型黄河"上使用。"原型黄河"、"数字黄河"和"模型黄河"有机联动,确保了试验成功。

五、充分利用河道水流能量,相机辅以人工扰动,可以收到事半功倍的减淤效果,人工扰沙的效果得到检验

在黄河第三次调水调沙试验中,主要是利用水库汛限水位以上的水冲刷下游河道。但自然情况下的黄河下游冲淤分布极不均匀,往往在局部持续淤积形成"卡口"段,如果这时在"卡口"段辅以人工措施清淤,可使下游河道行洪能力全线得到提高。本次试验从河床冲刷泥沙 0.665 亿 t,这些泥沙若用人工去挖,按 10 元/t 计,需 6.65 亿元。若再考虑堆放的场所,则需费用更多。

两处"卡口"河段主槽平均冲刷深度为 0.66 m,平滩流量增大 440～550 m³/s。对于黄河下游局部过流能力较小的"卡口"河段,在充分利用自然力量恢复的同时,借助人工扰沙手段扩展主槽,其效果初步得到检验。多方面监测资料表明,实施扰沙的河段冲刷明显。

六、调水调沙作为处理黄河泥沙、恢复黄河健康生命的最有效措施之一进一步得到了验证,这必将为实现维持黄河健康生命的终极治河目标发挥重要作用

黄河治理的终极目标是维持黄河健康生命,这个目标确定后,所有的治河手段都要为实现这个目标服务。由于近十几年黄河下游河道主槽萎缩严重,过流能力日渐衰减,遇自然洪水,要么流量过小,水沙不协调,持续淤积主槽;要么流量过大,大面积漫滩造成灾情;要么清水运行空载入海,造成水流能量与资源的浪费。长此以往,黄河下游的健康生命形态不可能得以塑造和维持。而通过调水调沙塑造"和谐"的流量、含沙量和泥沙颗粒级配的水沙过程,则可以遏制黄河下游河道形态持续恶化的趋势,进而逐渐使其恢复健康生命形态,并最终得以良性维持。本次调水调沙试验的成功再一次有力地证明了调水调沙作为处理黄河泥沙、恢复黄河健康生命的措施之一是确实有效的,是新时期高科技治黄的重要标志之一。调水调沙作为一项处理黄河泥沙的长期的、行之有效的战略措施,必将

为实现维持黄河健康生命的终极治河目标发挥重要作用。

七、通过调水调沙显著扩大了主槽过流能力,黄河下游河道形态持续恶化的严峻局面开始扭转,说明"稳定主槽,调水调沙,宽河固堤,政策补偿"的黄河下游治河方略有望实现

2002 年 7 月,黄河首次调水调沙试验前,下游河道主槽过流能力只有 1 800 m³/s,连续实施三次调水调沙试验后,黄河下游河道主槽过流能力已增加至 3 000 m³/s 左右。下游河道形态持续恶化、"二级悬河"问题突出的严峻局面开始扭转。这对降低滩地过流比也是十分有利的。通过若干次调水调沙,将在黄河下游河道塑造出一个相对窄深的主河槽,在河道控导工程的约束下,河势稳定,一般的中常洪水经中游水库调节其水沙关系后在主河槽中运行,水流不漫滩,滩区群众安居乐业。当黄河下游发生大洪水或特大洪水时,漫滩行洪,淤滩刷槽,以标准化堤防约束洪水,不致决口成灾。

八、水沙"对接"和水沙联调技术更加完善

在黄河中下游长达约 2 000 km 河道上,科学调度万家寨水库、三门峡水库,使万家寨水库下泄的水流按预定方案在三门峡库水位 310 m 左右顺利"对接";小浪底水库在逐步增加泄量的过程中,下泄的水流行程 900 km,挟带着从下游冲起的泥沙顺利入海。这标志着黄河中游水库群水沙联合调节的调度技术已为本次调水调沙试验所证明。为今后黄河治理开发规划的古贤、碛口等大型水利枢纽工程投入运用后,即黄河水沙调控体系建设完成后更大力度的调水调沙的实施提供了技术储备。

九、小浪底水库汛前泄流必须同时考虑泥沙问题

黄河的水沙不平衡反映在三个方面:一是空间分布不平衡,清水大多来自上游,泥沙集中来源于中游;二是时间分布不平衡,泥沙集中于汛期,而非汛期基本是清水;三是黄河是资源性缺水的多沙河流,输沙用水常常得不到满足。小浪底水库等工程建成后,遇一般年份均可在非汛期蓄存一定水量,在汛期到来之前常会在汛限水位以上有些过剩水量,可利用工程调节水沙关系,或人工塑造异重流,或人工扰动水库及河道泥沙,让其掺混于水流中,避免清水空载运行,成为输沙用水,尽最大可能消除黄河水沙时空的不平衡和输沙用水的不足,实现水沙关系的"和谐"。

十、建设完整的黄河水沙调控体系势在必行

在本次调水调沙试验中,干流水库群水沙联合调度产生了巨大的效果,减轻了小浪底水库的淤积,改善了小浪底库区的淤积形态,冲刷了下游河道河槽泥沙,消除了下游"二级悬河"的"卡口"淤积。这些效果仅靠小浪底水库单库运行是无法实现的,只有借助水库群的整体力量,才能收到事半功倍的效果。本次试验充分证明了建立完善的水沙调控体系的重要性。试验中发现,虽然万家寨水库和三门峡水库参与了联合调度,但明显地暴露出这两座水库的缺陷:一是两座水库的库容偏小,蓄水量十分有限,作为小浪底水库人工异重流的持续稳定的后续动力仍显不足,否则就会有更多的泥沙从小浪底库区排出;二是万

家寨水库距三门峡水库太远,联合精确调度难度较大。因此,若能在黄河北干流修建古贤水库或碛口水库,就可以与三门峡水库、小浪底水库组成黄河中游完善的水沙调控体系,实现泥沙的多年调节,进而实现水库减淤和河道减淤的双重目标。

十一、小浪底枢纽明流洞不能局部开启制约水库调度的灵活性

按照小浪底枢纽工程设计,除排沙洞外,其余泄流设施均不能做到局部开启,给小浪底水库水沙调控造成很大困难。在近几年的调水调沙试验调度的实践中曾多次遇到这方面的问题。调水调沙运用时,当坝前浑水层达到180 m高程以上时,启用排沙洞必然带来高含沙水流下泄,含沙量将大大超过控制指标,势必造成下游河道淤积;如果启用明流洞又会使下泄流量超出控制指标,并造成下游大面积漫滩,水沙控制指标难以实现。此外,在凌汛和水量调度期有时要求控制流量为 $50 \sim 200 \text{ m}^3/\text{s}$,但因机组运行工况单机流量最小也在 $170 \text{ m}^3/\text{s}$ 以上,日均出库流量都在 $200 \text{ m}^3/\text{s}$ 以上,小流量调控也很难实现。今后,随着调水调沙的深入进行以及水库淤积的增加(排沙洞启用难度更大),明流洞泄流不能做到局部开启将成为制约小浪底水库调度运用的难点。

十二、在调水调沙中不可忽视泥沙颗粒级配

在本次调水调沙试验中,从水库异重流的塑造、库区淤积三角洲的扰沙,到下游河道两处“卡口”河段河床的扰动补沙,泥沙颗粒级配均是重要因子。同时,河道输沙能力不仅与水流悬沙级配有关,还与床沙级配有关,因为床沙也是河道水流泥沙的一个来源。

十三、黄河调水调沙将由试验阶段全面转入生产运用

三次调水调沙试验均取得了黄河下游河道全程冲刷、主槽过流能力逐步恢复的明显成效。在深入分析、总结三次黄河调水调沙经验的基础上,在今后黄河的防洪和治理开发工作中,调水调沙将由试验阶段全面转入生产运用阶段,并将在生产实践中不断总结经验,逐步发展和完善这一黄河治理崭新技术。

参 考 文 献

[1] 韩其为.水库淤积[M].北京:科学出版社,2003.

[2] 谢鉴衡.江河演变与治理研究[M].武汉:武汉大学出版社,2004.

[3] 钱宁,万兆惠.泥沙运动动力学[M].北京:科学出版社,1983.

[4] 钱宁,张仁,周志德.河床演变学[M].北京:科学出版社,1987.

[5] 钱宁,范家骅,等.异重流[M].北京:水利出版社,1958.

[6] 张瑞瑾,谢鉴衡,等.河流泥沙动力学[M].北京:水利电力出版社,1989.

[7] 张仁,等.拦减粗泥沙对黄河河道冲淤变化影响[M].郑州:黄河水利出版社,1998.

[8] 费祥俊.浆体与粒状物料输送水力学[M].北京:清华大学出版社,1994.

[9] 曹如轩,等.高含沙异重流的形成与持续条件分析[J].泥沙研究,1984(2).

[10] 沙玉清.泥沙运动引论[M].北京:中国工业出版社,1965.

[11] 范家骅,等.异重流运动的试验研究[J].水利学报,1959(5).

[12] 吴德一.关于水库异重流的计算方法[J].泥沙研究,1983(2).

[13] 曹如轩.高含沙异重流的实验研究[J].水利学报,1983(2).

[14] 朱鹏程.异重流的形成与衰减[J].水利学报,1983(2).

[15] 赵文林,等.黄河泥沙[M].郑州:黄河水利出版社,1996.

[16] 张红武,张俊华,等.工程泥沙研究与实践[M].郑州:黄河水利出版社,1999.

[17] 金德春.浑水异重流的运动和淤积[J].水利学报,1980(3).

[18] 杨庆安,龙毓骞,缪凤举.黄河三门峡水利枢纽运用与研究[M].郑州:河南人民出版社,1995.

[19] 赵业安,等.黄河下游河道演变基本规律[M].郑州:黄河水利出版社,1998.

[20] 钱意颖,等.黄河干流水沙变化与河床演变[M].北京:中国建材工业出版社,1993.

[21] 齐璞,等.黄河水沙变化与下游河道减淤措施[M].郑州:黄河水利出版社,1997.

内 容 提 要

本书共分为 12 章,对黄河第三次调水调沙试验的全过程进行了系统总结和分析研究。主要内容包括试验目的和指导思想,试验背景,试验预案,试验指标,试验过程,水沙过程分析,小浪底水库人工异重流分析,小浪底水库冲淤效果分析,黄河下游河道冲淤,河势、工情、险情、漫滩分析,泥沙扰动效果分析等。对试验过程进行了系统描述,对重要的技术问题如小浪底水库人工异重流、泥沙扰动效果、小浪底水库淤积形态的调整等进行了认真分析和研究,在此基础上,提出了黄河第三次调水调沙试验的认识与启示。本书可供从事水利工作的管理、规划设计、科研等人员,以及广大关心黄河治理与开发的社会各界人士阅读参考。

图书在版编目(CIP)数据

黄河第三次调水调沙试验/水利部黄河水利委员会编.
郑州:黄河水利出版社,2008.1
ISBN 978-7-80621-962-1

Ⅰ.黄… Ⅱ.水… Ⅲ.黄河-水利建设-试验报
告-2004 Ⅳ.TV882.1

中国版本图书馆 CIP 数据核字(2005)第 099737 号

出 版 社:黄河水利出版社
　　　　地址:河南省郑州市金水路 11 号　　　邮政编码:450003
发行单位:黄河水利出版社
　　　　发行部电话:0371-66026940、66020550、66028024、66022620(传真)
　　　　E-mail:hhslcbs@126.con
承印单位:河南省瑞光印务股份有限公司
开本:787 mm×1 092 mm　1/16
印张:14.25　　　　　　　　　　　　　彩插:4
字数:330 千字　　　　　　　　　　　　印数:1—1 500
版次:2008 年 1 月第 1 版　　　　　　　印次:2008 年 1 月第 1 次印刷

书号:ISBN 978-7-80621-962-1/TV·417　　　　定价:55.00 元